Pretsch Seibl Manz Simon

Aufgabensammlung zur
Strukturaufklärung organischer Verbindungen
mit spektroskopischen Methoden

Springer-Verlag
Berlin Heidelberg New York Tokyo

PD Dr. Ernö Pretsch
Professor Dr. Joseph Seibl
Andreas Manz
Professor Dr. Wilhelm Simon

Laboratorium für Organische Chemie, ETH-Zentrum
Universitätsstraße 16, CH-8092 Zürich

CIP-Kurztitelaufnahme der Deutschen Bibliothek
Aufgabensammlung zur Strukturaufklärung organischer Verbindungen mit spektroskopischen Methoden /
Pretsch ... – Berlin ; Heidelberg ; New York ; Tokyo : Springer, 1985.
ISBN-13: 978-3-540-15817-2   e-ISBN-13: 978-3-642-70736-0
DOI: 10.1007/978-3-642-70736-0
NE: Pretsch, Ernö [Mitverf.]; Strukturaufklärung organischer Verbindungen

Das Werk ist urheberrechtlich geschützt. Die dadurch begründeten Rechte, insbesondere die der
Übersetzung, des Nachdrucks, der Entnahme von Abbildungen, der Funksendung, der Wiedergabe auf
photomechanischem oder ähnlichem Wege und der Speicherung in Datenverarbeitungsanlagen bleiben,
auch bei nur auszugsweiser Verwertung, vorbehalten. Die Vergütungsansprüche des § 54 Abs. 2 UrhG
werden durch die ‚Verwertungsgesellschaft Wort', München, wahrgenommen.

© Springer-Verlag Berlin Heidelberg 1985

Die Wiedergabe von Gebrauchsnamen, Handelsnamen, Warenbezeichnungen usw. in diesem Werk berech-
tigt auch ohne besondere Kennzeichnung nicht zu der Annahme, daß solche Namen im Sinne der
Warenzeichen- und Markenschutz-Gesetzgebung als frei zu betrachten wären und daher von jedermann
benutzt werden dürften.

Produkthaftung: Für Angaben über Dosierungsanweisungen und Applikationsformen kann vom Verlag
keine Gewähr übernommen werden. Derartige Angaben müssen vom jeweiligen Anwender im Einzelfall
anhand anderer Literaturstellen auf ihre Richtigkeit überprüft werden.

2152/3140-543210

Vorwort

Die kombinierte Anwendung spektroskopischer Methoden zur Konstitutions- und Strukturaufklärung insbesondere von organischen Verbindungen gehört heute zur Routinetätigkeit eines Chemikers. Dementsprechend gehört die Vermittlung dieser Methoden in irgendeiner Form zur Grundausbildung im Bereiche der Chemie. Nach unserer Erfahrung ist das Studium dieses Gebietes dann am erfolgreichsten, wenn die Studenten während der Vermittlung elementarer Grundkenntnisse möglichst frühzeitig selbständig spektroskopische Aufgaben lösen. Dabei werden Massenspektren, ^{1}H- und ^{13}C-Kernresonanzspektren, Infrarotspektren sowie UV/VIS-Spektren einer Verbindung vorteilhaft ohne jegliche Zusatzinformation vorgelegt. Obwohl der Chemiker in der Praxis normalerweise über viel Zusatzinformation verfügt, zeigte unsere Erfahrung, dass die Vorgabe solcher Befunde didaktisch wenig ergiebig ist.

Seit dem grundlegenden Beitrag von Silverstein und Bassler [1] sind mehrere Bücher erschienen, in denen spektroskopische Beispiele meistens zusammen mit Lösungswegen oder mit Lösungen präsentiert werden [2-10]. Dies fördert jedoch die unbedingt nötige eigene Aktivität nur bei hartnäckigen Studierenden. Zudem entsteht trotz entsprechender Warnung leicht der Eindruck, dass die beschriebene Methode den einzigen oder den besten Weg zu einer Lösung zeige. Da jedoch je nach Vorkenntnissen, Denkart und Fähigkeiten viele sinnvolle Lösungswege denkbar sind, bildet die hier gebotene Aufgabensammlung eine wohl nützliche Ergänzung.

Die vorliegenden Beispiele werden im Unterricht für Instrumentalanalyse und analytische Chemie bei der Ausbildung von Chemikern, Biochemikern, Biologen und Pharmazeuten an der ETH Zürich eingesetzt. Eine Veröffentlichung

drängte sich deshalb auf, weil wir in den letzten Jahren
von vielen Hochschulen um die Weitergabe derartiger Beispiele gebeten worden sind. Um den Einsatz im Unterricht
zu erleichtern, haben wir uns zusammen mit dem Springer-Verlag darum bemüht, das vorliegende Buch zu einem erschwinglichen Preis herauszugeben. Dafür haben wir kleinere Schönheitsfehler der Reproduktion in Kauf genommen.

Aus didaktischen Gründen haben wir darauf verzichtet,
die Lösungen mit zu veröffentlichen. Selbstverständlich
sind wir bereit, auf Anfrage ein Lösungsblatt zuzusenden.

Wir sind der Meinung, dass es keinen allgemein gültigen
besten Weg gibt, kombinierte spektroskopische Daten erfolgreich zu interpretieren. Aber nach unserer Erfahrung
ist als nützliche Richtlinie für die Arbeit zu empfehlen,
zuerst alle vorhandenen Daten rasch durchzusehen und besonders leicht zugängliche und aufschlussreiche Befunde festzuhalten. Dazu gehören z.B. Signale von O-H-/N-H-Streckschwingungen, Banden von Dreifachbindungen oder Carbonylgruppen in
den entsprechenden Bereichen der IR-Spektren, Anzahl
der Signale in den breitbandentkoppelten ^{13}C-NMR-Spektren, Integrationsverhältnisse und ungefähre Signallage
in den ^{1}H-NMR-Spektren, Molmasse und Isotopenmuster in
den Massenspektren oder Extinktionsbereich und Wellenlänge der Maxima von Banden in den UV/VIS-Spektren.
Möglichst frühzeitig sollte versucht werden, eine Summenformel sowie die Anzahl von Ringen und Mehrfachbindungen
festzustellen und Strukturelemente mit jenen Spektren
zu identifizieren, in welchen sie sich am deutlichsten
manifestieren. Eine Ueberprüfung der so ermittelten
oder vermuteten Partialstrukturen mit anderen Spektren
ist unabdingbar. Der schliesslich resultierende Konstitutionsvorschlag sollte in jedem Fall auf Widersprüche

geprüft werden, indem man mindestens die auffälligsten Befunde in allen Spektren anhand des Vorschlages rationalisiert. Mit der Möglichkeit, dass eine andere als die gefundene Konstitution den spektroskopischen Daten ebenfalls genügen könnte, ist immer zu rechnen.

Die abgebildeten Spektren sind Routinespektren. Sie enthalten deshalb häufig kleine, scheinbare Fehler und sind aufnahmetechnisch nicht durchwegs perfekt. Wir haben bewusst auf eine unnötige und aufwendige Kosmetik verzichtet, da auf diese Weise häufig auftretende Idiosynkrasien der Routinespektren beim Unterricht berücksichtigt werden können.

Die Reihenfolge der Beispiele ist so gewählt worden, dass der Schwierigkeitsgrad des Einstiegs wie z.B. die Ermittlung von Strukturelementen, nicht aber die Schwierigkeit der Ableitung einer eindeutigen Lösung, etwa monoton zunimmt. Die Autoren haben die Beispiele selbst für sich gelöst und die Spektren auf Fehler überprüft. Dieses Vorgehen schliesst aber nicht aus, dass doch einzelne Fehler enthalten sind. Für entsprechende Hinweise sowie für Vorschläge, Wünsche und Kritik sind wir im Hinblick auf geplante weitere Bände dankbar.

Im Laufe von mehr als 20 Jahren sind Beispiele der vorgelegten Art in unserem Unterricht eingesetzt worden. Wir möchten all den Mitarbeitern und Kollegen danken, die im Laufe dieser langen Zeit an der Gestaltung mit Ideen und Tatkraft mitgewirkt haben. Besonders beteiligt waren bei der Zusammenstellung der vorliegenden Beispiele: Dr. A.J. Villiger, Dr. I. Mostert, H.V. Pham und Dr. D. Welti. Wir danken zudem all denen, die uns unentgeltlich Proben zur Verfügung gestellt haben.

[1] R.M. Silverstein & G.C. Bassler,
Spectrometric Identification of Organic Coumpounds,
John Wiley, New York, 1963; 2nd Ed. 1967.

[2] T. Cairns,
Spectroscopic Problems in Organic Chemistry,
Heyden & Son Ltd., London, 1964.

[3] A.J. Baker, T. Cairns, G. Eglinton & F.J. Preston,
More Spectroscopic Problems in Organic Chemistry,
Heyden & Son Ltd., London, 1967.

[4] B. Trost,
Problems in Spectroscopy,
W.A. Benjamin, Inc., New York, 1967.

[5] R.H. Shapiro & Ch.H. DePuy,
Exercises in Organic Spectroscopy,
Holt, Rinehardt and Winston, New York, 1969; 2nd Ed. 1977.

[6] B.J. Brisdon & D.W. Brown,
Spectroscopic Problems in Chemistry,
Van Nostrand Reinhold Co., New York, 1973.

[7] R.M. Silverstein, G.C. Bassler & T.C. Morrill,
Spectrometric Identification of Organic Compounds,
John Wiley, New York, 3rd Ed. 1974; 4th Ed. 1981.

[8] R.C. Banks, E.R. Matjeka & G. Mercer,
Introductory Problems in Spectroscopy,
The Benjamin/Cummings Publ. Co. Inc., Menlo Park, CA, 1980.

[9] J.T. Clerc, E. Pretsch & J. Seibl,
Structure Analysis of Organic Compounds by Combined
Application of Spectroscopic Methods,
Elsevier, Amsterdam / Akadémiai Kiadó, Budapest, 1981.

[10] S. Sternhell & J.R. Kalman,
      Organic Structures from Spectra,
      John Wiley, in press.

                                        E. Pretsch, J. Seibl,
Zürich, im Mai 1985   A. Manz, W. Simon

P 54

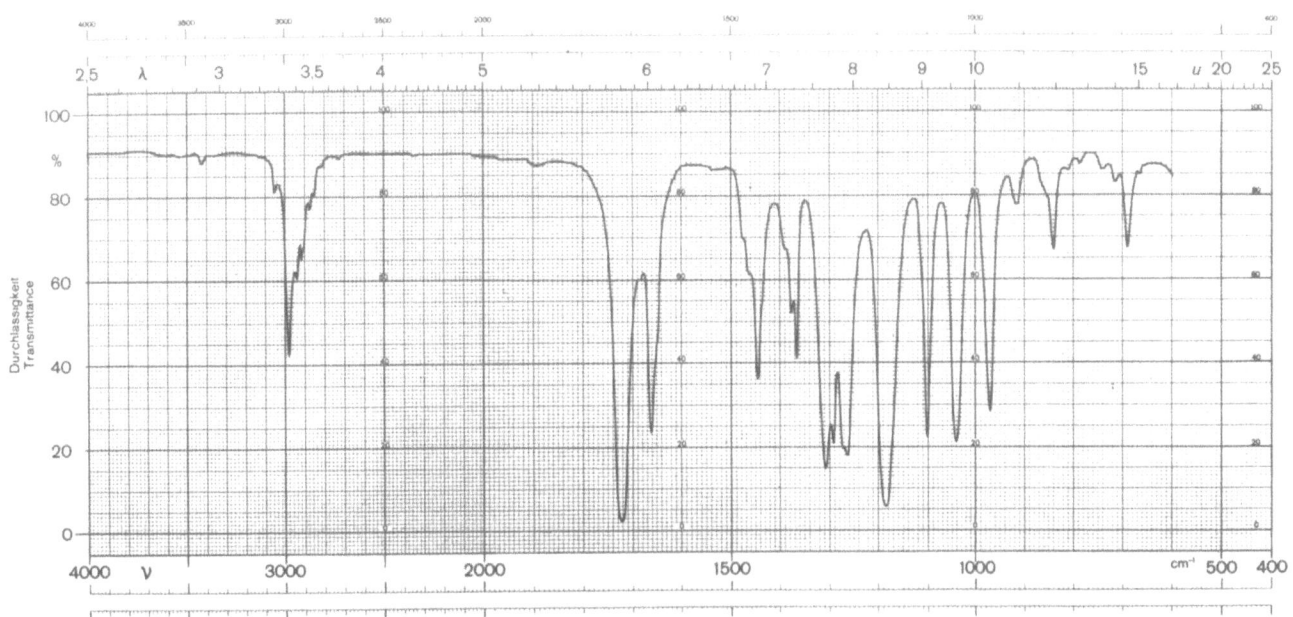

IR: Perkin-Elmer 125
aufgenommen als Flüssigkeitsfilm
MS: Hitachi Perkin-Elmer RMU-6M

m^*	m_1^+	→	m_2^+	Δm
86.0	114		99	15
24.4	69		41	28

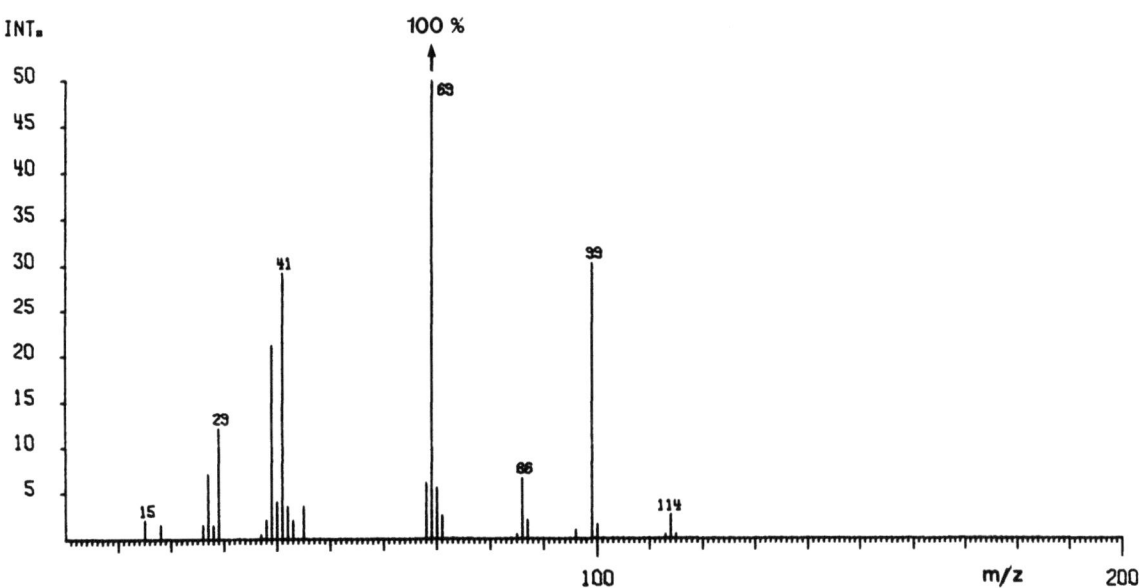

Pretsch/Seibl/Manz/Simon, ETH-Zürich
© Springer-Verlag Berlin Heidelberg 1985

P 54

^{13}C-NMR: Bruker Spectrospin
Modell HFX-90 (22.6 MHz)
aufgenommen in CDCl$_3$

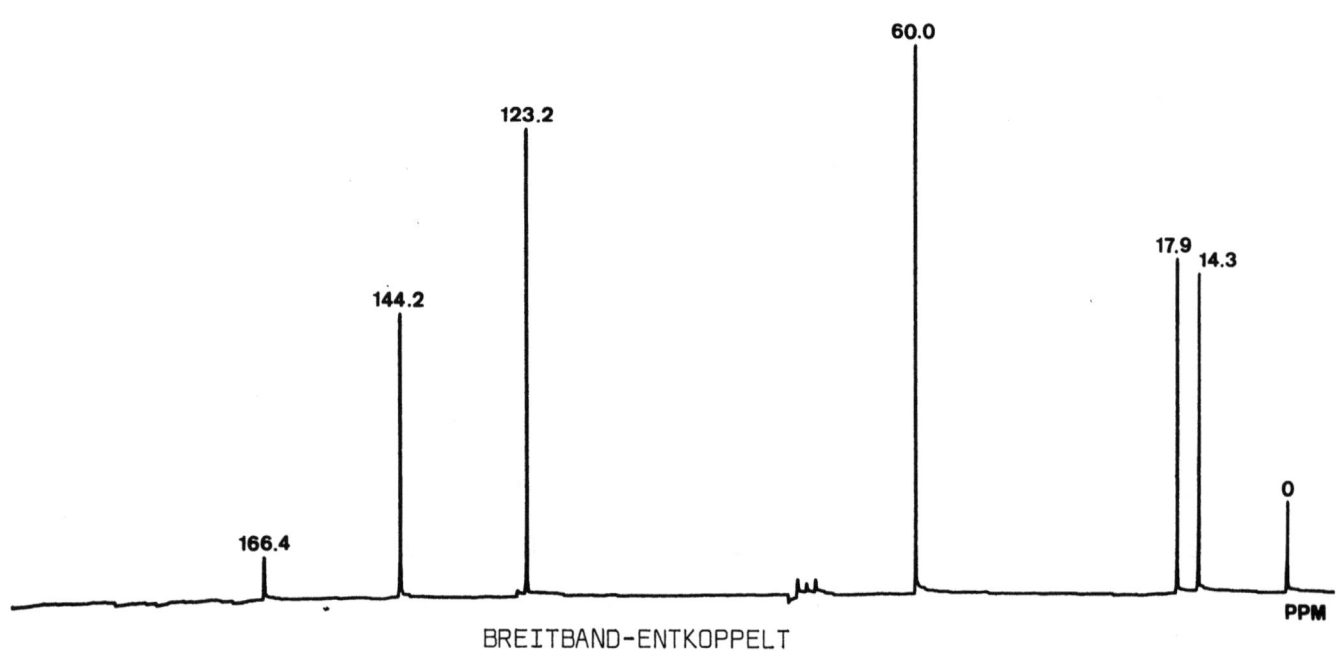

BREITBAND-ENTKOPPELT

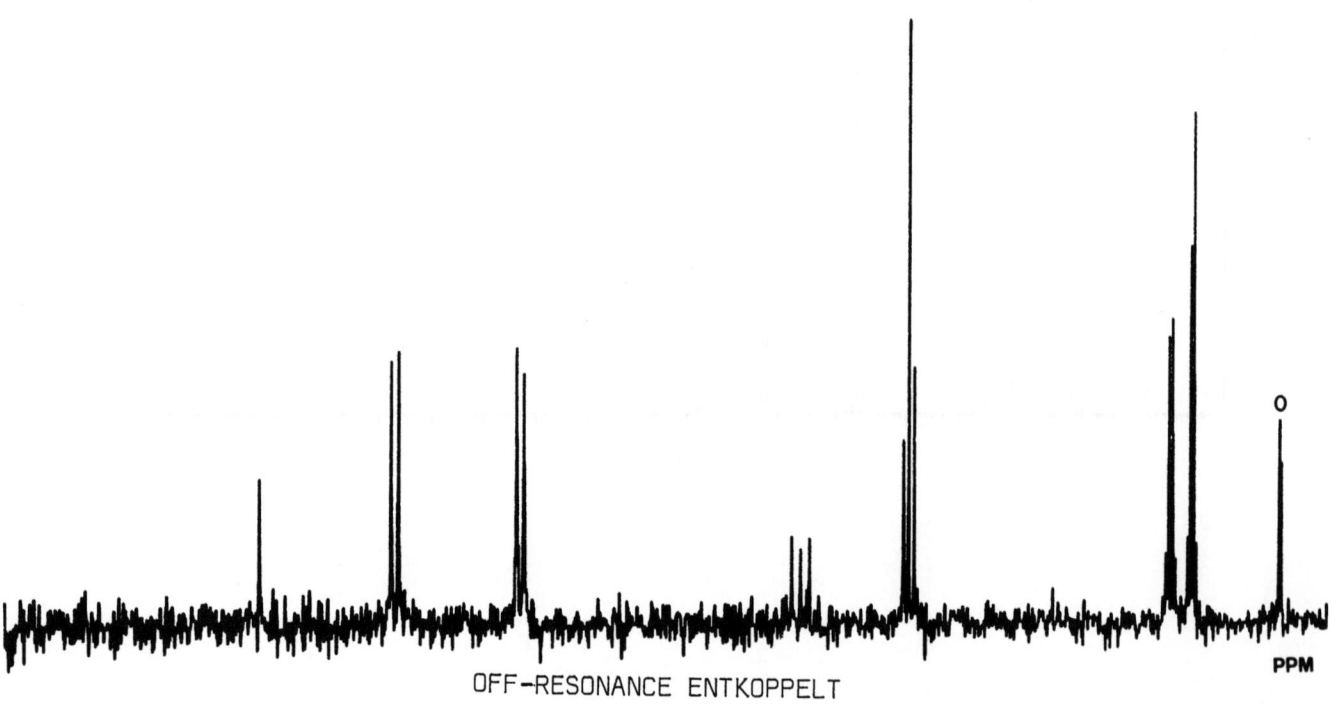

OFF-RESONANCE ENTKOPPELT

Pretsch/Seibl/Manz/Simon, ETH-Zürich
© Springer-Verlag Berlin Heidelberg 1985

P54

¹H-NMR: Varian Modell HA-100 (100 MHz)
Sweep Width: 1000 Hz
aufgenommen in $CDCl_3$

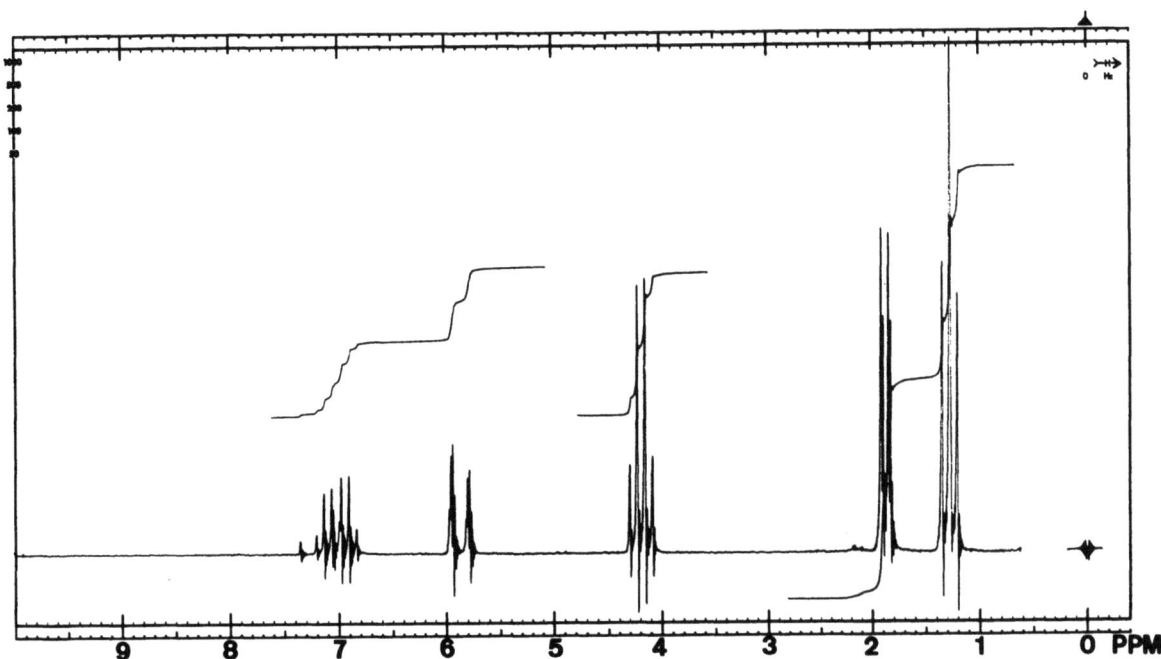

UV: aufgenommen in EtOH
(Literaturwert)
λ_{max} = 212 nm (ε = 14454)

Für Notizen

Q49

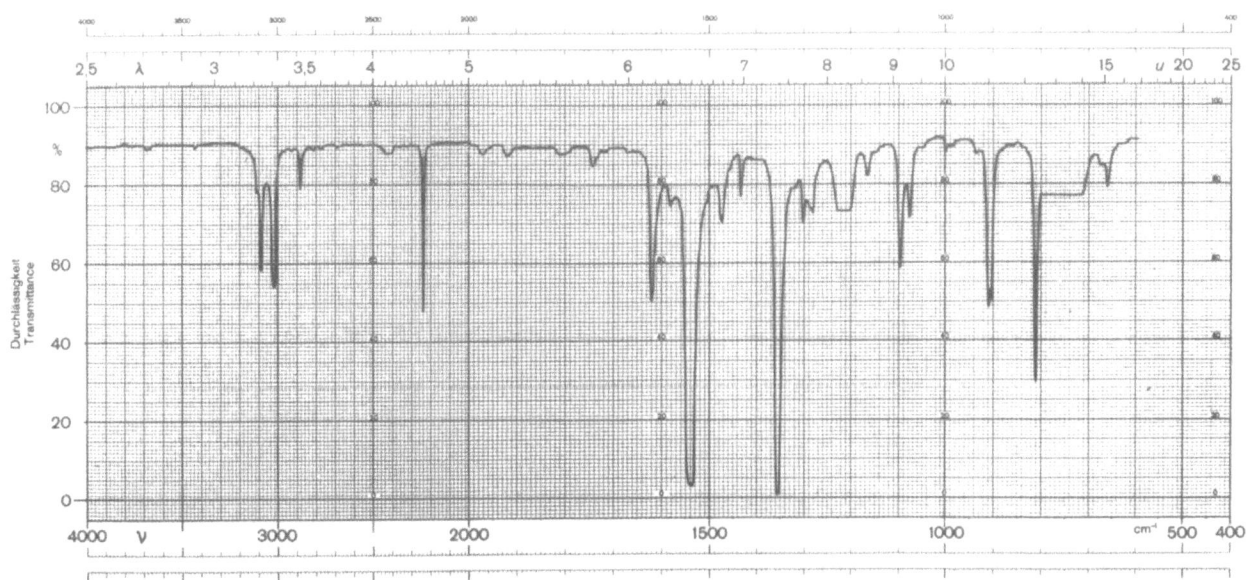

IR: Perkin-Elmer 125
aufgenommen in $CHCl_3$

MS: Hitachi Perkin-Elmer RMU-6M

m^*	m_1^+	$\rightarrow m_2^+$	Δm
94.1	148	118	30
68.9	148	101	47
68.6	118	90	28
56.6	102	76	26
55.1	102	75	27

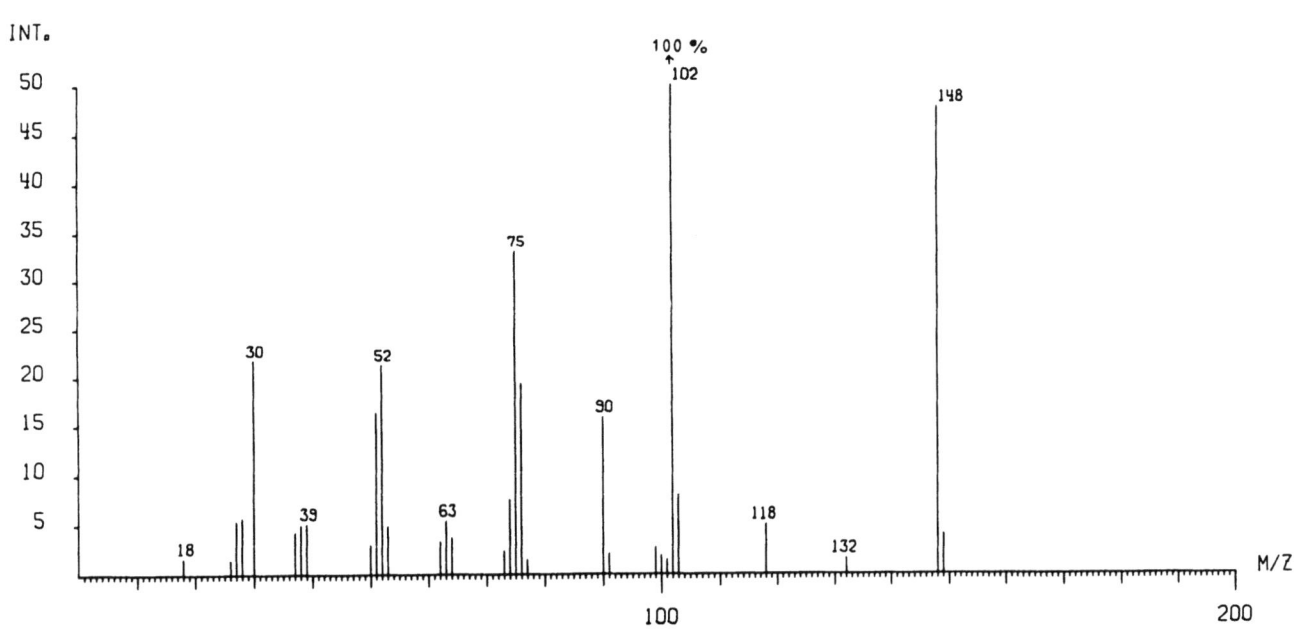

Q49

^{13}C-NMR: Bruker Spectrospin Modell WP-200 SY (50 MHz) aufgenommen in $CDCl_3$

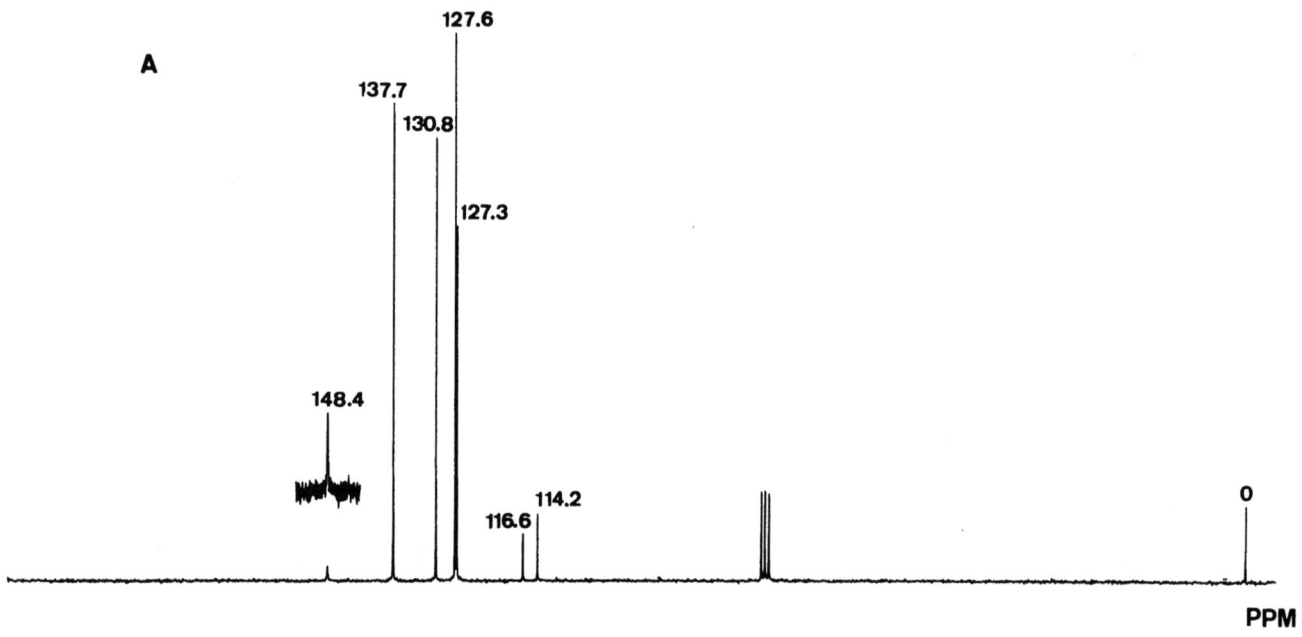

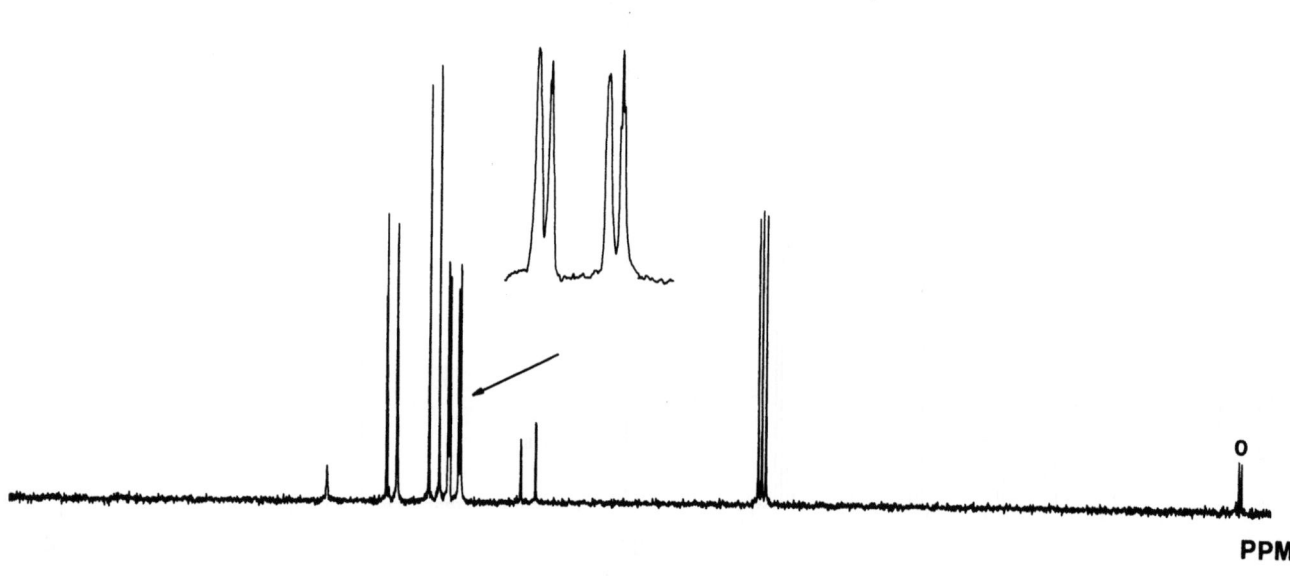

A: breitbandentkoppeltes Spektrum
B: off-resonance entkoppeltes Spektrum

Pretsch/Seibl/Manz/Simon, ETH-Zürich
© Springer-Verlag Berlin Heidelberg 1985

Q 49

^{1}H-NMR: Varian Modell HA-100 (100 MHz)
Sweep Width: 1000 Hz
aufgenommen in $CDCl_3$

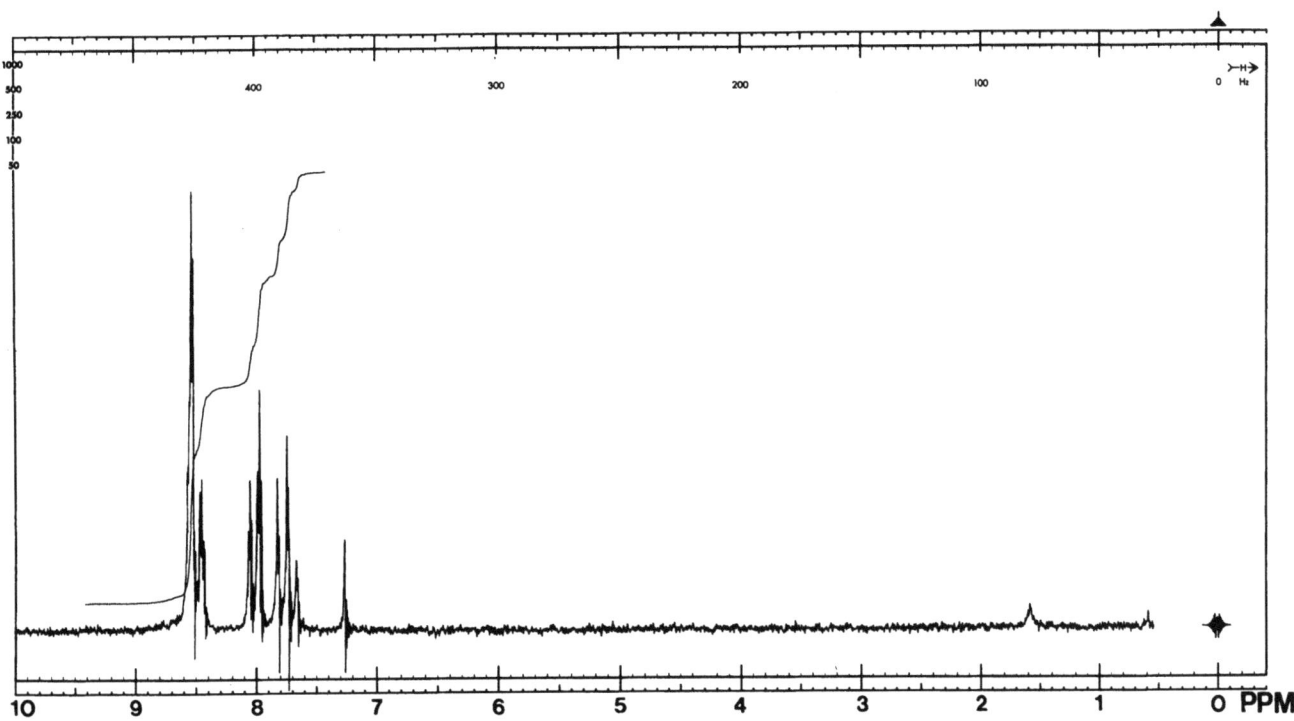

UV: aufgenommen in CH_3OH
(Literaturwert)

λ_{max} [nm]	ε
253	7100
216	25900

Pretsch/Seibl/Manz/Simon, ETH-Zürich
© Springer-Verlag Berlin Heidelberg 1985

Für Notizen

IR: Perkin-Elmer Modell 125
Flüssigkeitsfilm

MS: Hitachi Perkin-Elmer
Modell RMU-6M

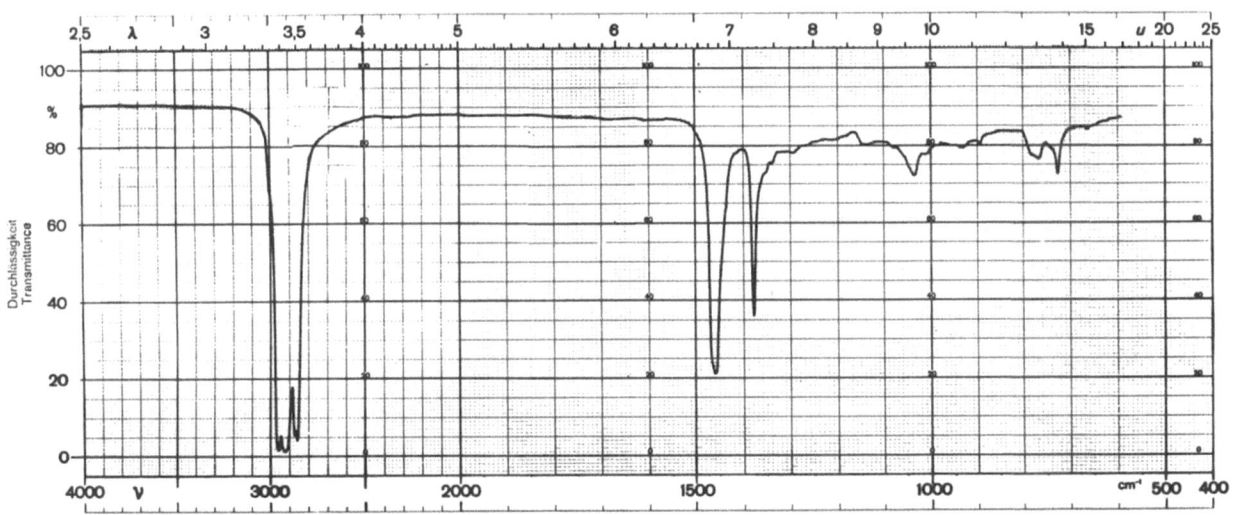

m*	m_1^+ →	m_2^+ +	$(m_1 - m_2)$	m*	m_1^+ →	m_2^+ +	$(m_1 - m_2)$
171.7	226	197	29	81.9	197	127	70
126.4	226	169	57	75.5	169	113	56
122.0	197	155	42	32.8	99	57	42
100.9	197	141	56	29.5	57	41	16
95.4	169	127	42	28.8	113	57	56

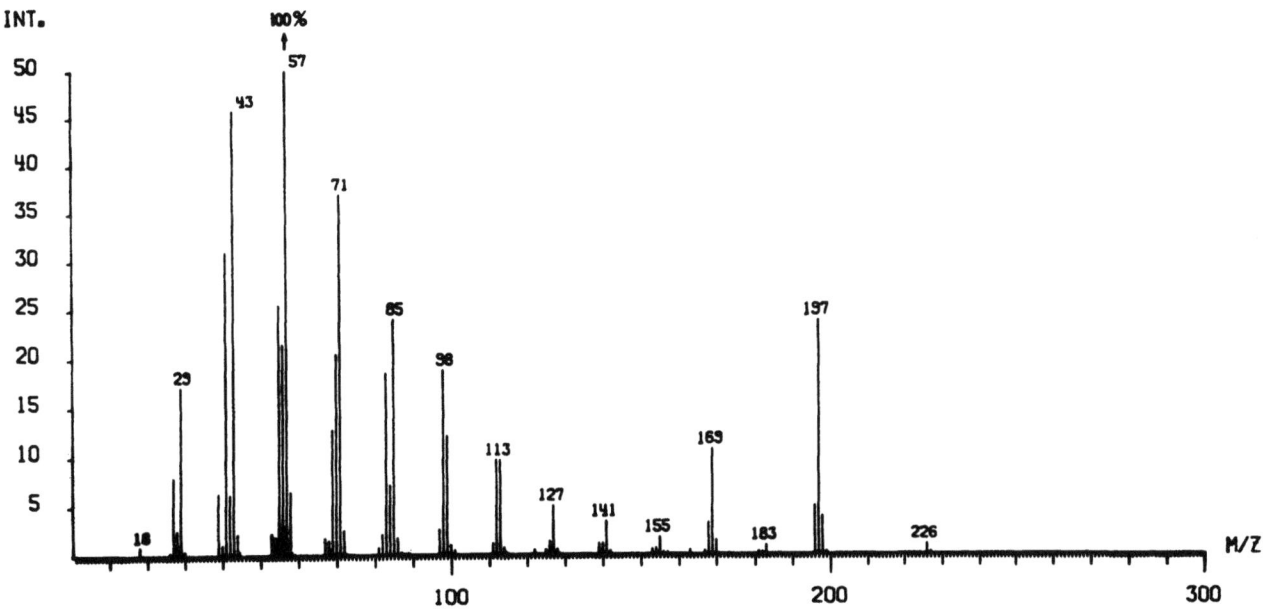

P115

^{13}C-NMR: Varian Modell XL-100 (25.2 MHz)
aufgenommen in CDCl$_3$

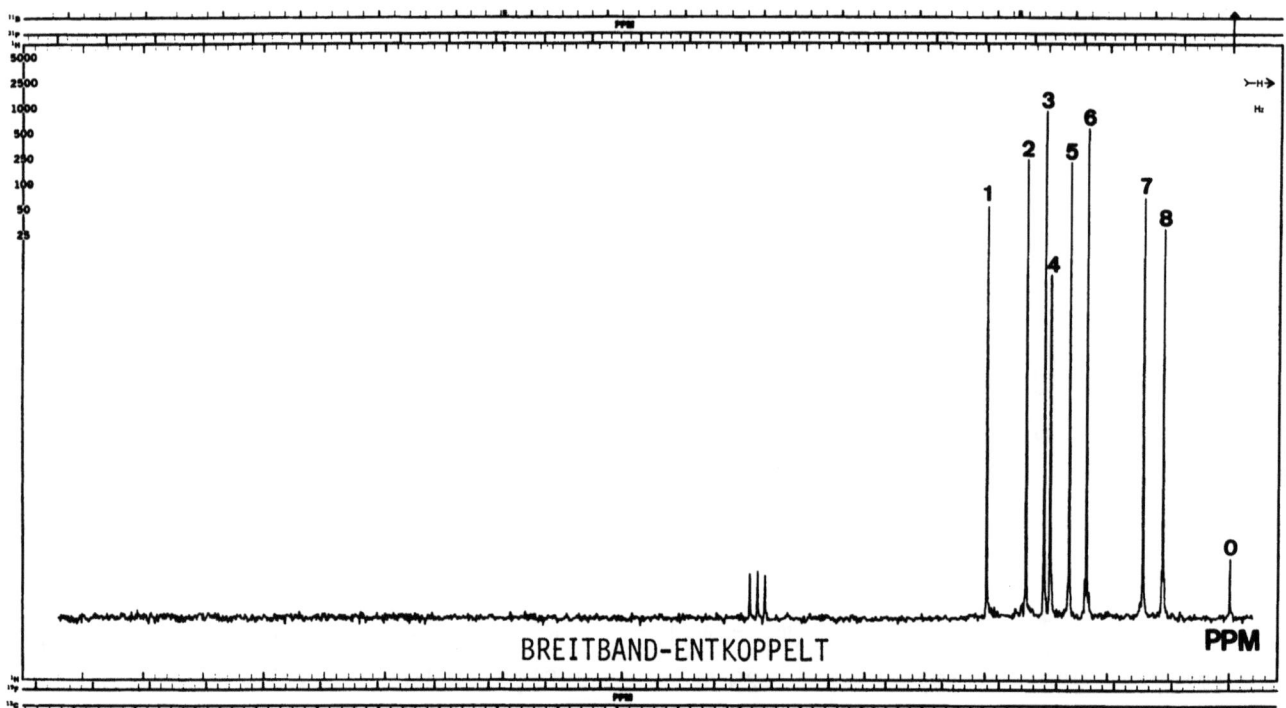

BREITBAND-ENTKOPPELT

Signal	Intensität	chem. Verschiebung (PPM)	Multiplizität *)
1	165	39.4	D
2	185	33.1	T
3	204	30.1	T
4	138	29.2	T
5	183	26.1	T
6	197	23.3	T
7	169	14.2	Q
8	156	11.0	Q

*) im partiell entkoppelten Spektrum

P115

^{1}H-NMR: Varian Modell HA-100(100 MHz)
Sweep Width: 1000 Hz
aufgenommen in CDCl$_3$

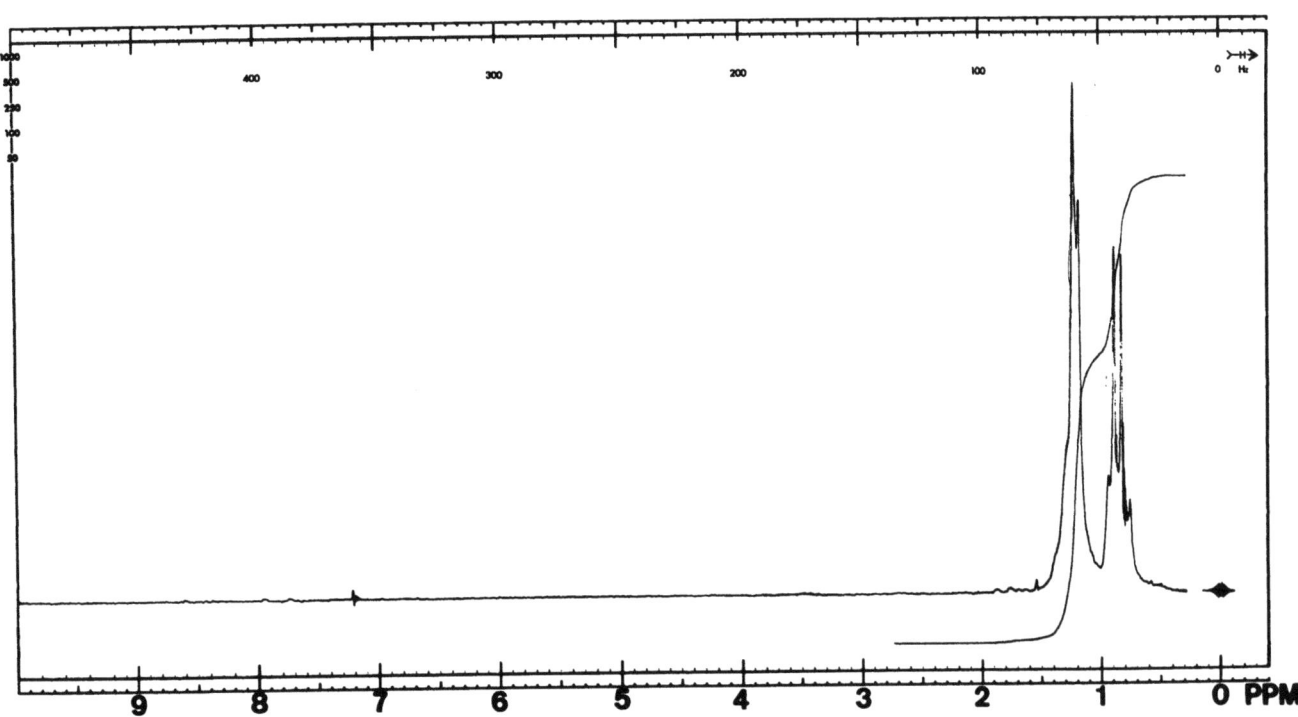

UV: keine intensive Absorptionsbande oberhalb λ = 205 nm.

Für Notizen

P70

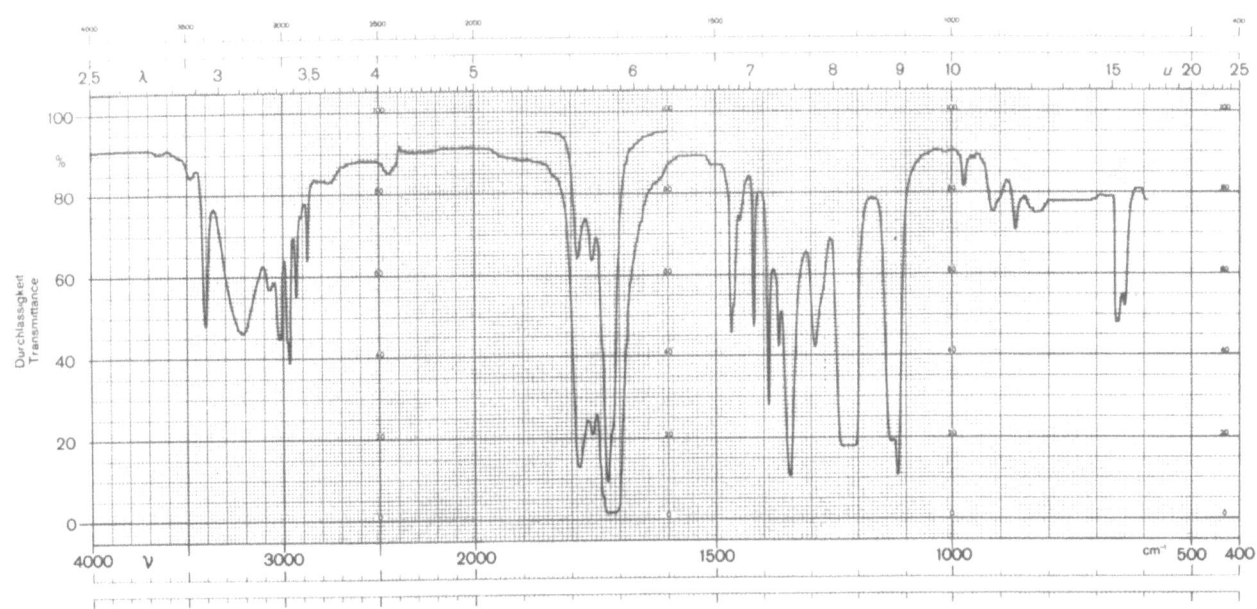

IR: Perkin-Elmer 125
aufgenommen in $CHCl_3$

MS: Hitachi Perkin-Elmer
RMU-6M

m^*	m_1^+	→	m_2^+	Δm
37.3	84		56	28
31.7	99		56	43
20.0	84		41	43

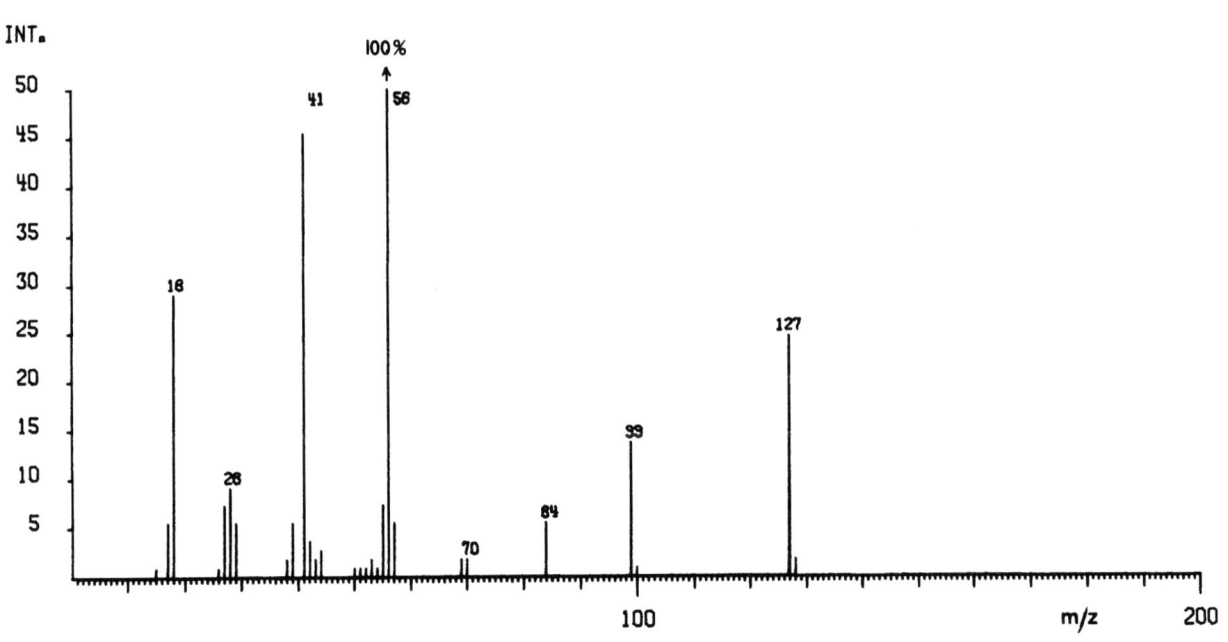

Pretsch/Seibl/Manz/Simon, ETH-Zürich
© Springer-Verlag Berlin Heidelberg 1985

P70

^{13}C-NMR: Bruker Spectrospin
Modell HFX-90 (22.6 MHz)
aufgenommen in CDCl$_3$

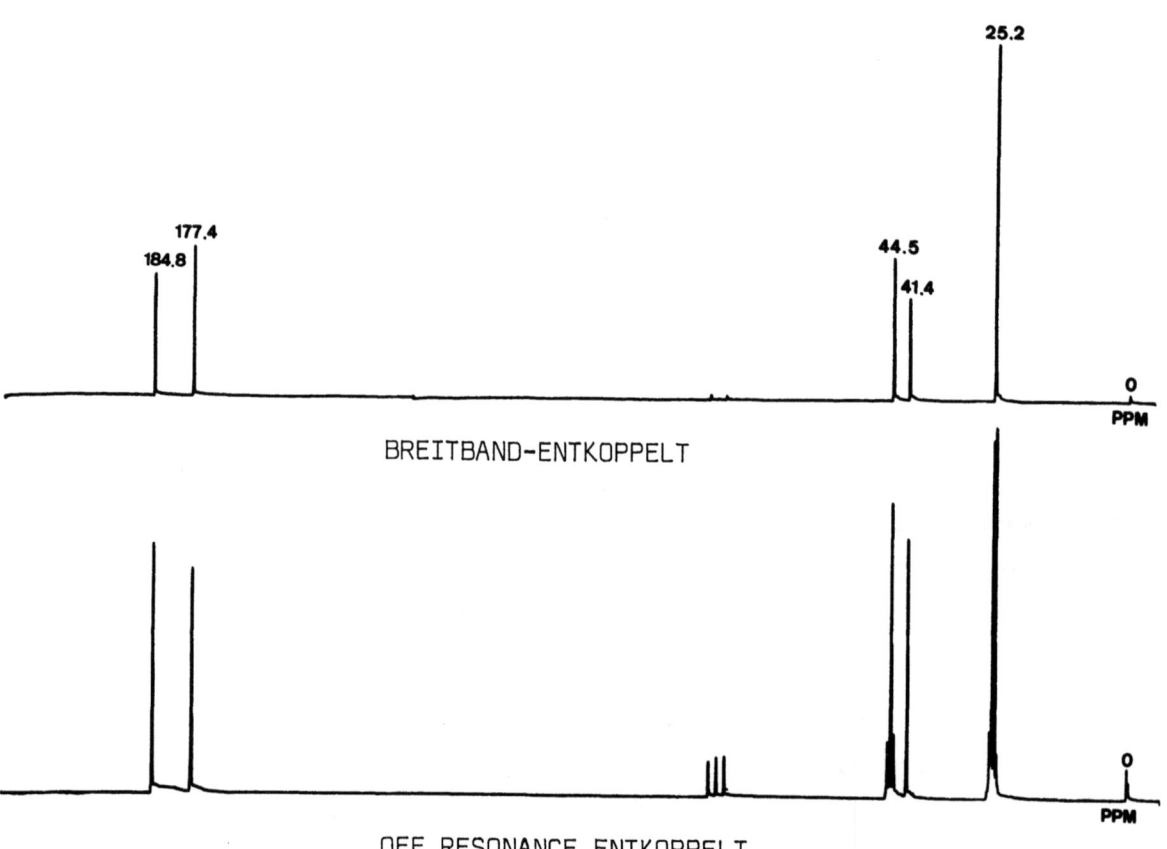

BREITBAND-ENTKOPPELT

OFF RESONANCE ENTKOPPELT

P70

^{1}H-NMR: Varian Modell HA-100 (100 MHz)
Sweep Width: 1000 Hz
aufgenommen in $CDCl_3$

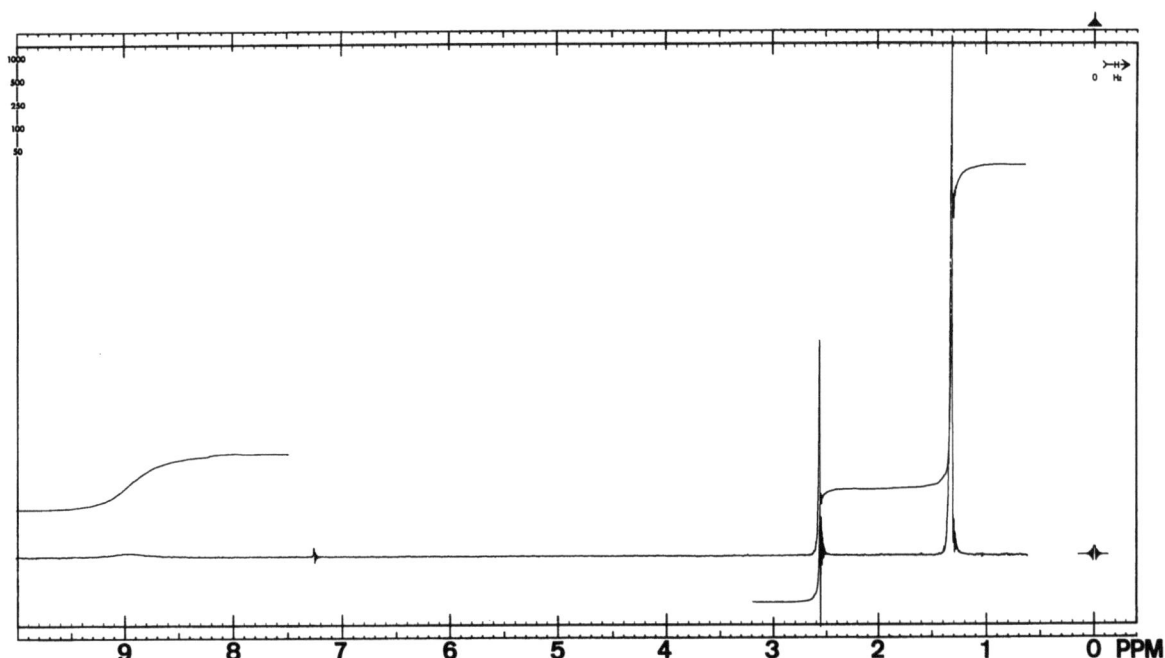

Für Notizen

P105

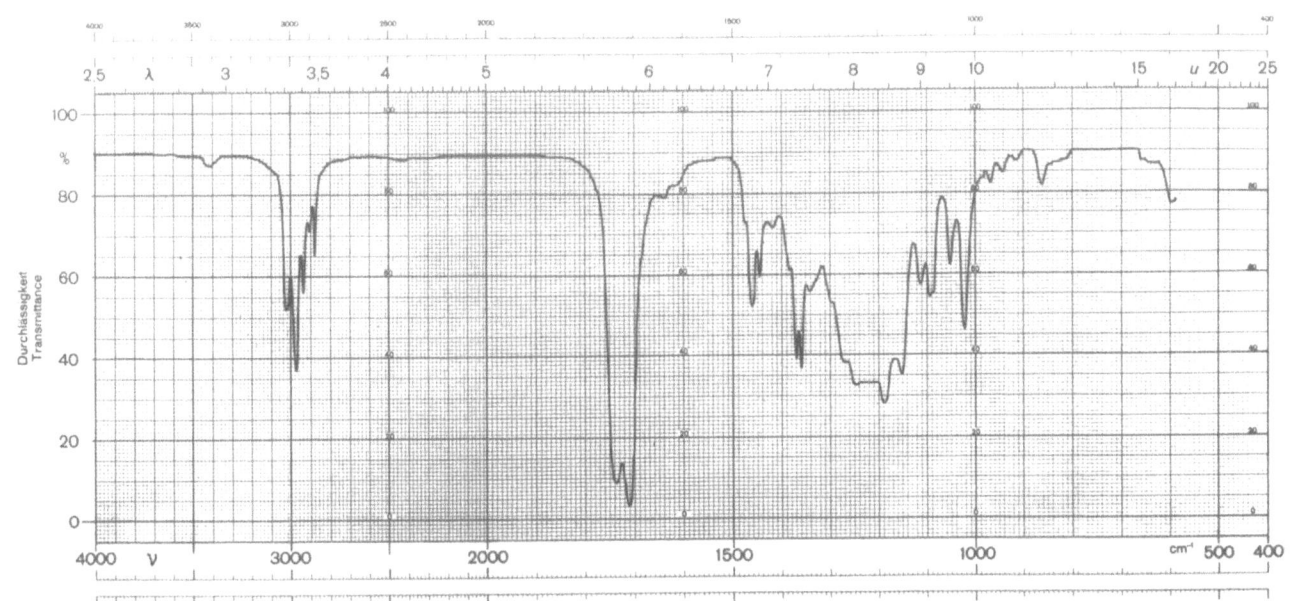

IR: Perkin-Elmer 125

aufgenommen in $CHCl_3$

MS: Hitachi Perkin-Elmer

RMU-6M

m^*	m_1^+	→	m_2^+	Δm
87.9	116		101	15
66.8	116		88	28
60.6	88		73	15
52.8	101		73	28
44.6	113		71	42

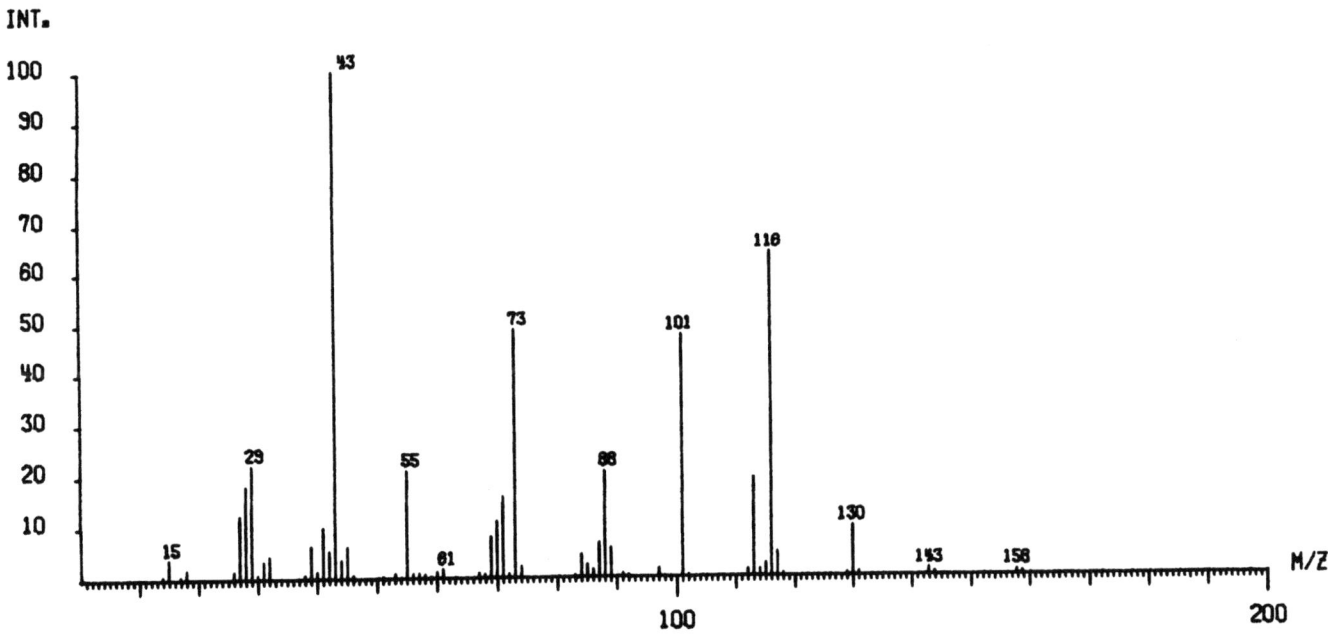

P105

^{13}C-NMR: Varian Modell XL-100 (25.2 MHz)
aufgenommen in CDCl$_3$

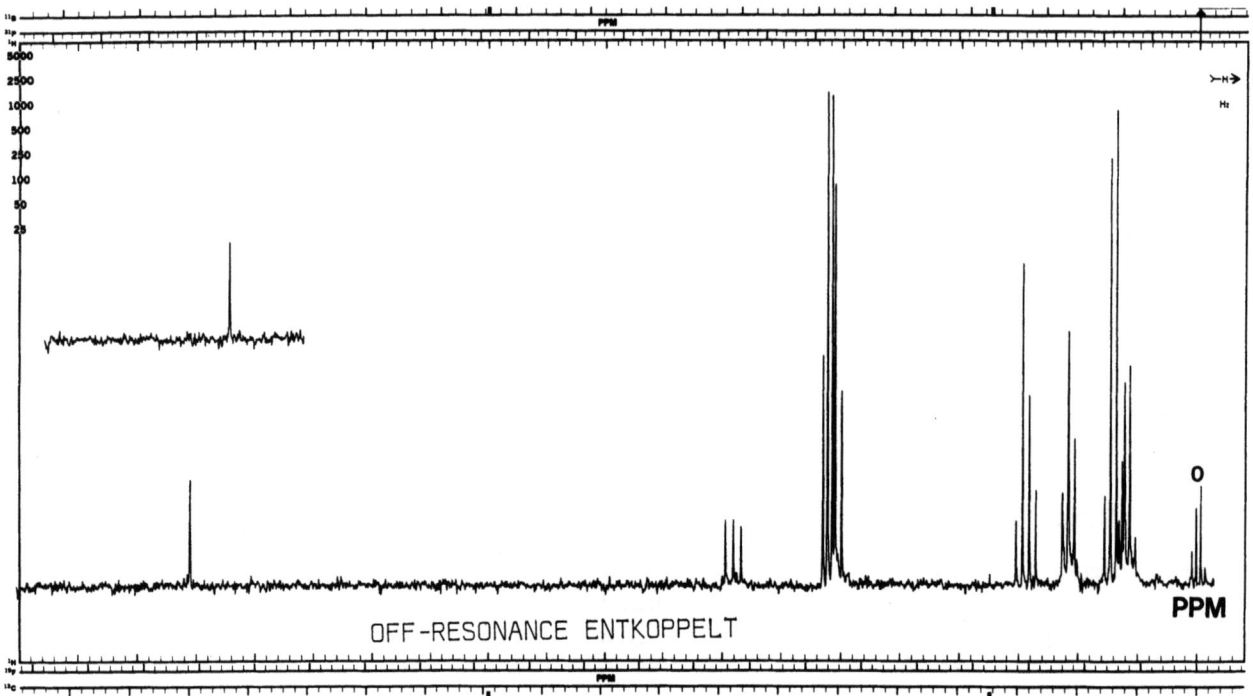

OFF-RESONANCE ENTKOPPELT

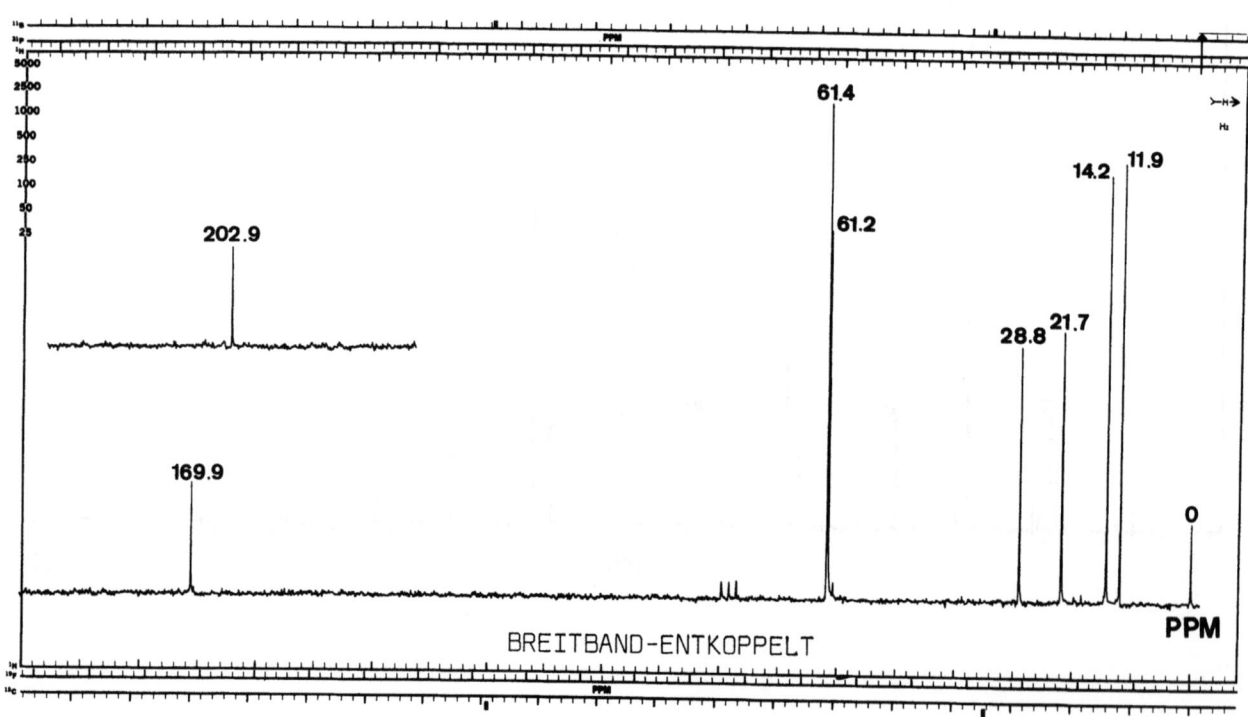

BREITBAND-ENTKOPPELT

P105

^{1}H-NMR: Varian Modell HA-100 (100 MHz)
Sweep Width: 1000 Hz
aufgenommen in $CDCl_3$

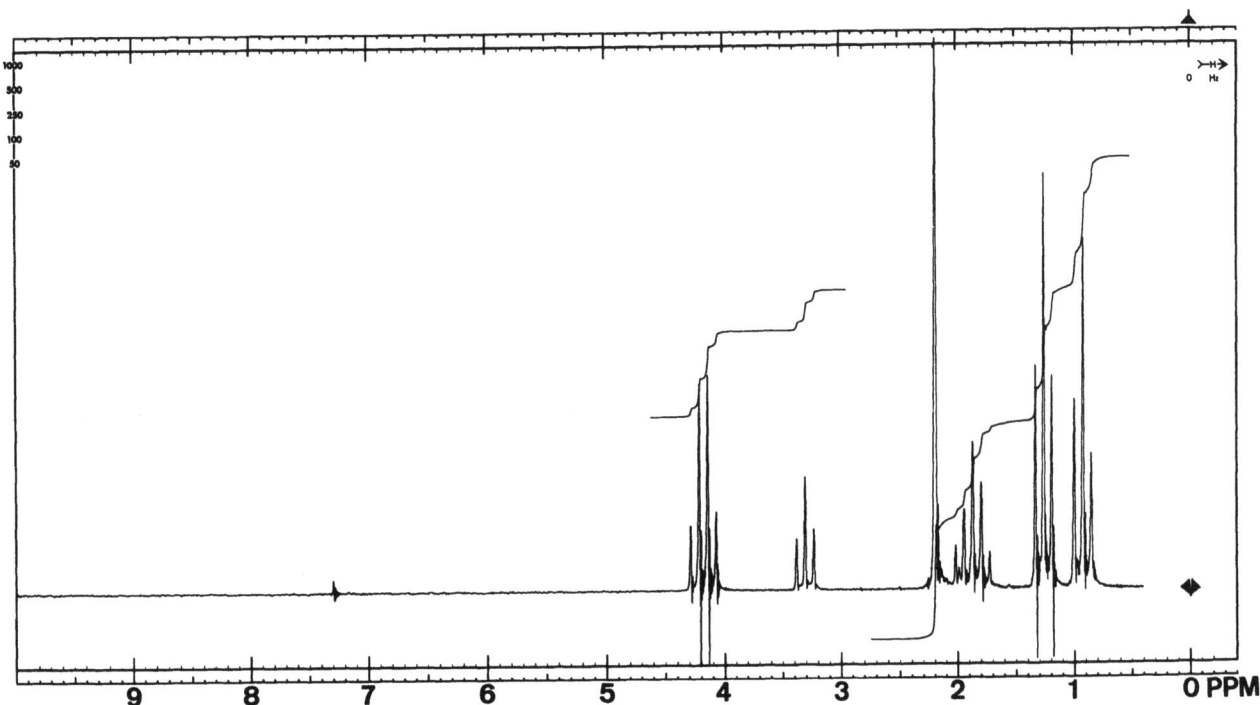

UV: keine intensive Absorptionsbande oberhalb λ = 200 nm.

Für Notizen

Q9

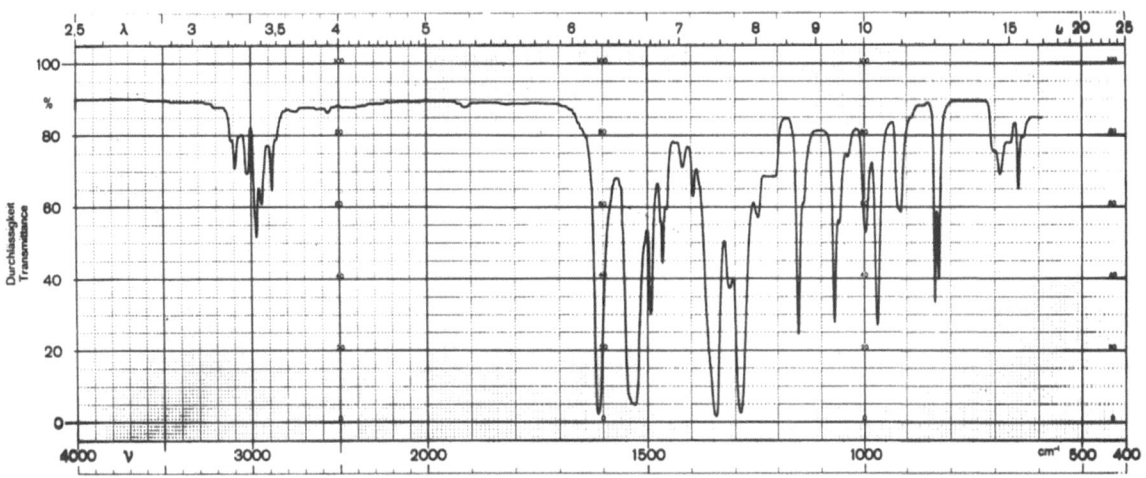

IR: Perkin-Elmer Modell 125
aufgenommen in $CHCl_3$
Schichtdicke 0.1 mm

MS: Hitachi Perkin-Elmer
Modell RMU-6M

m^*	m_1^+	$\rightarrow m_2^+$	$+ (m_1 - m_2)$	m^*	m_1^+	$\rightarrow m_2^+$	$+ (m_1 - m_2)$
149.8	226	184	42	102.2	226	152	74
135.7	168	151	17	74.3	154	107	47
128.9	184	154	30	58.3	107	79	28

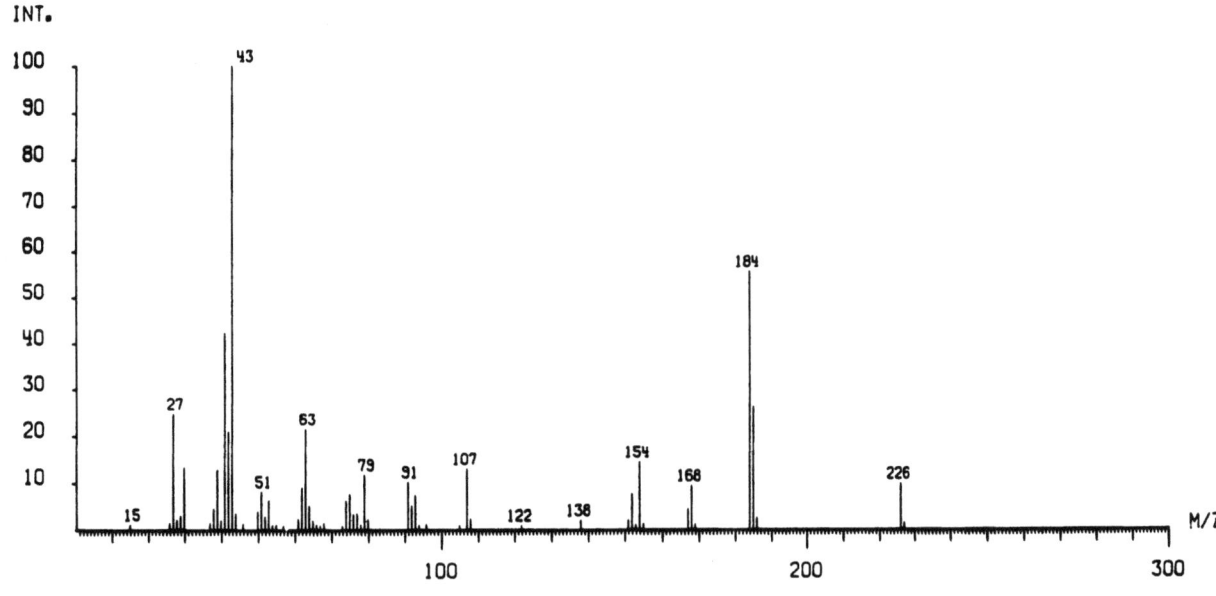

Q9

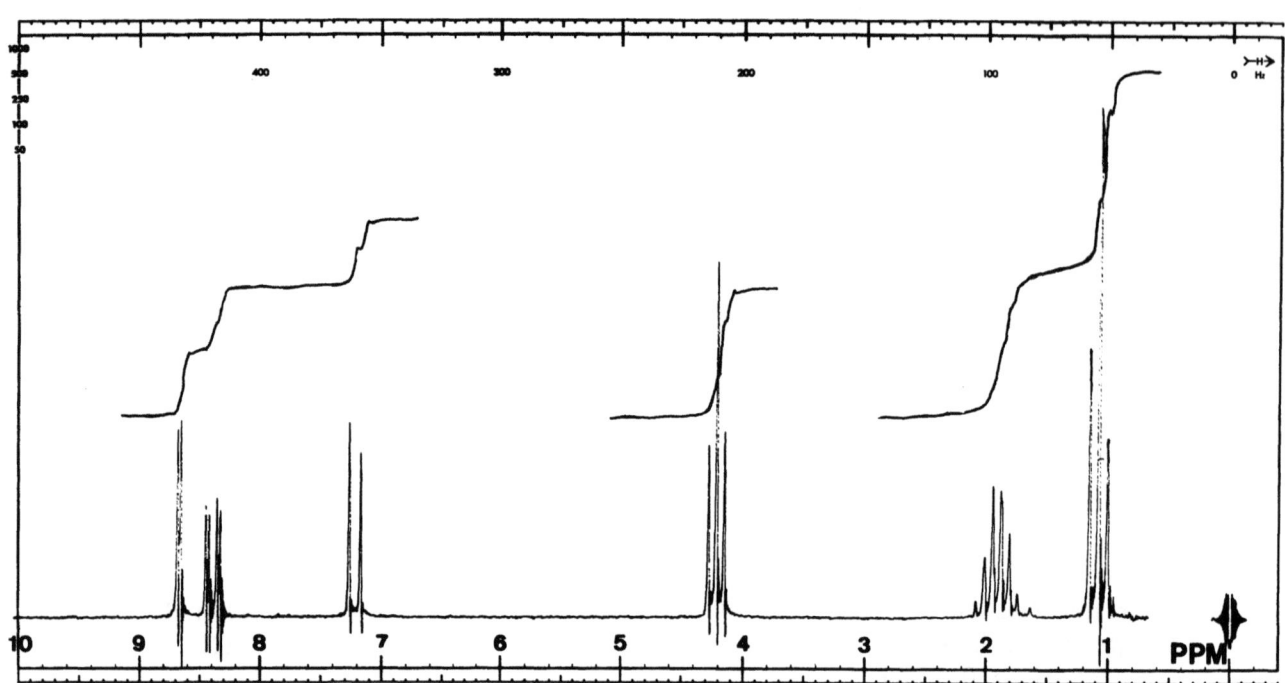

^{1}H-NMR: Varian Modell HA-100 (100 MHz)
Sweep Width: 1000 Hz
aufgenommen in CDCl$_3$

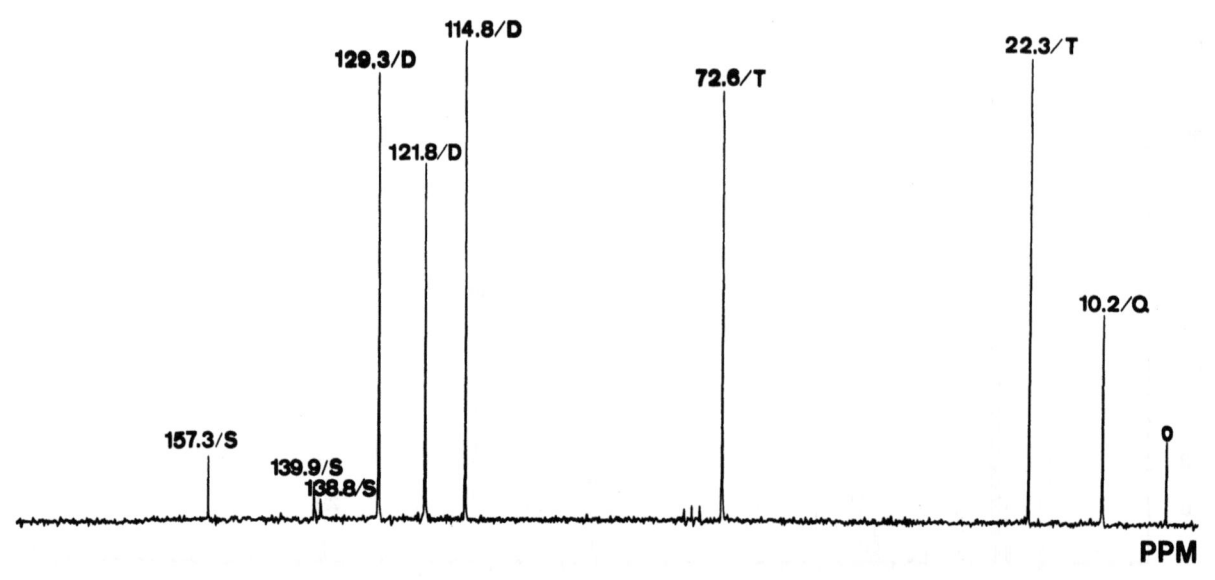

^{13}C-NMR: Varian Modell XL-100 (25.2 MHz)
aufgenommen in CDCl$_3$

Pretsch/Seibl/Manz/Simon, ETH-Zürich
© Springer-Verlag Berlin Heidelberg 1985

P77

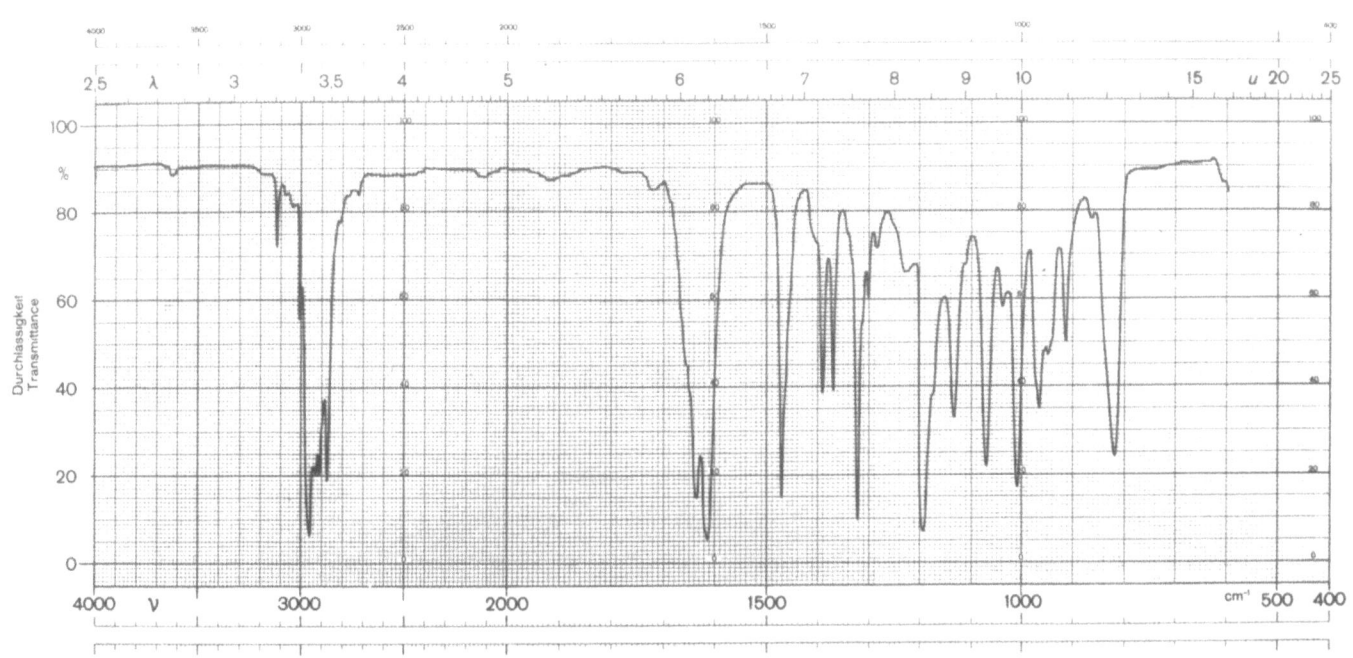

IR: Perkin-Elmer 125
aufgenommen in $CHCl_3$

MS: Hitachi Perkin-Elmer RMU-6M

m^*	$m_1^+ \rightarrow m_2^+$		Δm
29.5	57	41	16

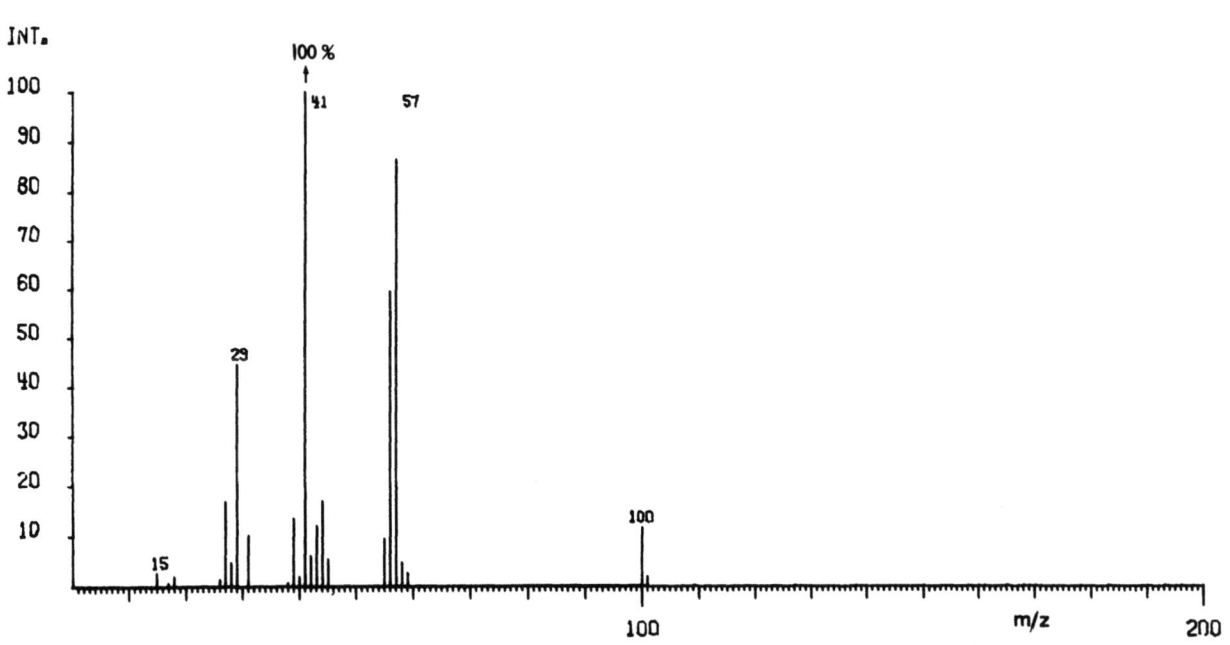

P77

^{13}C-NMR: Varian Modell XL-100 (25.2 MHz)
aufgenommen in $CDCl_3$

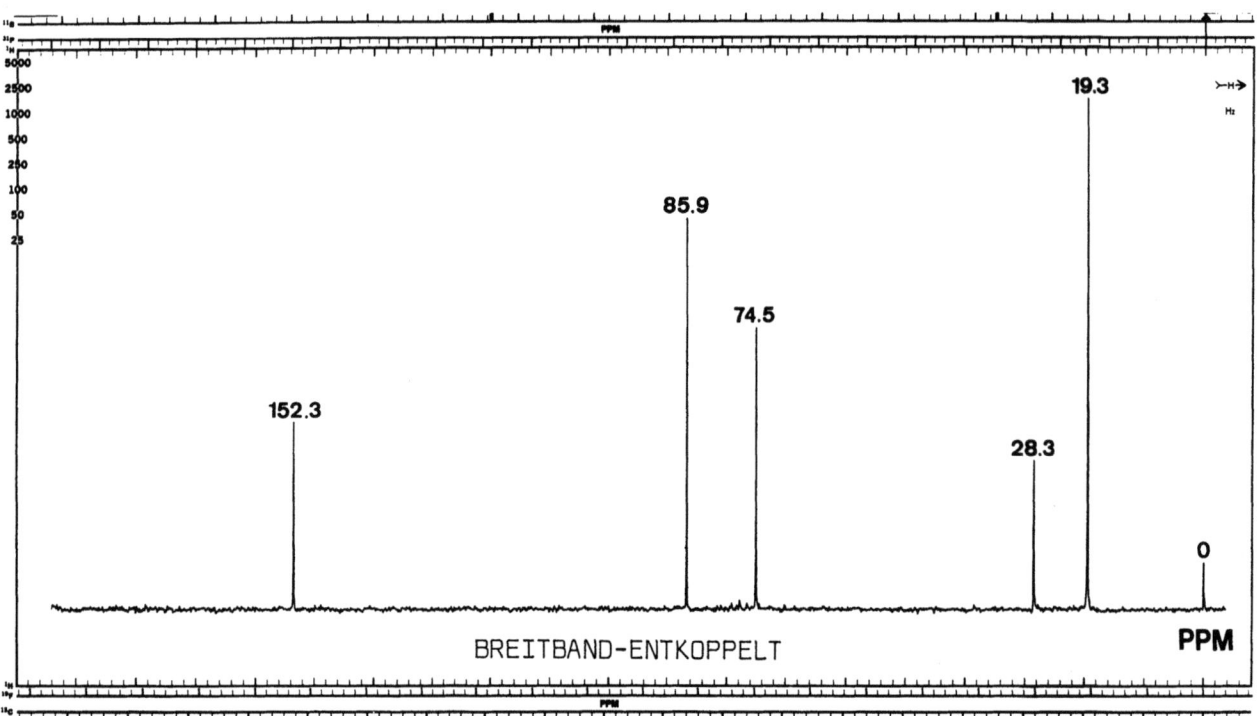

BREITBAND-ENTKOPPELT

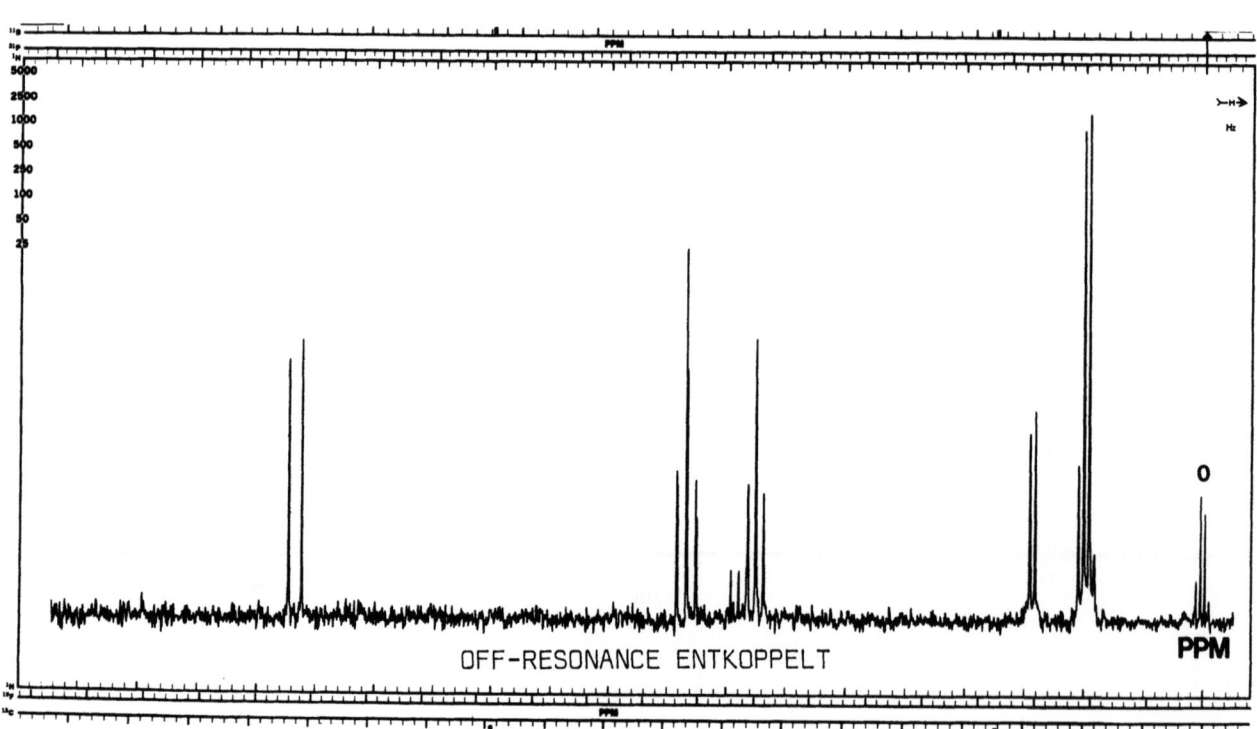

OFF-RESONANCE ENTKOPPELT

P77

^{1}H-NMR: Varian Modell HA-100 (100 MHz)
Sweep Width: 1000 Hz
aufgenommen in $CDCl_3$

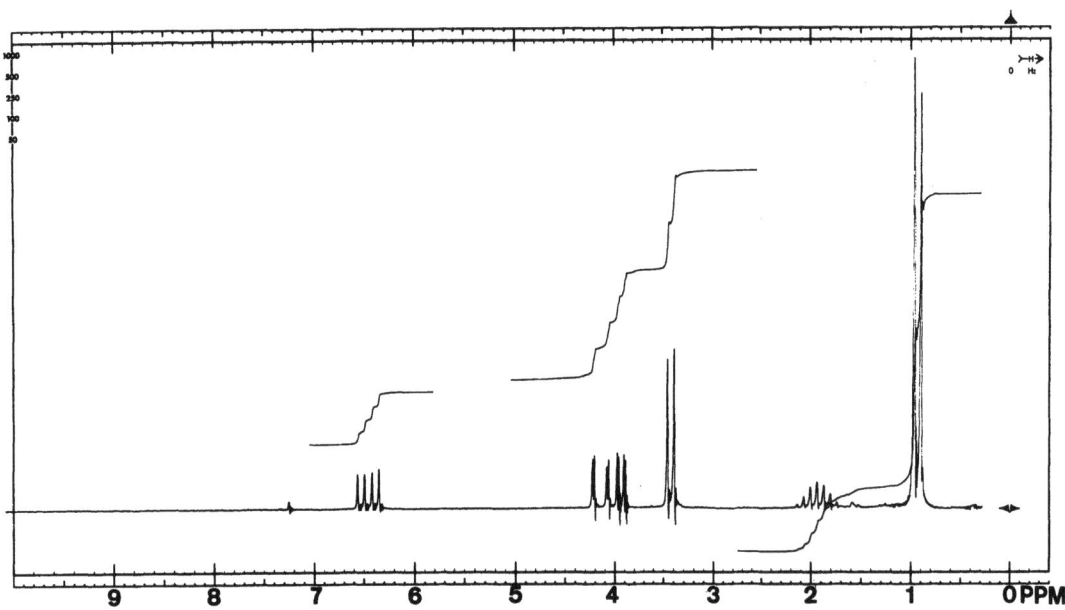

UV: keine intensive Absorption oberhalb λ = 220 nm

Für Notizen

P62

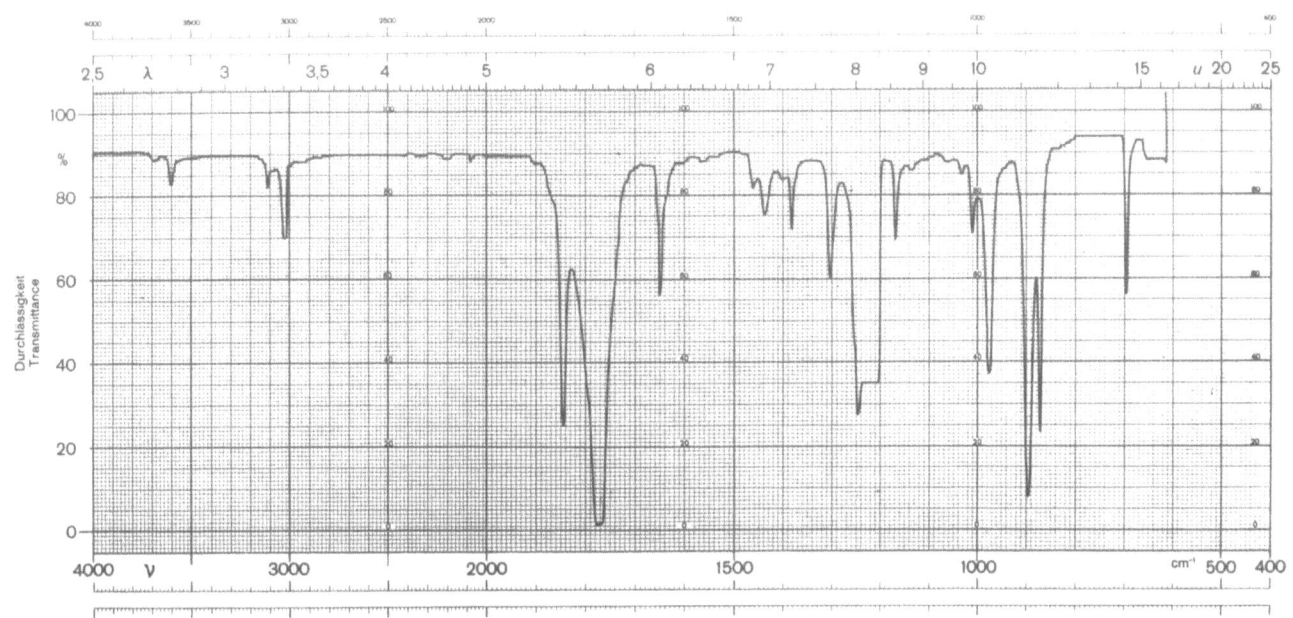

IR: Perkin-Elmer 125

aufgenommen in $CHCl_3$

MS: Hitachi Perkin-Elmer RMU-6M

m^*	m_1^+	→	m_2^+	Δm
38.0	40		39	1

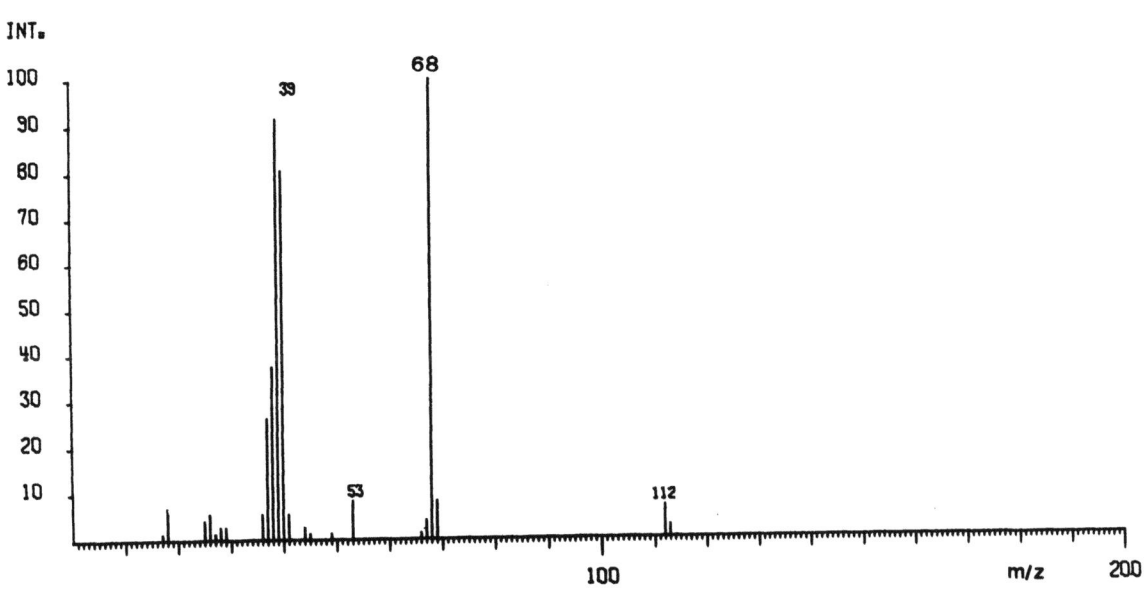

P62

^{13}C-NMR: Bruker Spectrospin
Modell HFX-90 (22.6 MHz)
aufgenommen in CDCl$_3$

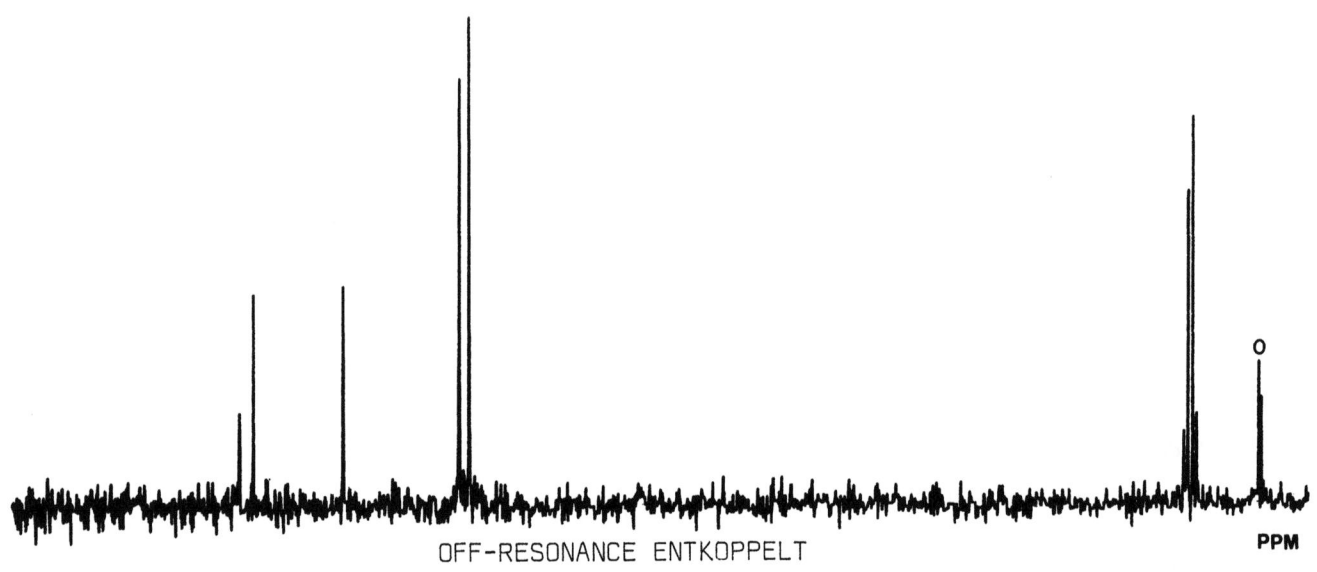

OFF-RESONANCE ENTKOPPELT

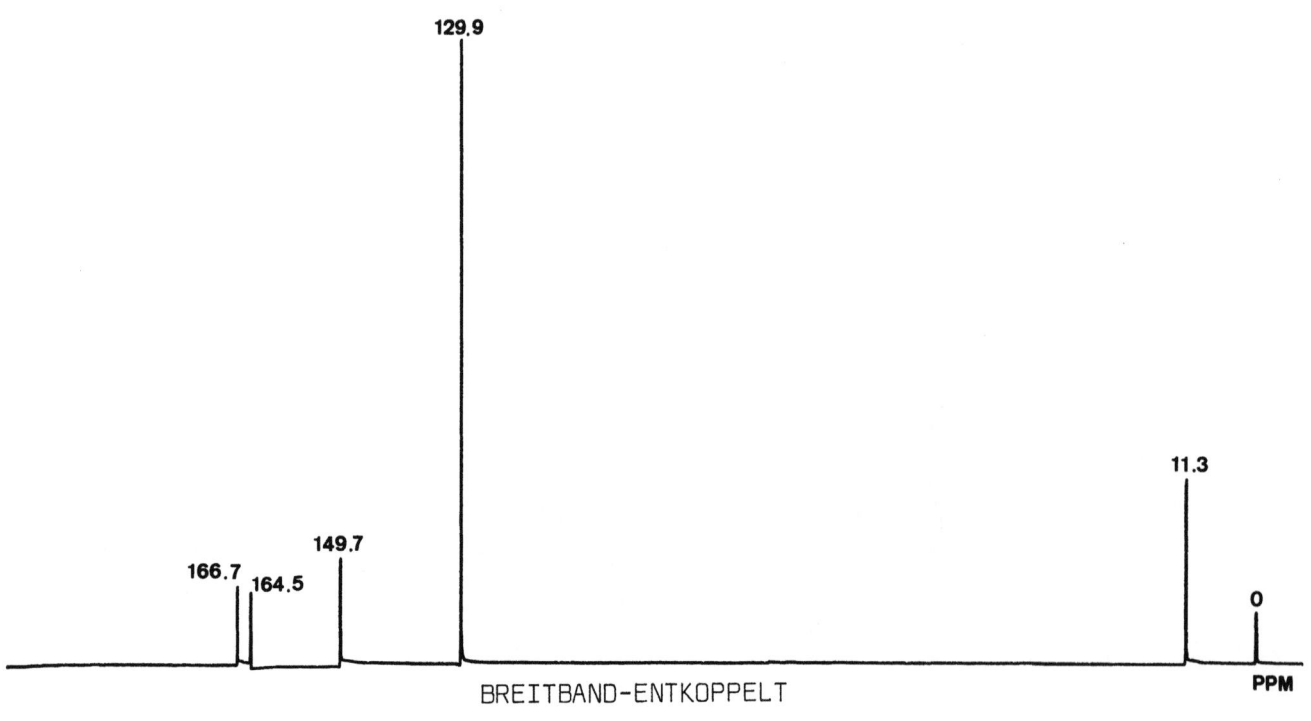

BREITBAND-ENTKOPPELT

P62

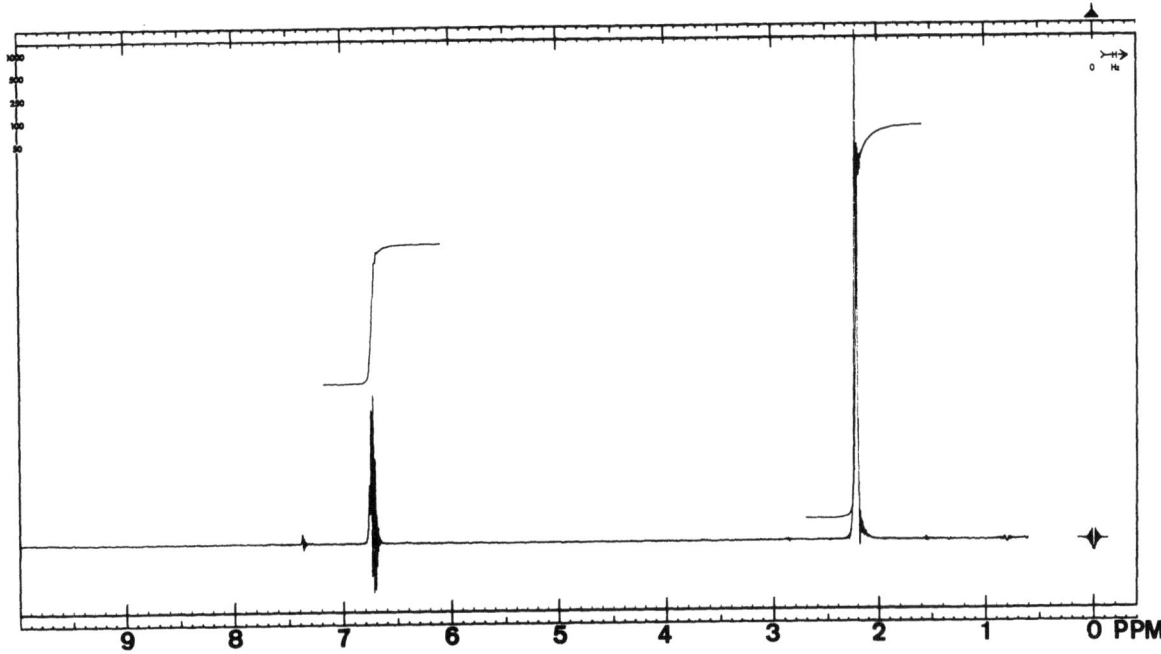

^{1}H-NMR: Varian Modell HA-100 (100 MHz)

Sweep Width: 1000 Hz

aufgenommen in CDCl$_3$

UV: Zeiss PMQ II

aufgenommen in Methanol

λ_{max} (nm)	ϵ
198	9600

Für Notizen

P57

IR: Perkin-Elmer Modell 125 aufgenommen in CHCl$_3$

MS: Hitachi Perkin-Elmer Modell RMU-6M

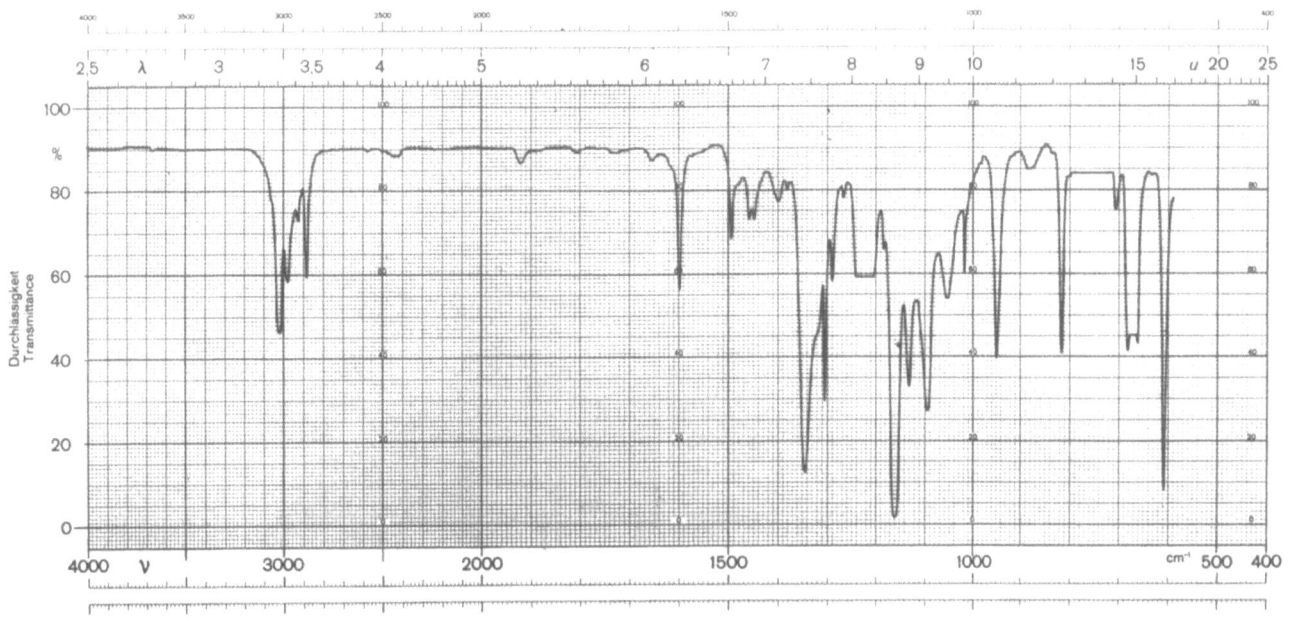

m*	m_1^+	→	m_2^+	+	$(m_1 - m_2)$	m*	m_1^+	→	m_2^+	+	$(m_1 - m_2)$
102.4	211		147		64	53.4	155		91		64
101.0	211		146		65	46.4	91		65		26
96.3	147		119		28						

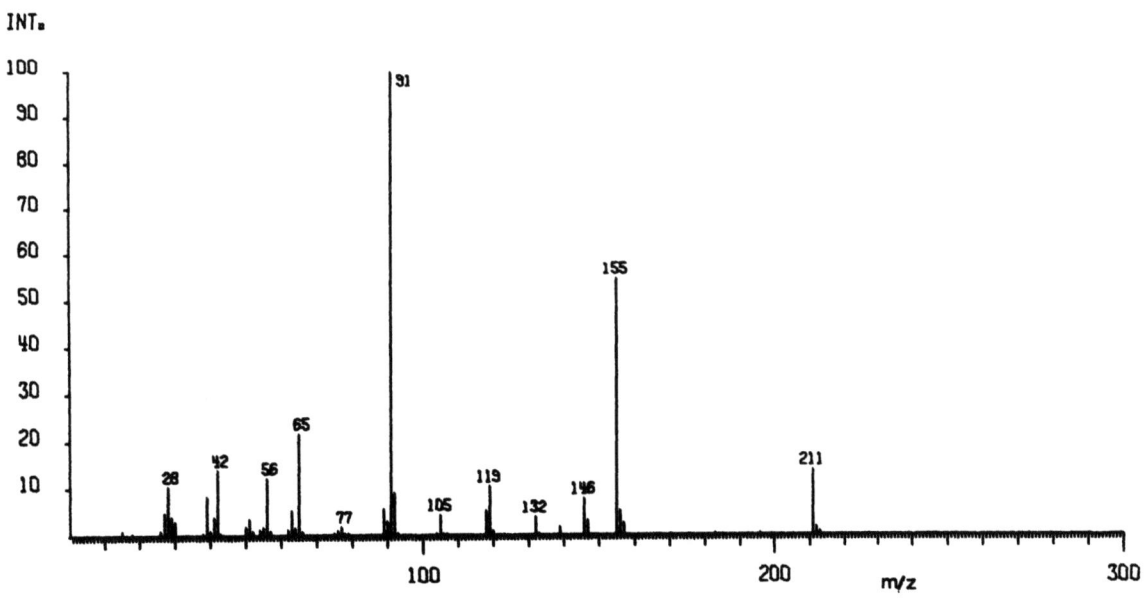

P57

^{1}H-NMR: Varian Modell HA-100 (100 MHz)
Sweep Width: 1000 Hz
aufgenommen in CDCl$_3$

^{13}C-NMR: Bruker Spectrospin
Modell HFX-90 (22.6 MHz)
aufgenommen in CDCl$_3$

UV: Perkin-Elmer Modell 555
aufgenommen in EtOH

λ_{max} (nm)	ε
228	12600
260	740
266	600
272	450

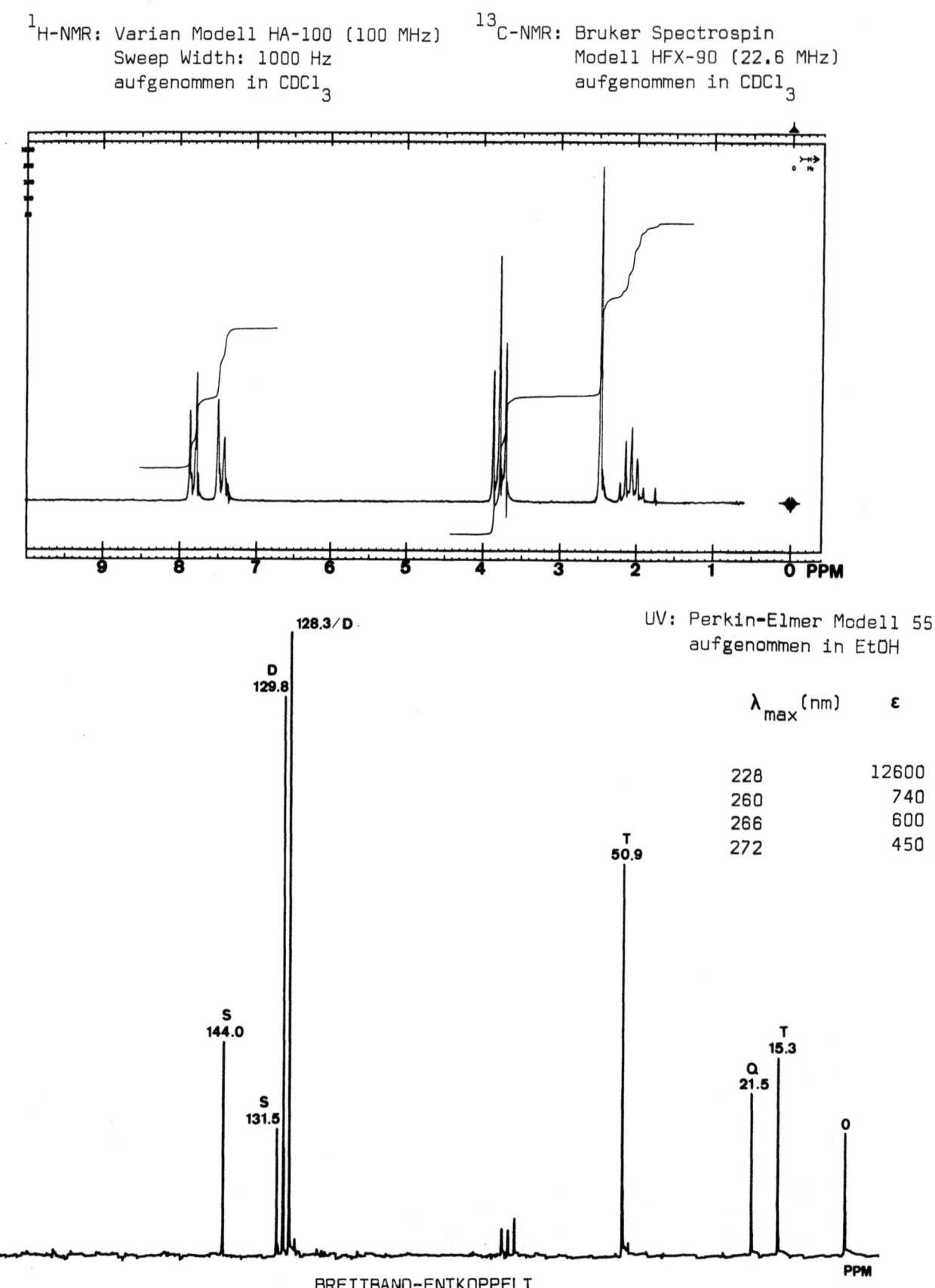

BREITBAND-ENTKOPPELT

Pretsch/Seibl/Manz/Simon, ETH-Zürich
© Springer-Verlag Berlin Heidelberg 1985

P57

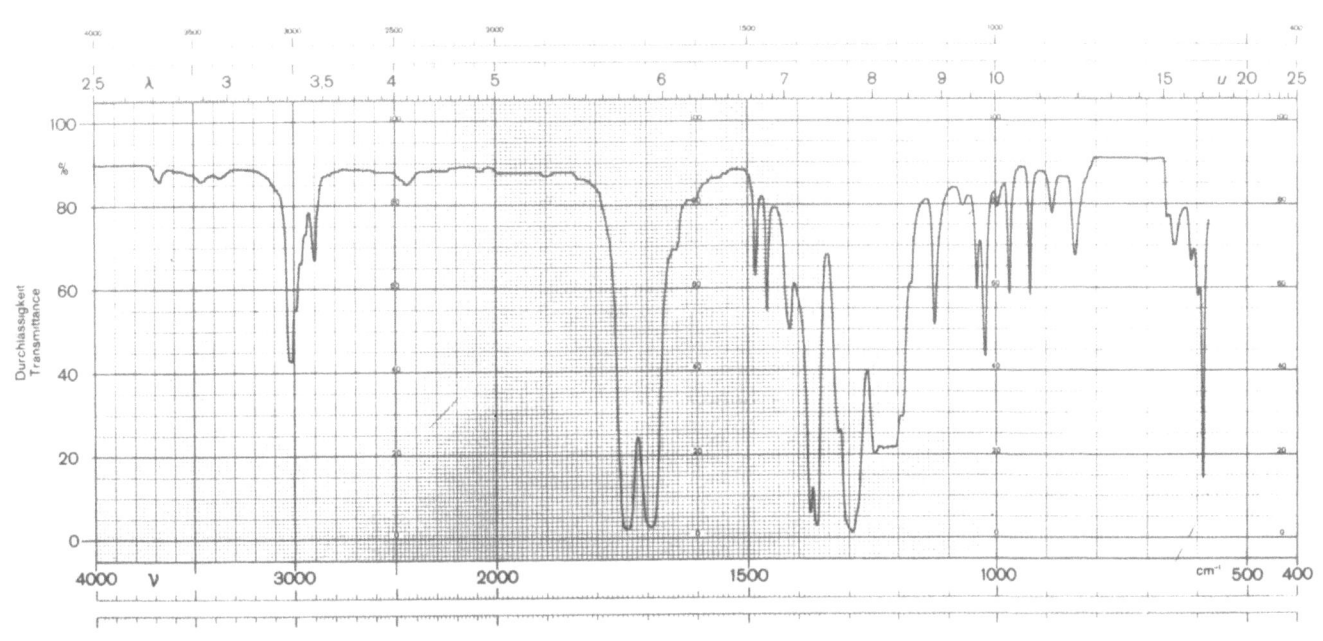

IR: Perkin-Elmer 125
aufgenommen in $CHCl_3$

MS: Hitachi Perkin-Elmer
RMU-6M

m^*	m_1^+ →	m_2^+	$\triangle m$
98.8	127	112	15
77.2	127	99	28
56.9	127	85	42
20.0	84	41	43

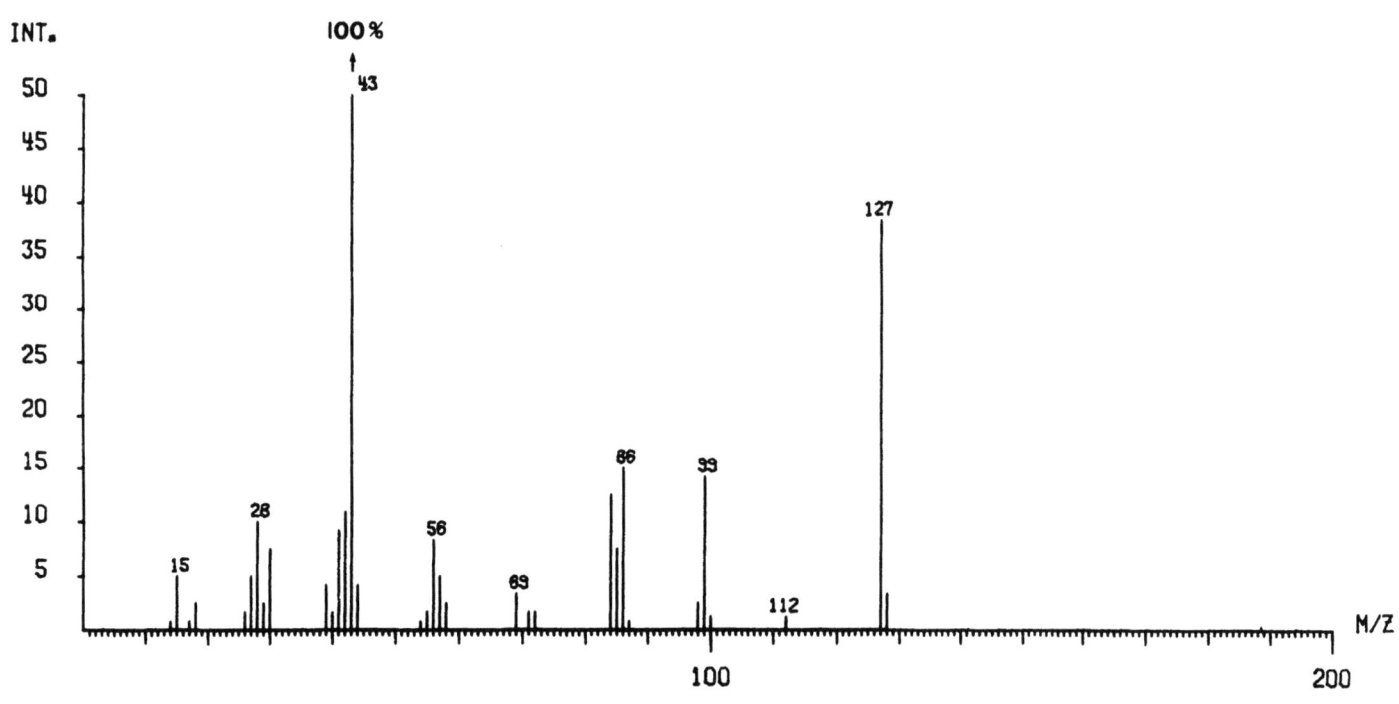

Pretsch/Seibl/Manz/Simon, ETH-Zürich
© Springer-Verlag Berlin Heidelberg 1985

P97

^{13}C-NMR: Varian Modell XL-100 (25.2 MHz)
aufgenommen in $CDCl_3$

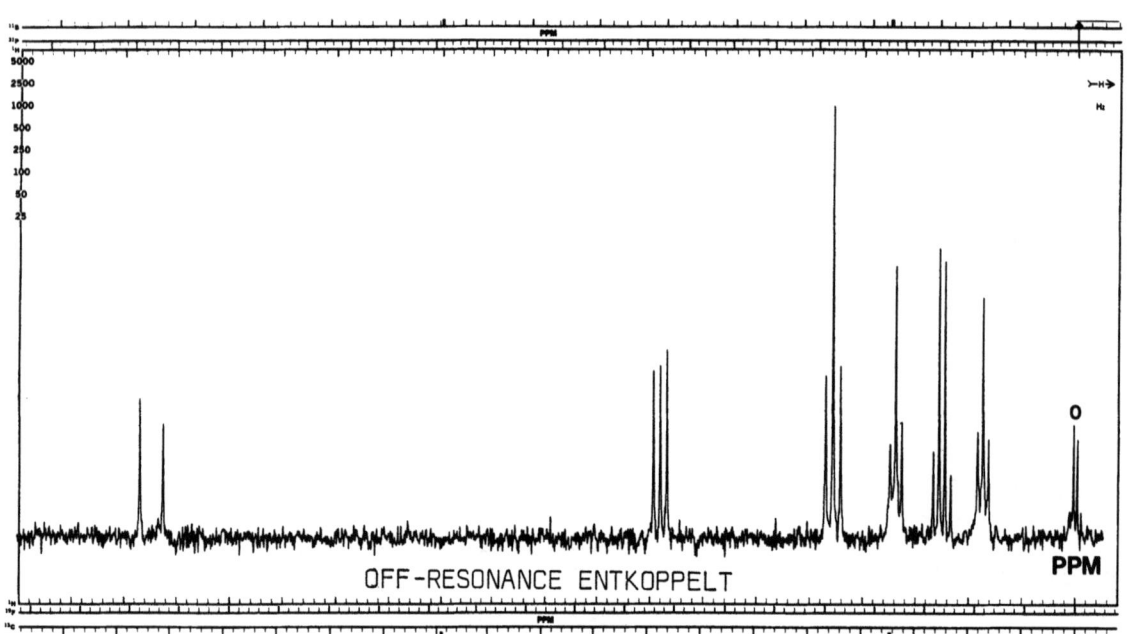

OFF-RESONANCE ENTKOPPELT

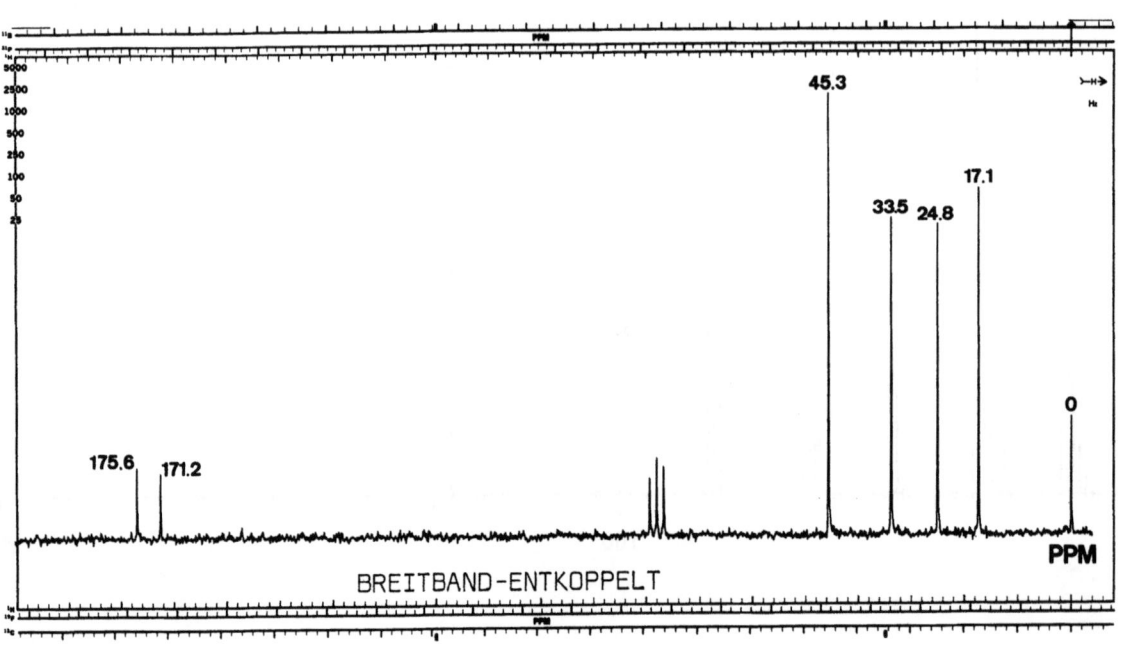

BREITBAND-ENTKOPPELT

P97

^{1}H-NMR: Varian Modell HA-100 (100 MHz)
Sweep Width: 1000 Hz
aufgenommen in CDCl$_3$

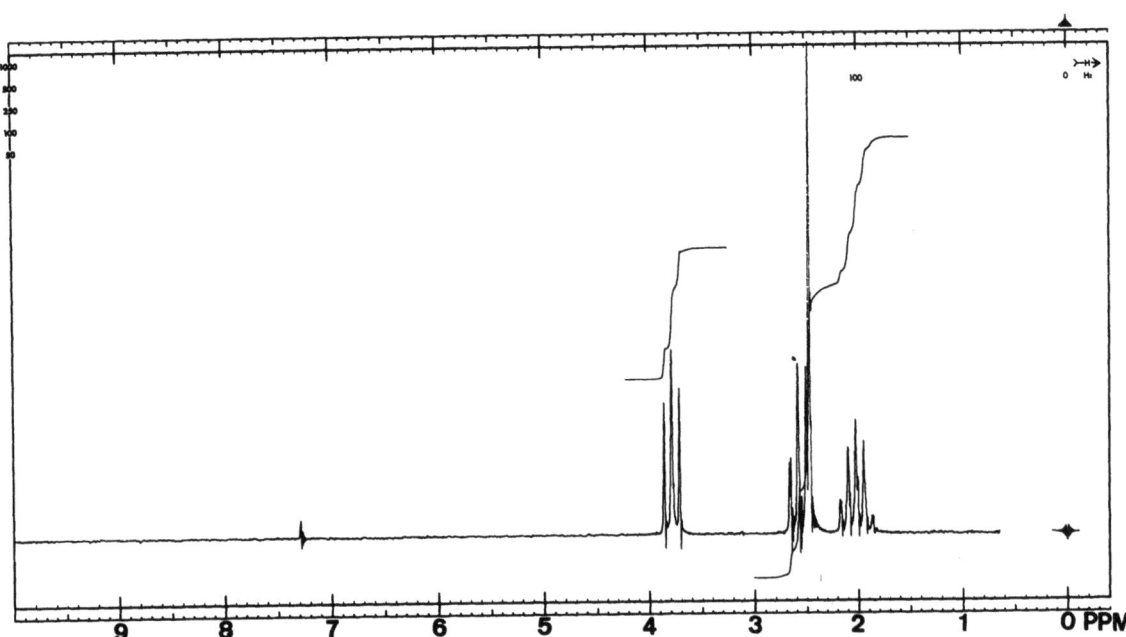

UV: Perkin-Elmer Modell 555
aufgenommen in EtOH

λ_{max} = 215 nm (ε = 12200).

Für Notizen

R22

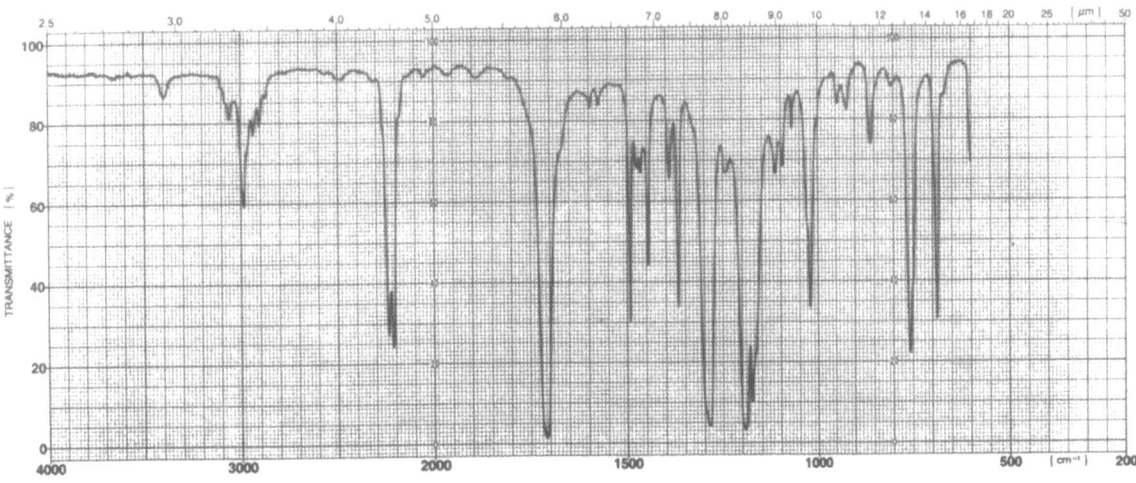

IR: Perkin-Elmer 283 aufgenommen als Flüssigkeitsfilm

MS: Hitachi Perkin-Elmer RMU-6M

m^*	m_1^+	→	m_2^+	Δm
97.1	174		130	44
59.8	174		102	72
80.0	130		102	28
79.1	129		101	28
55.7	101		75	26

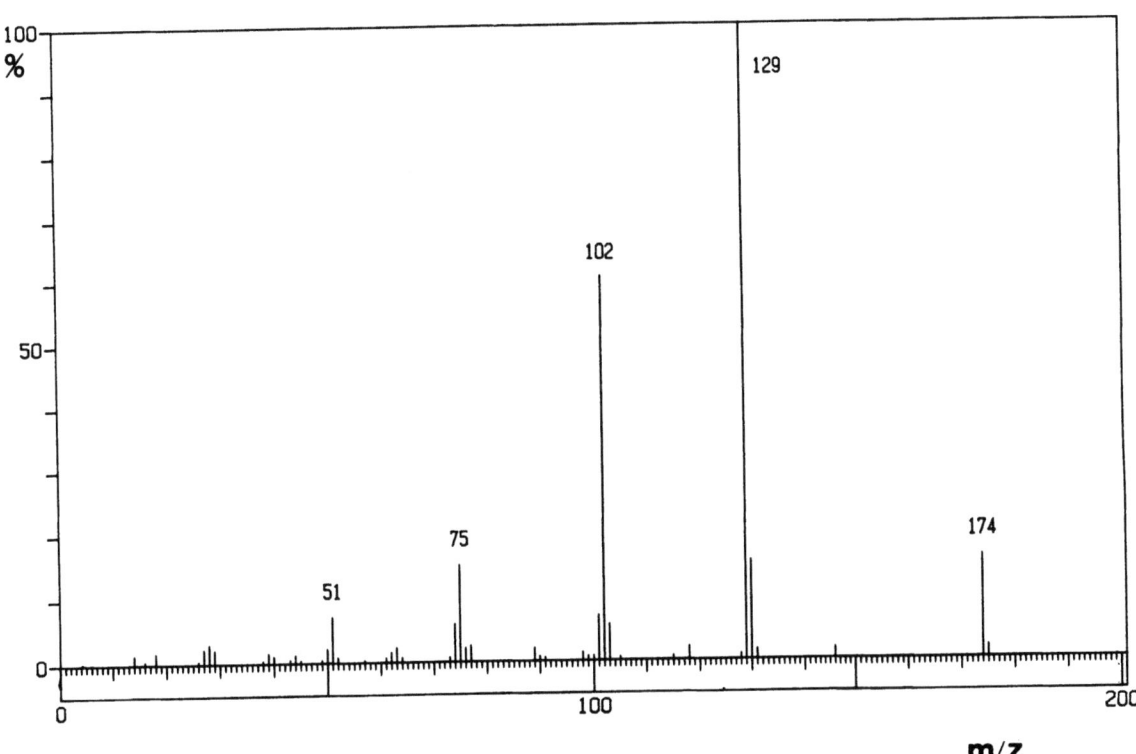

R22

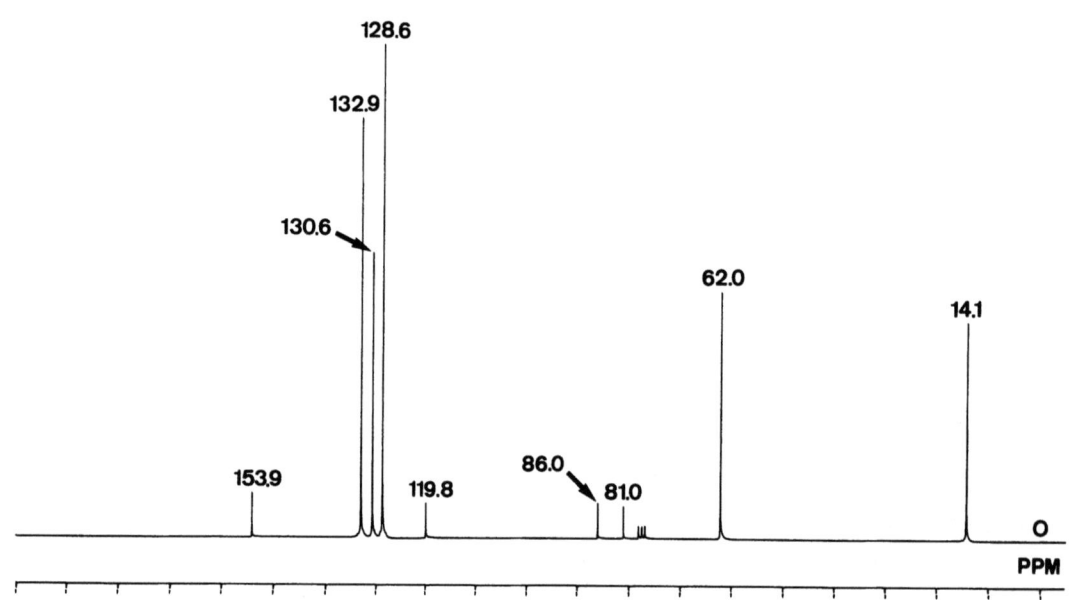

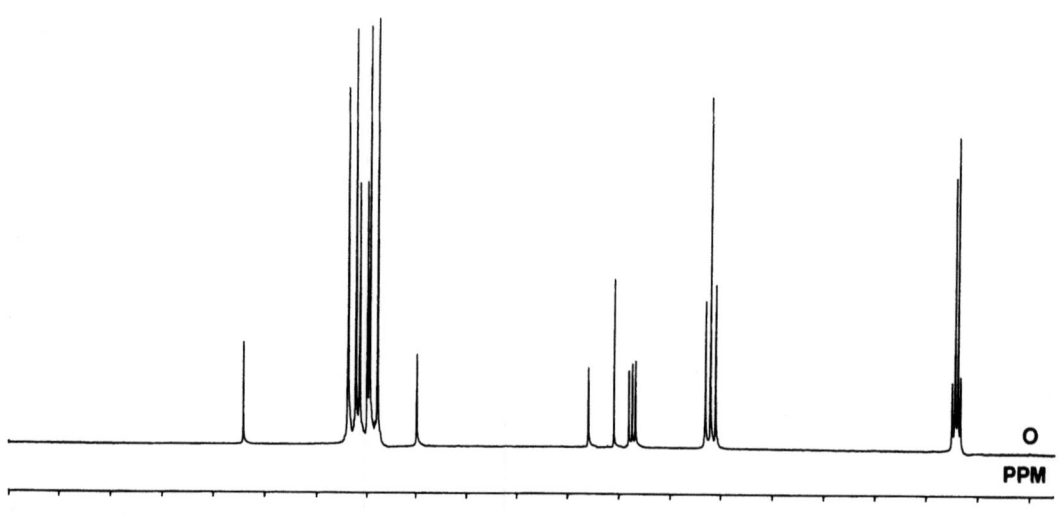

^{13}C-NMR: Bruker Spectrospin WP-200 SY (50 MHz)
oben: breitbandentkoppelt
unten: off-resonance entkoppelt
aufgenommen in CDCl$_3$

R22

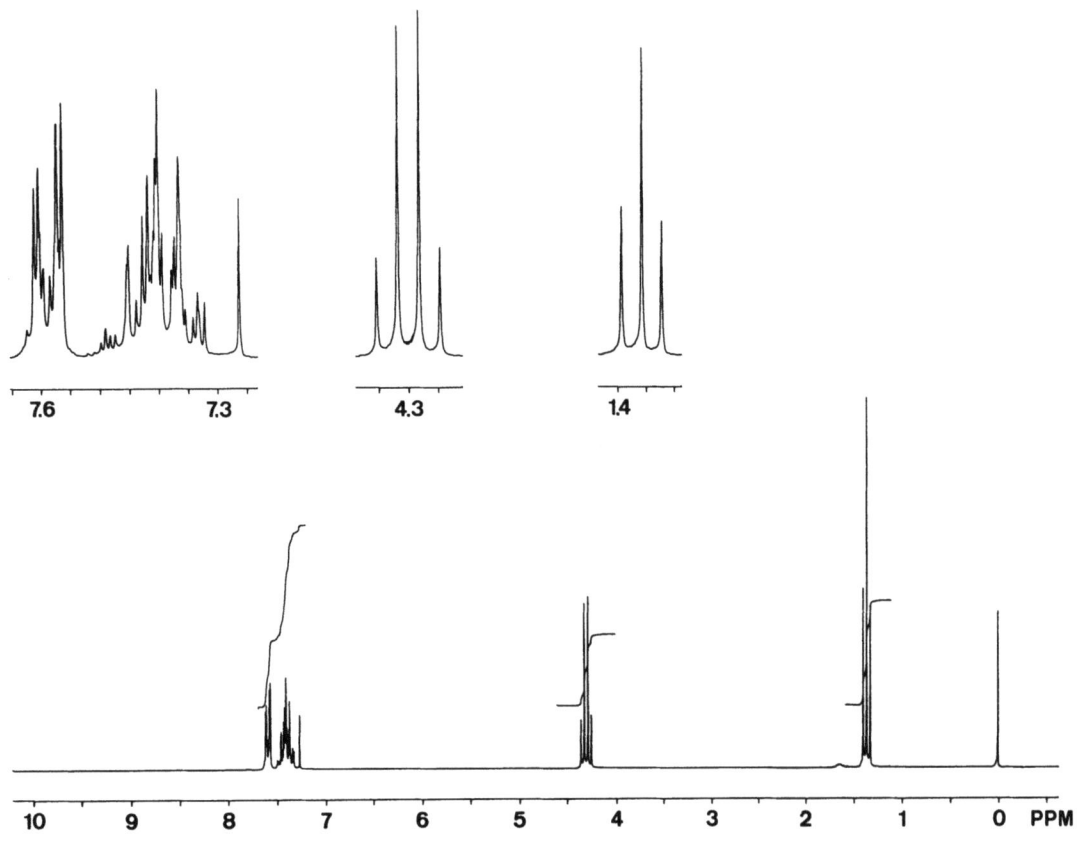

^{1}H-NMR: Bruker Spectrospin WP-200 SY (200 MHz)
aufgenommen in CDCl$_3$

Für Notizen

Q28

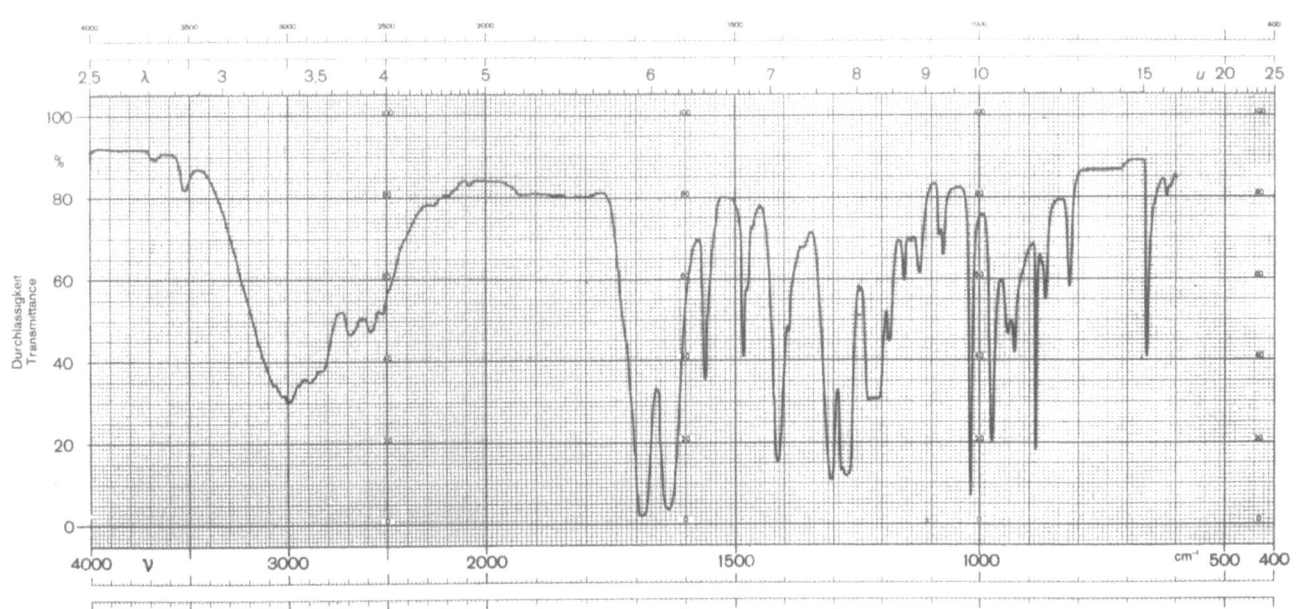

IR: Perkin-Elmer 125

aufgenommen in $CHCl_3$

MS: Hitachi Perkin-Elmer

RMU-6M

m^*	m_1^+	$\rightarrow$ m_2^+	Δm
87.7	138	110	28
71.5	121	93	28
64.0	138	94	44
60.2	109	81	28

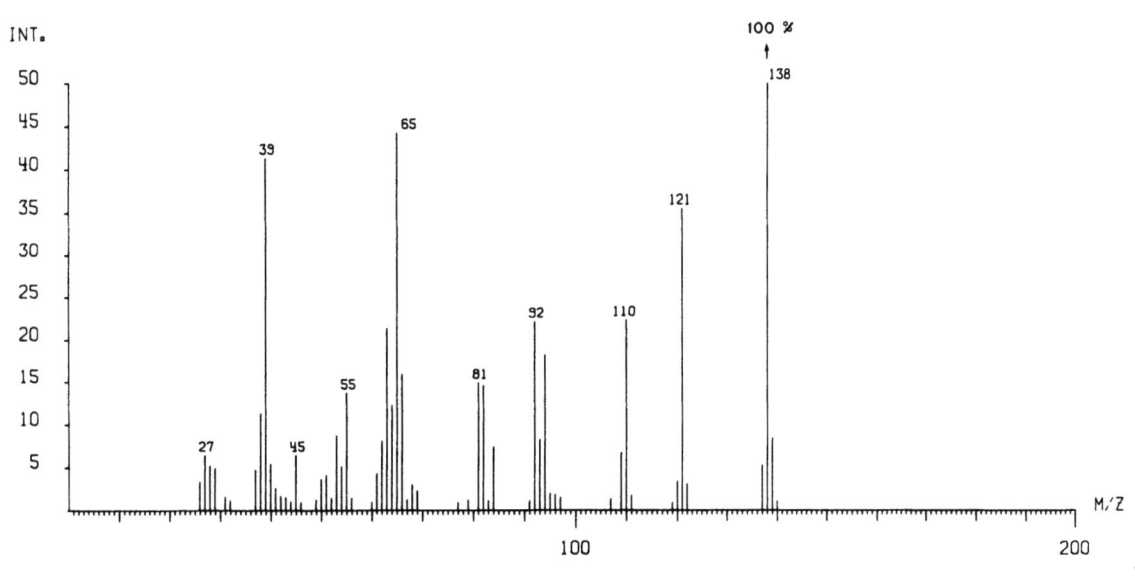

Pretsch/Seibl/Manz/Simon, ETH-Zürich
© Springer-Verlag Berlin Heidelberg 1985

Q28

^{13}C-NMR: Bruker Spectrospin Modell WP-200 SY (50 MHz) aufgenommen in CDCl$_3$

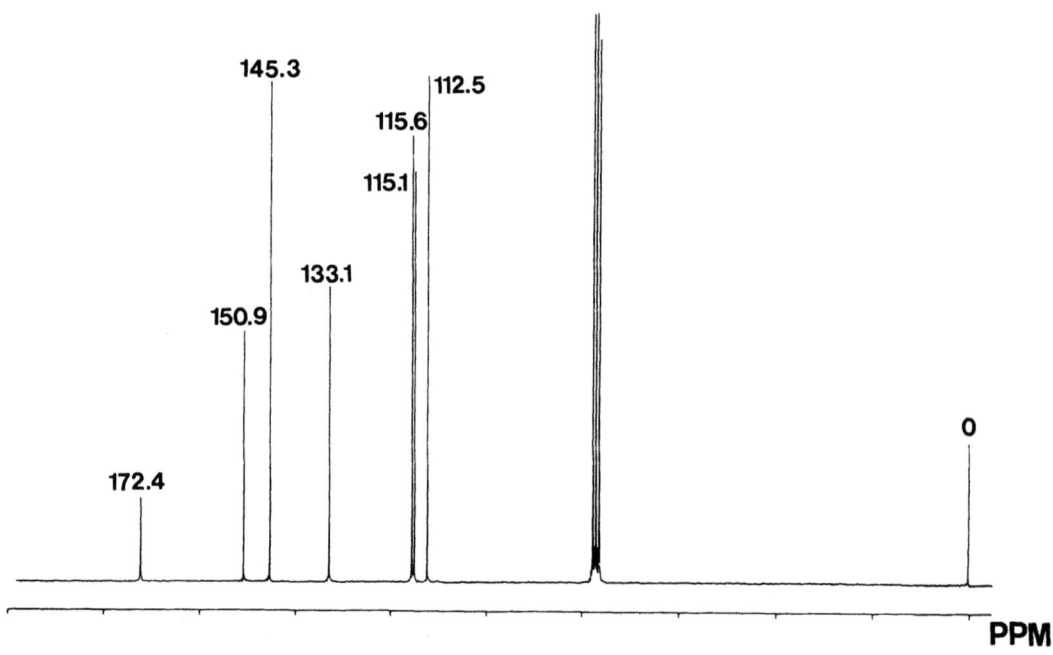

BREITBAND-ENTKOPPELT

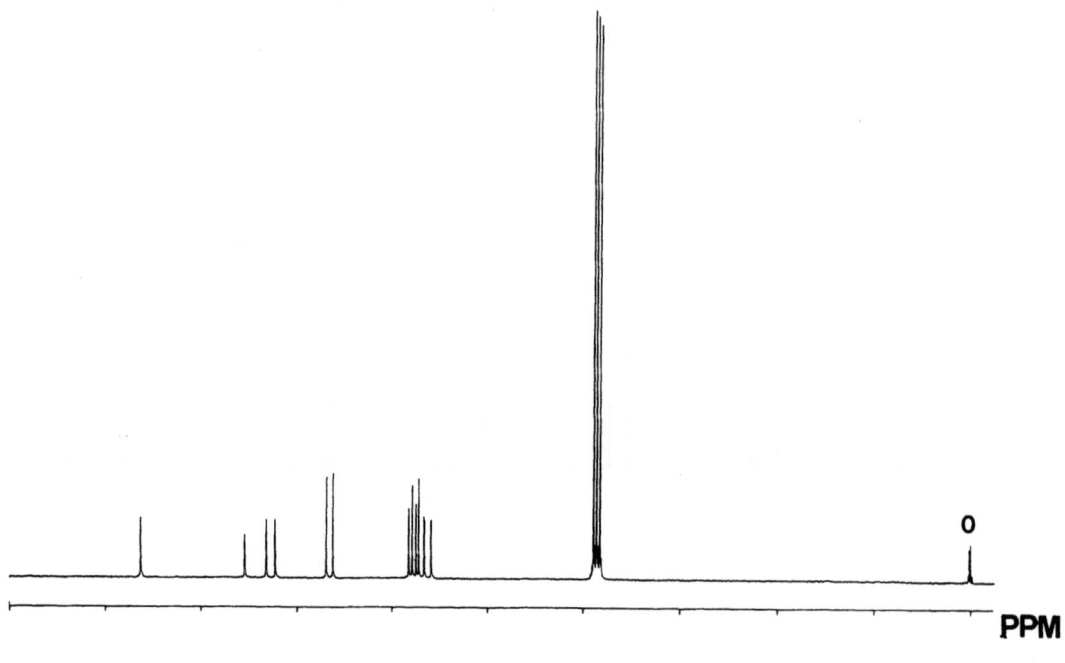

OFF-RESONANCE ENTKOPPELT

Q 28

^{1}H-NMR: Varian Modell HA-100 (100 MHz)
Sweep Width: 1000 Hz
Sweep Offset: 200 Hz
aufgenommen in CDCl$_3$

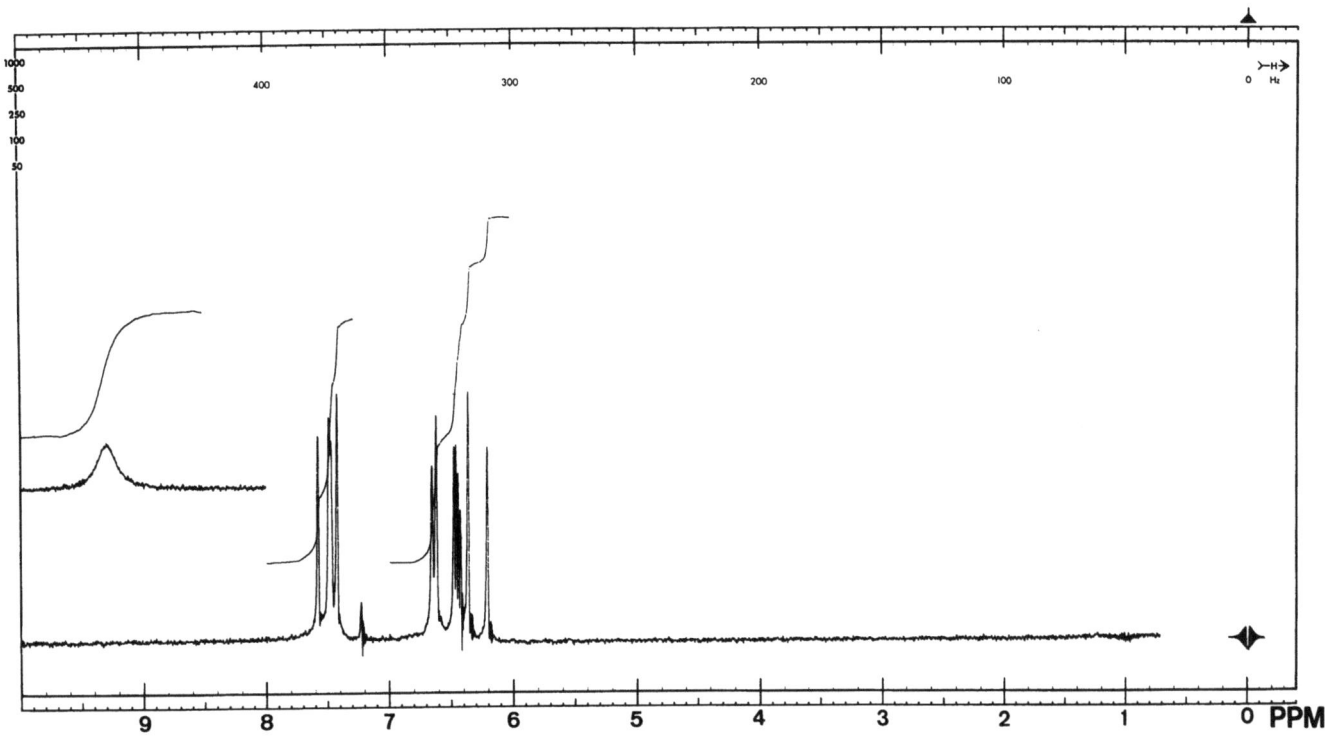

UV: aufgenommen in CH$_3$OH (Literaturwert)

λ_{max} [nm]	ε
297	21600

Für Notizen

R 26

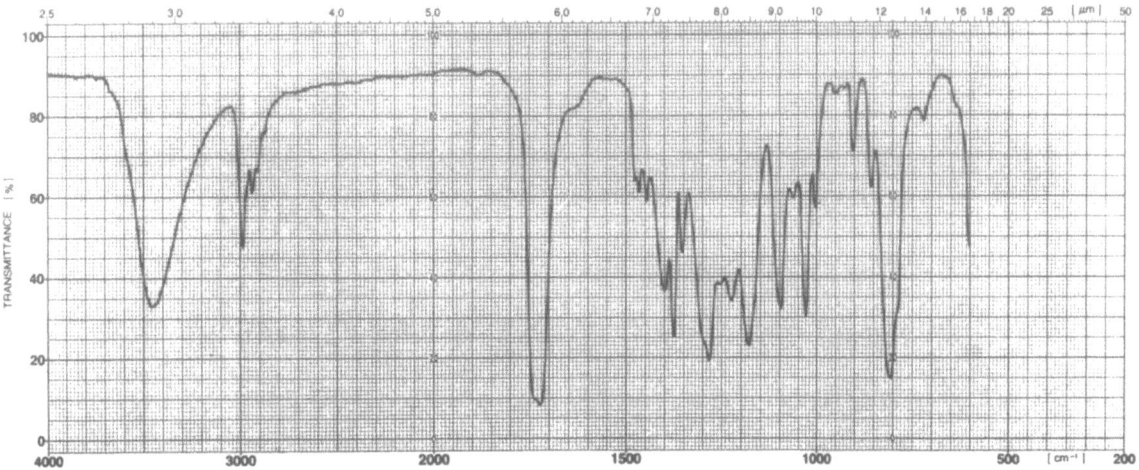

IR: Perkin-Elmer 283
aufgenommen als
Flüssigkeitsfilm

MS: Hitachi Perkin-Elmer
RMU-6M

m^*	m_1^+	$\rightarrow$	m_2^+	Δm
123.9	189		153	36
67.7	117		89	28
48.1	117		75	42
15.8	117		43	74

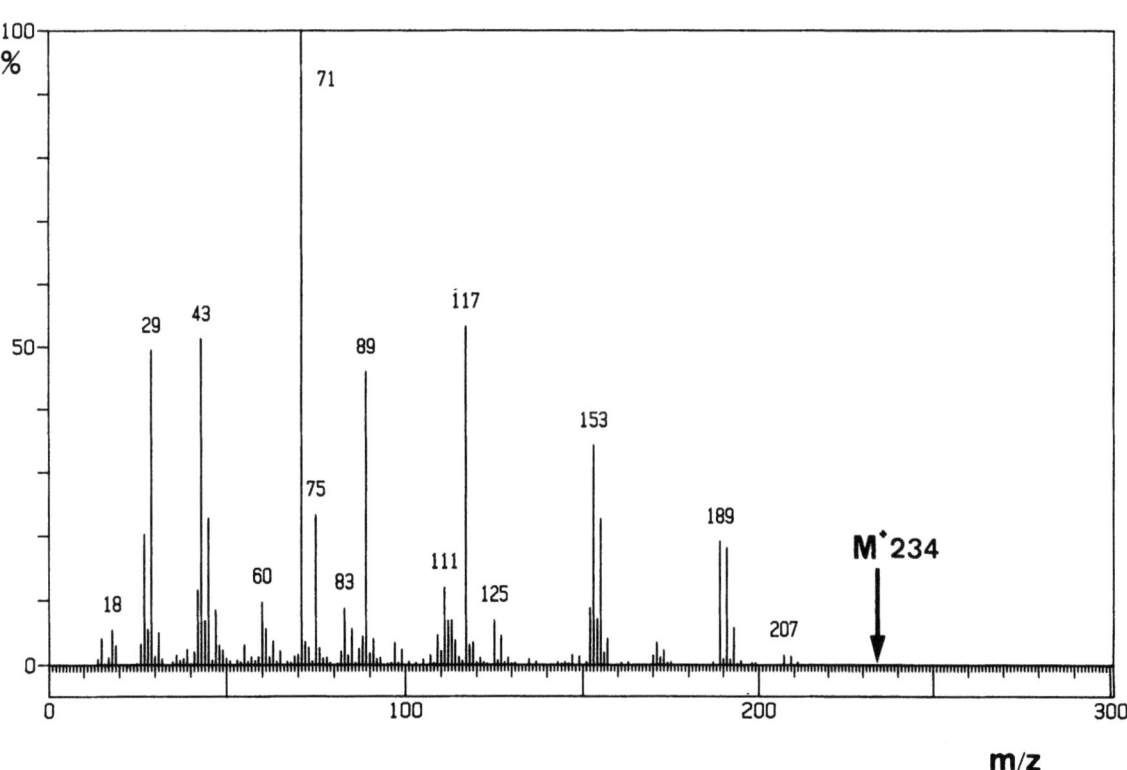

R26

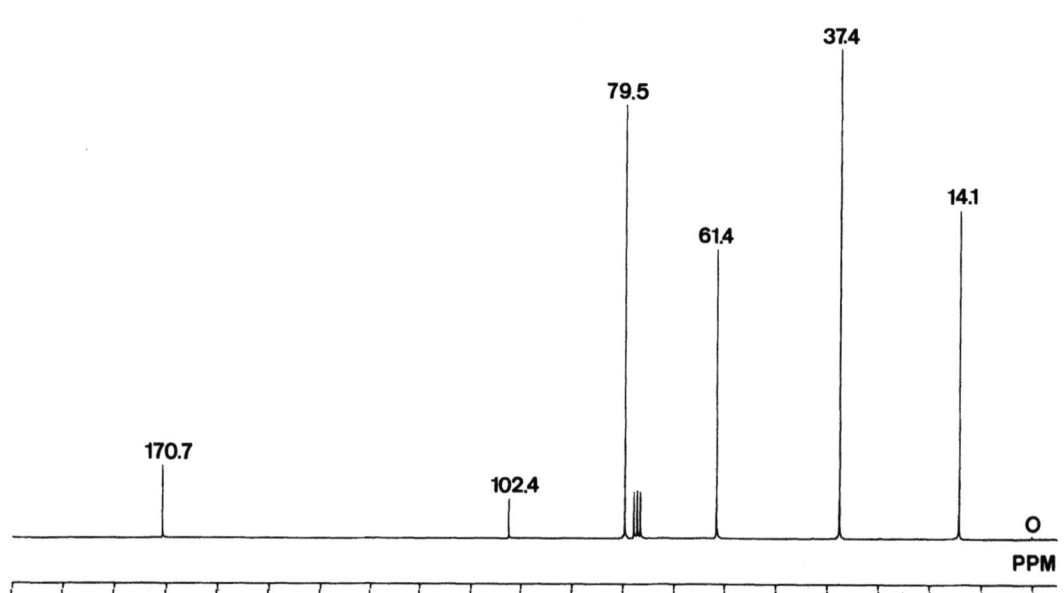

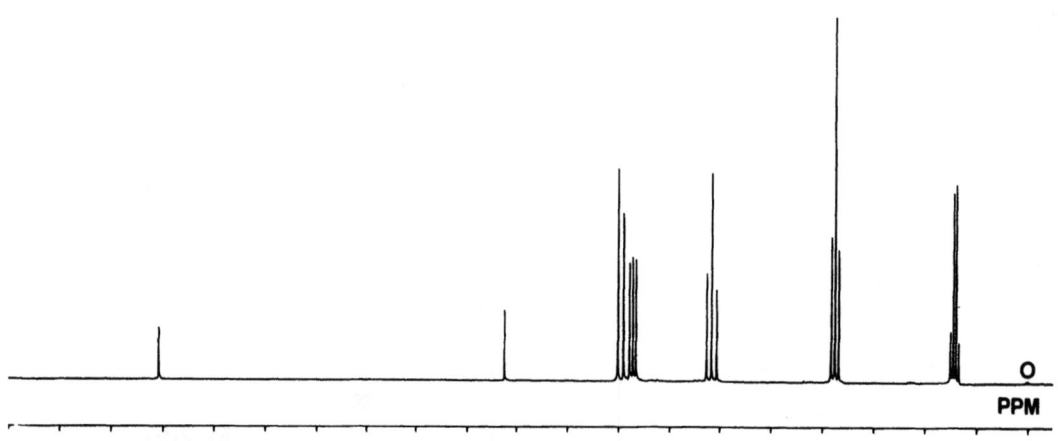

^{13}C-NMR: Bruker Spectrospin WP-200 SY (50 MHz)
oben: breitbandentkoppelt
unten: off-resonance entkoppelt
aufgenommen in CDCl$_3$

R 26

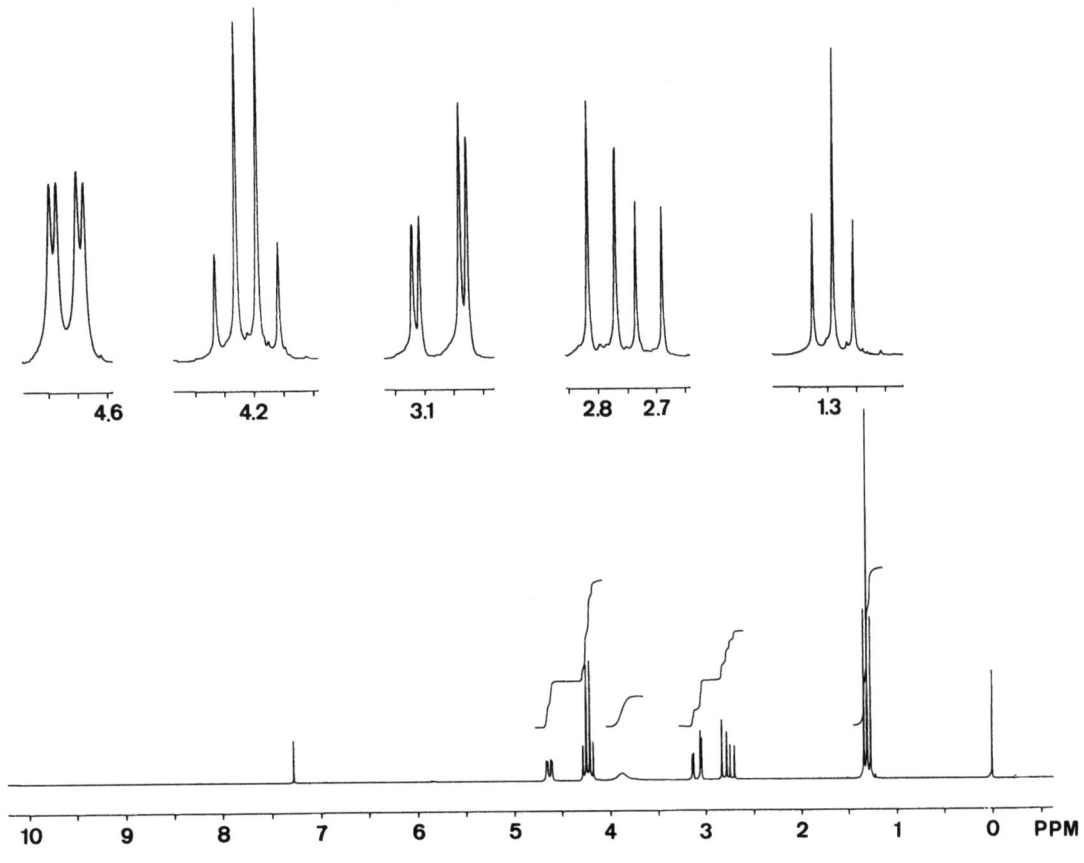

^{1}H-NMR: Bruker Spectrospin WP-200 SY (200 MHz) aufgenommen in $CDCl_3$

Für Notizen

R 20

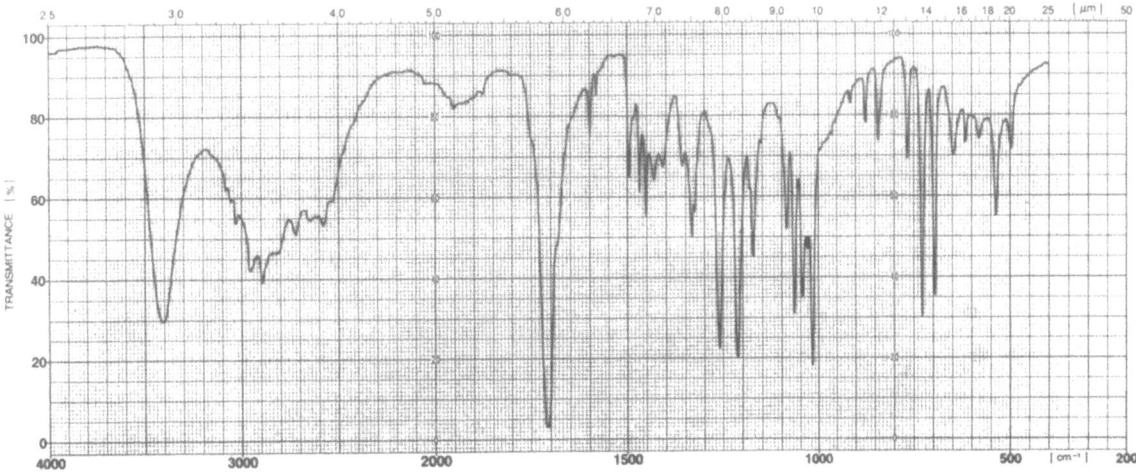

IR: Perkin-Elmer 782 aufgenommen in KBr

MS: Hitachi Perkin-Elmer RMU-6M

m^*	m_1^+	$\rightarrow$	m_2^+	Δm
111.4	166		136	30
102.4	136		118	18
60.9	136		91	45
68.6	118		90	28
58.5	104		78	26
46.4	91		65	26

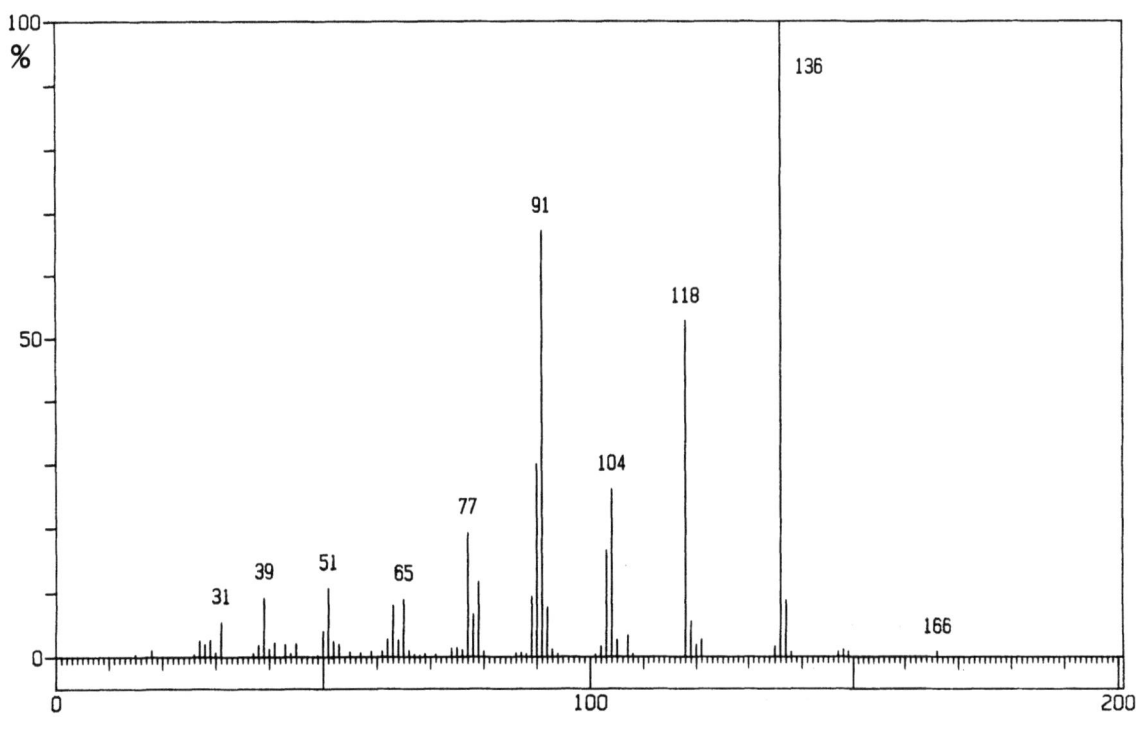

Pretsch/Seibl/Manz/Simon, ETH-Zürich
© Springer-Verlag Berlin Heidelberg 1985

R20

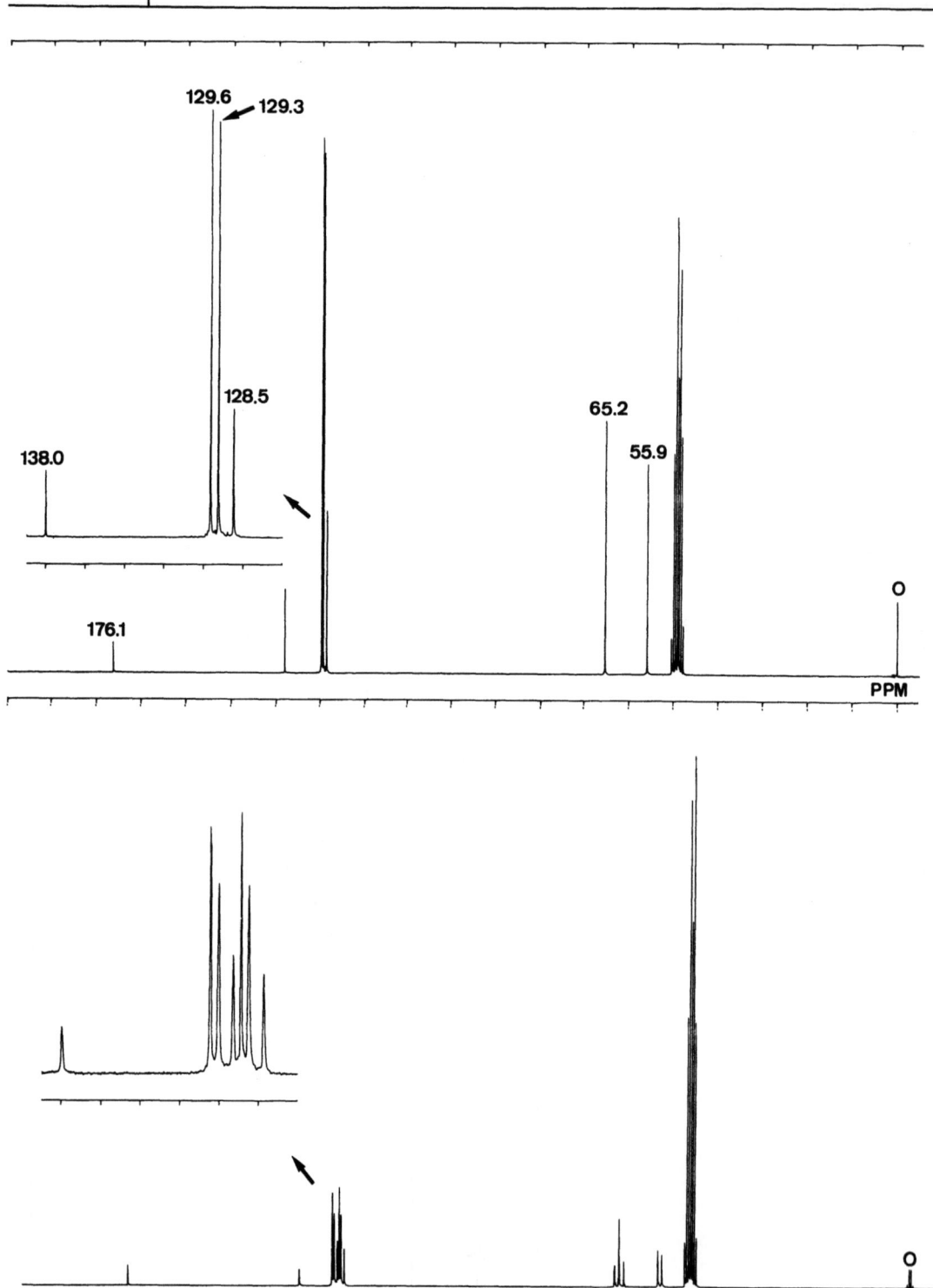

^{13}C-NMR: Bruker Spectrospin WP-200 SY (50 MHz)
oben: breitbandentkoppelt
unten: off-resonance entkoppelt
aufgenommen in CD$_3$OD

R 20

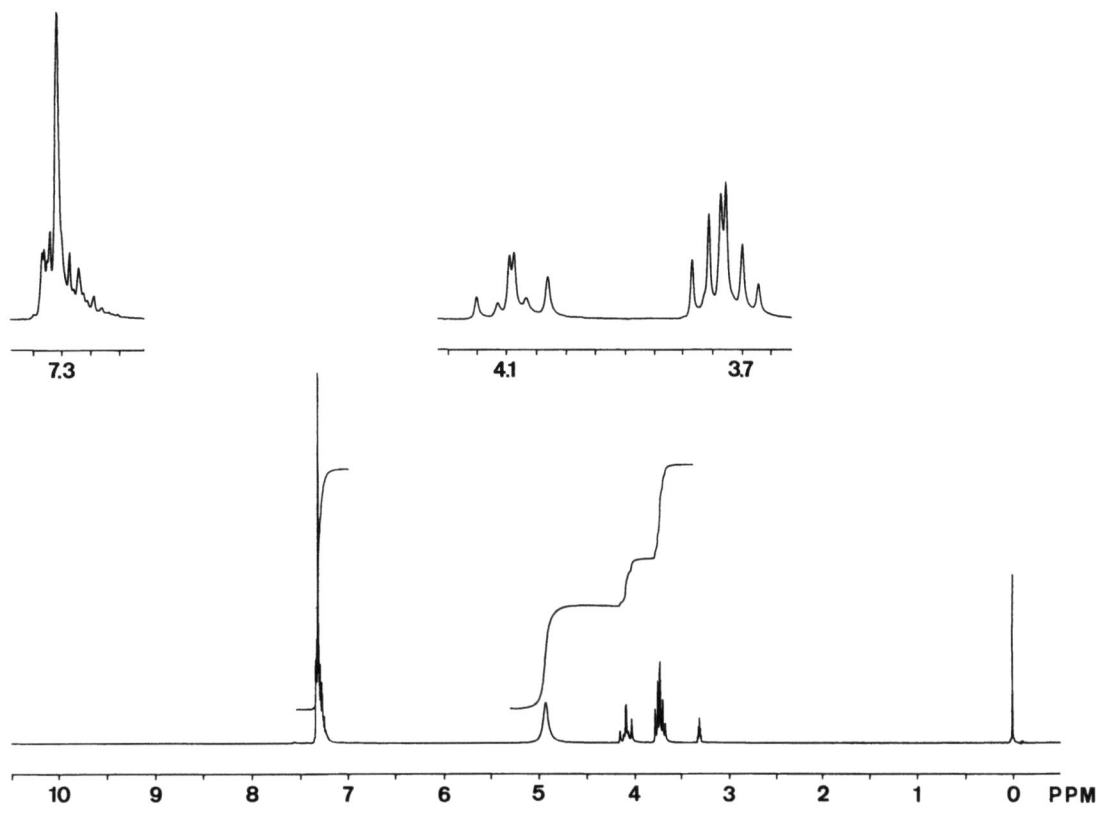

^{1}H-NMR: Bruker Spectrospin WP-200 SY (200 MHz)
aufgenommen in CD_3OD

Für Notizen

Q15

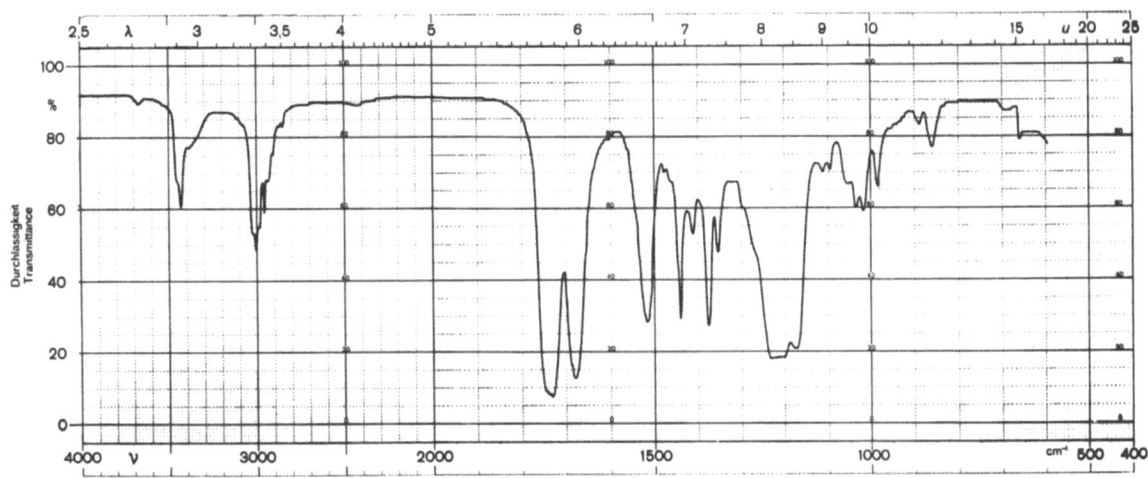

IR: Perkin-Elmer Modell 125
aufgenommen in $CHCl_3$
Schichtdicke 0.1 mm

MS: Hitachi Perkin-Elmer
Modell RMU-6M

m^*	m_1^+	$\longrightarrow m_2^+$	$+ (m_1 - m_2)$	m^*	m_1^+	$\longrightarrow m_2^+$	$+ (m_1 - m_2)$
157.8	217	185	32	89.6	140	112	28
134.8	217	171	46	79.1	129	101	28
114.0	172	140	32	76.7	217	129	88
105.3	158	129	29	63.0	112	84	28
105.3	186	140	46	52.8	101	73	28

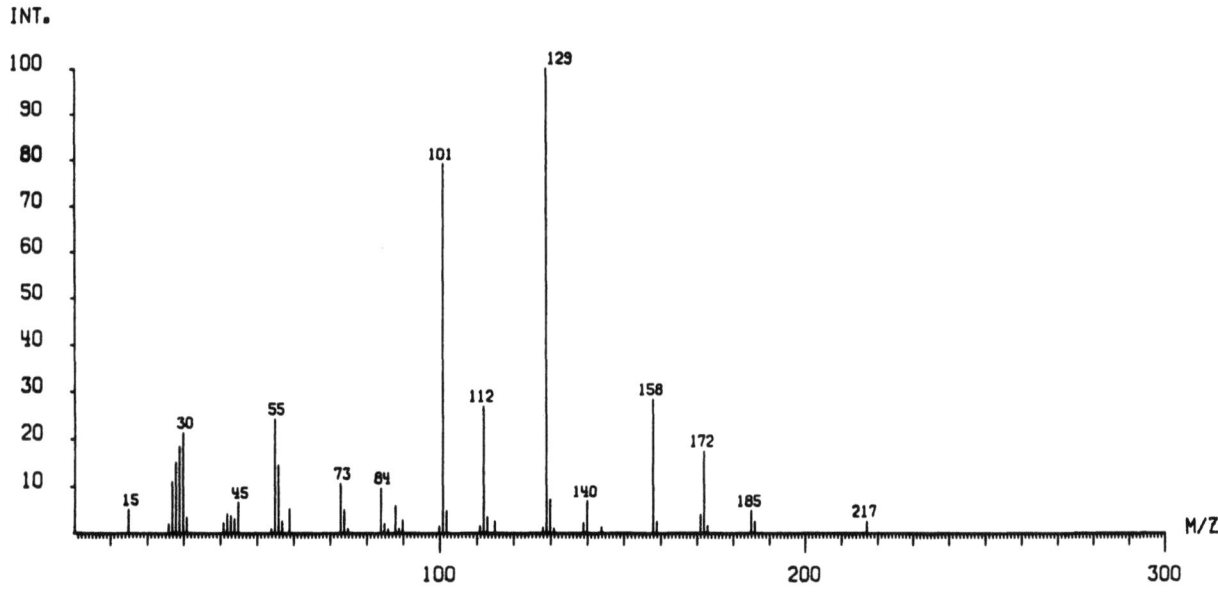

Q15

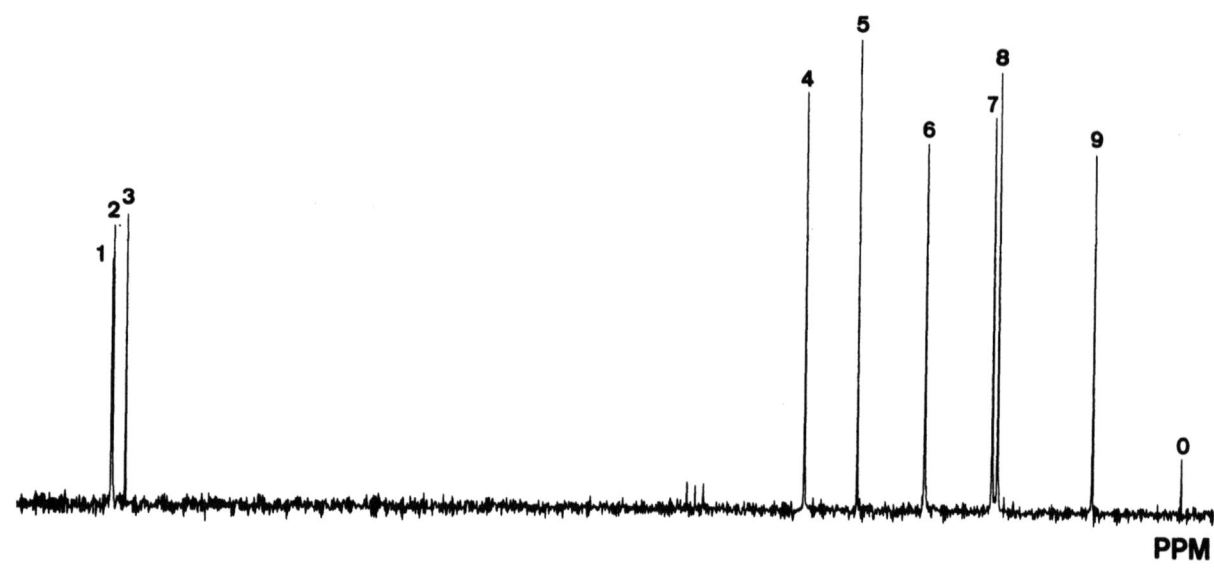

^{13}C-NMR: Varian Modell XL-100 (25.2 MHz)

aufgenommen in CDCl$_3$

Signal	Intensität	chem. Verschiebung (PPM)	Multiplizität*
1	104	173.0	S
2	118	172.8	S
3	123	170.7	S
4	177	60.6	T
5	199	52.1	Q
6	155	41.3	T
7	166	30.4	T
8	186	29.6	T
9	151	14.2	Q

* im teilweise entkoppelten Spektrum

Q15

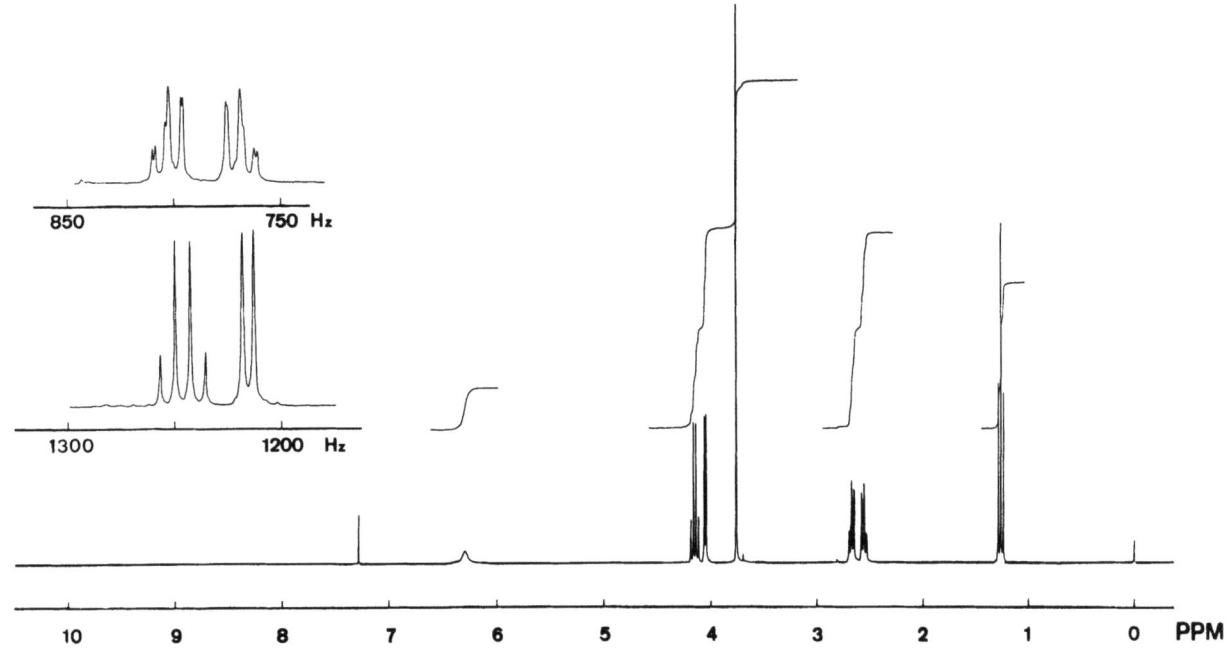

^{1}H-NMR: Bruker Spectrospin Modell WM-300 (300 MHz)
aufgenommen in CDCl$_3$

Für Notizen

R29

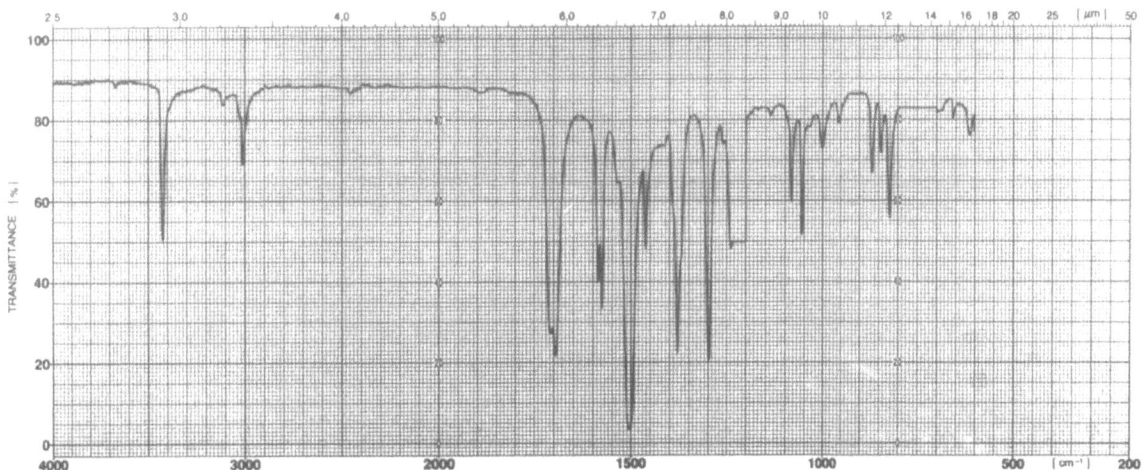

IR: Perkin-Elmer 283
    aufgenommen in CHCl$_3$

MS: Hitachi Perkin-Elmer
    RMU-6M

m^*	m_1^+	→	m_2^+	Δm
182.0	247		212	35
170.1	247		205	42
77.4	205		126	79
64.3	126		90	36

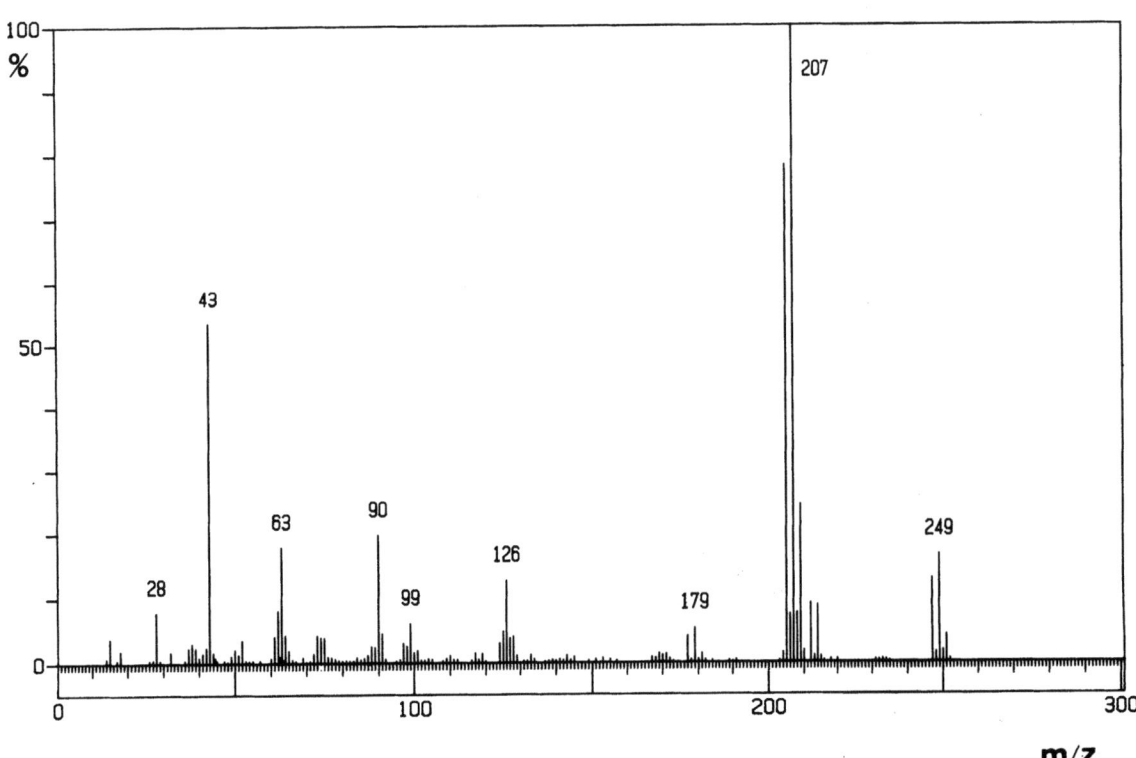

R29

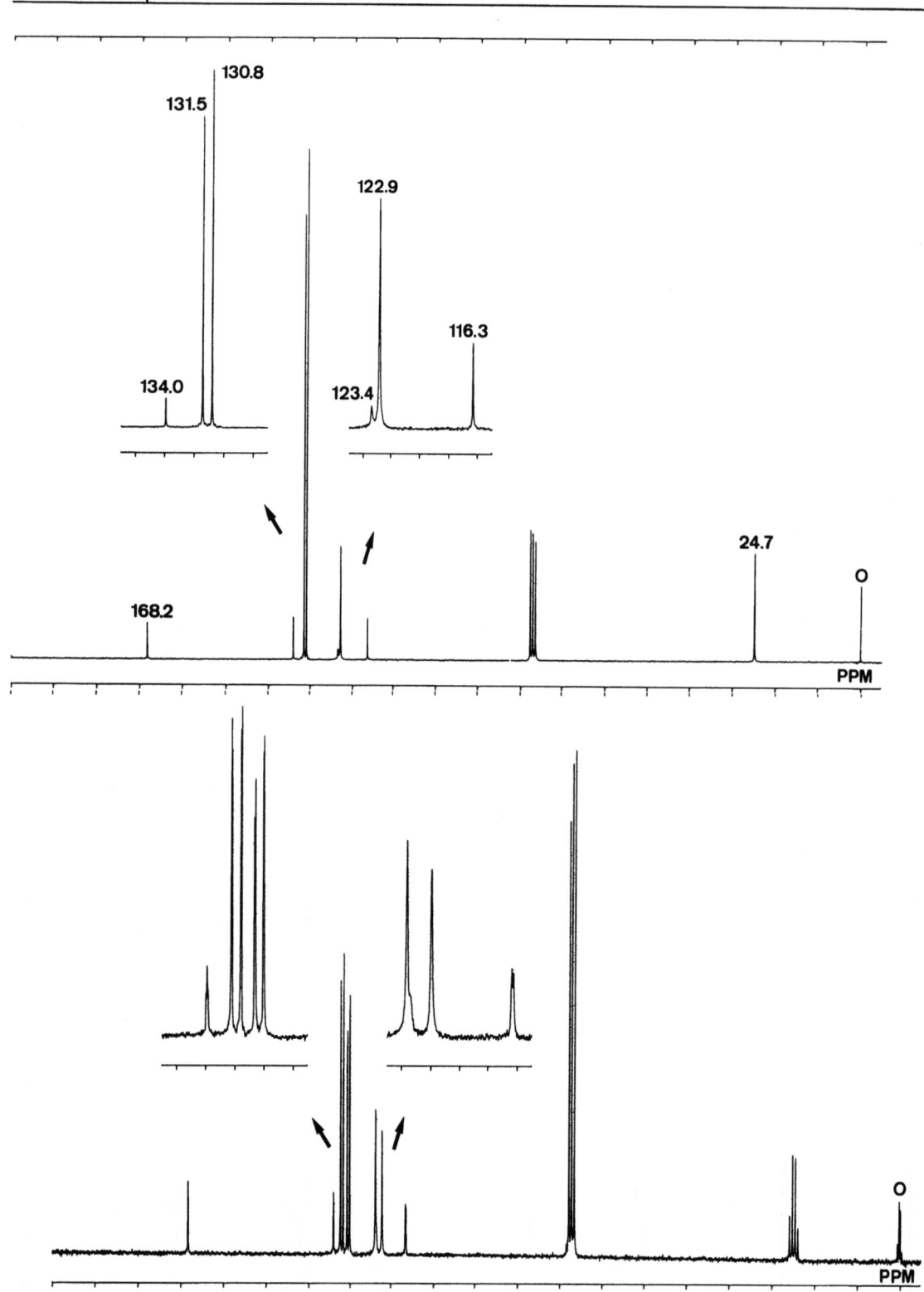

^{13}C-NMR: Bruker Spectrospin WP-200 SY (50 MHz)
oben: breitbandentkoppelt
unten: off-resonance entkoppelt
aufgenommen in CDCl$_3$

R29

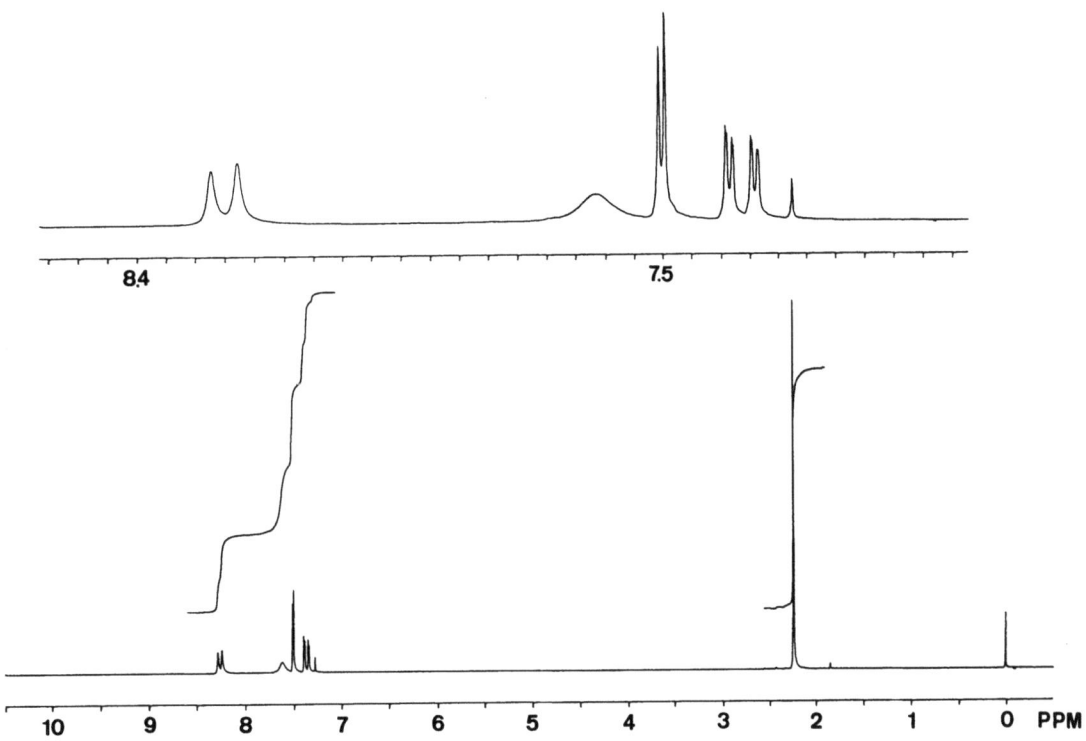

^{1}H-NMR: Bruker Spectrospin WP-200 SY (200 MHz)
aufgenommen in CDCl$_3$

Für Notizen

P 81

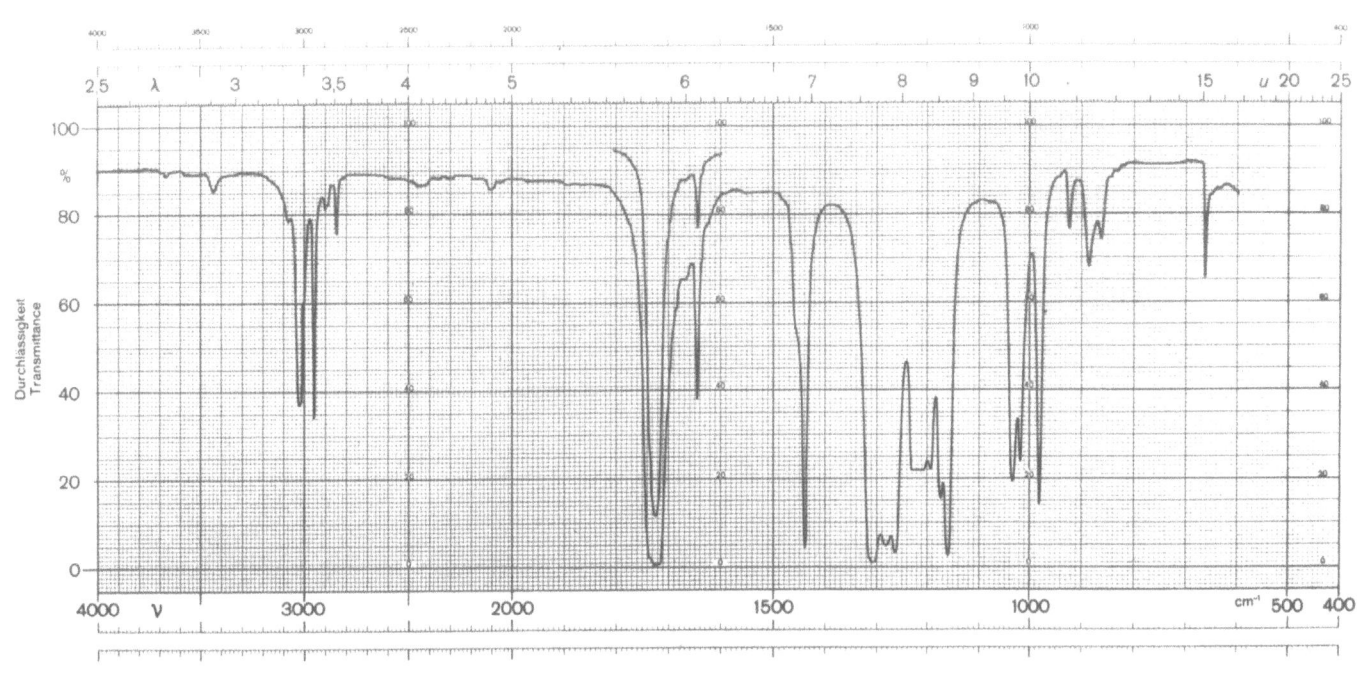

IR: Perkin-Elmer 125
aufgenommen in $CHCl_3$

MS: Hitachi Perkin-Elmer
RMU-6M

m^*	m_1^+	→	m_2^+	$\triangle m$
90.3	144		114	30
88.7	144		113	31
63.9	113		85	28
50.2	144		85	59

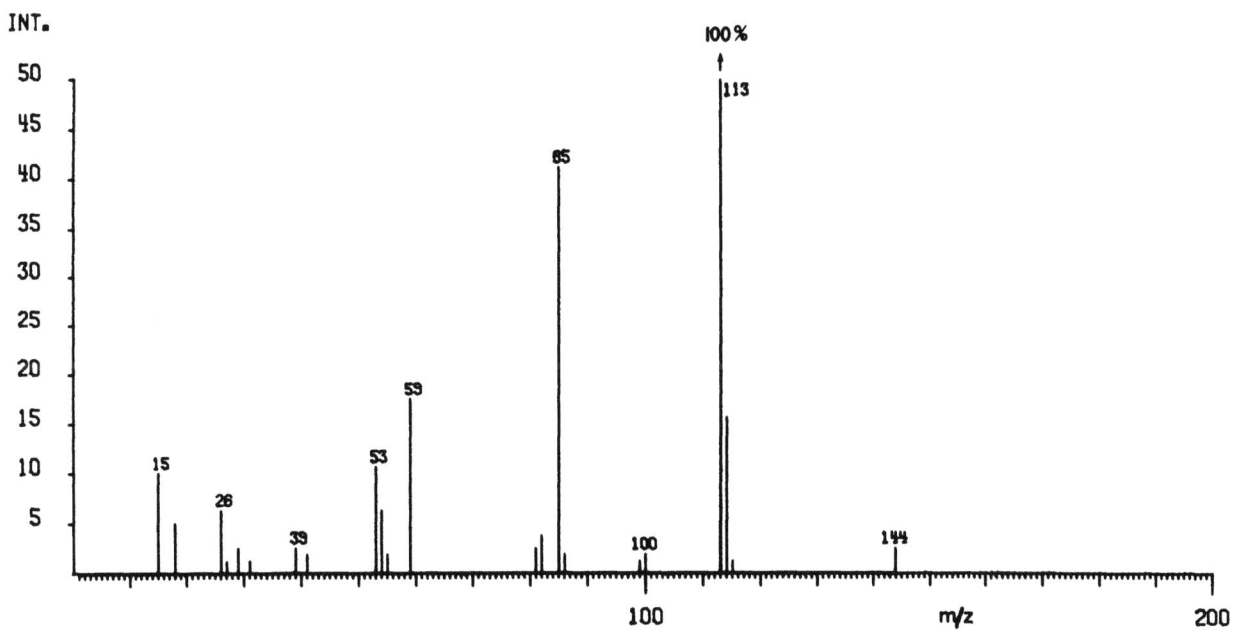

P81

^{13}C-NMR: Varian Modell XL-100 (25.2 MHz) aufgenommen in CDCl$_3$

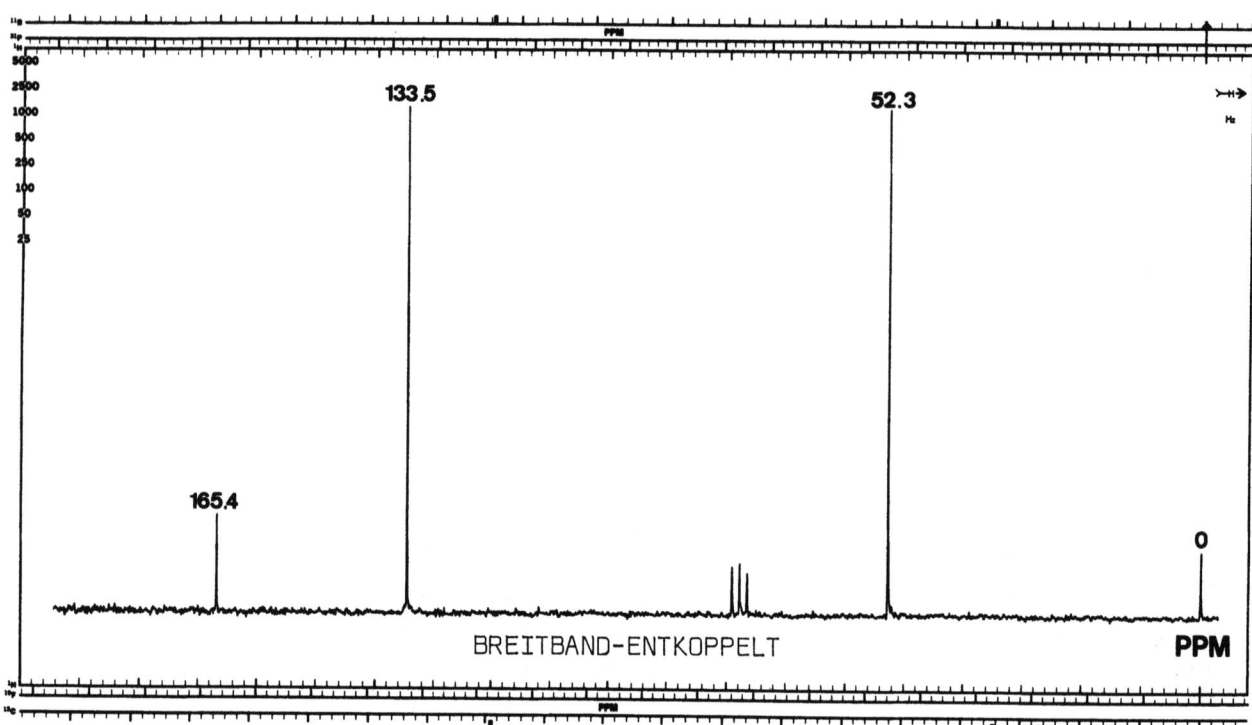

BREITBAND-ENTKOPPELT

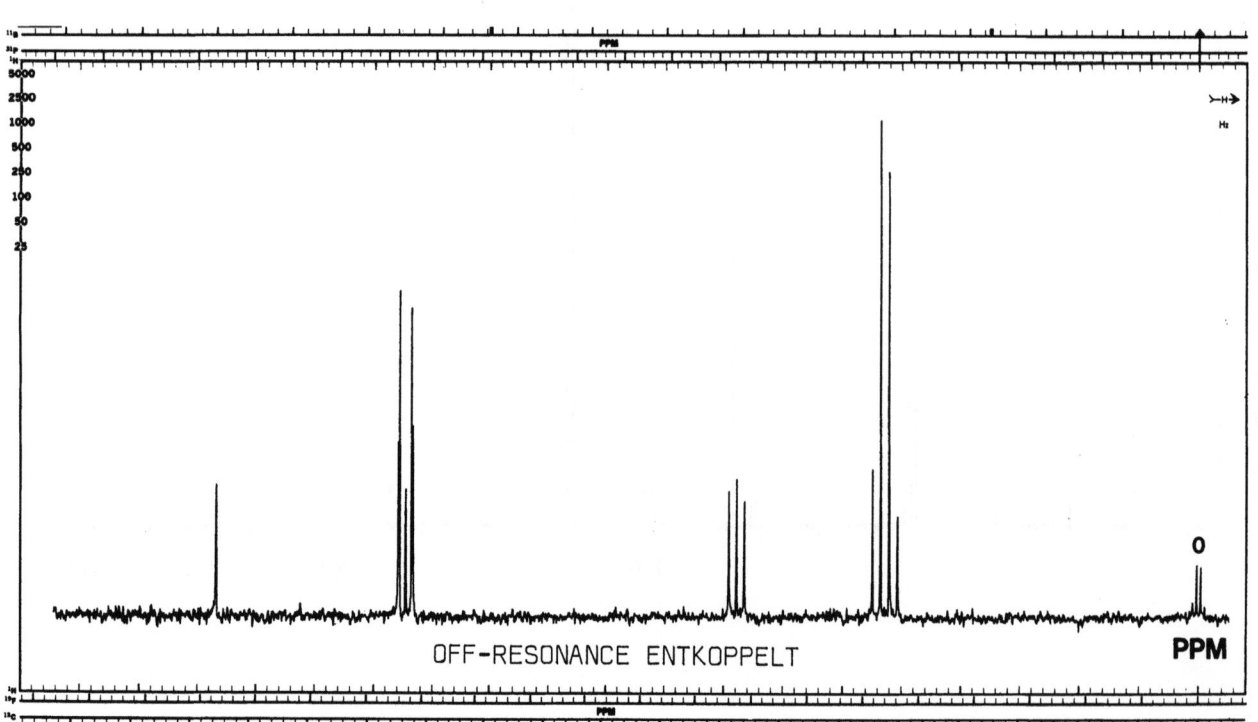

OFF-RESONANCE ENTKOPPELT

P81

^{1}H-NMR: Varian Modell HA-100 (100 MHz)
Sweep Width: 1000 Hz
aufgenommen in CDCl$_3$

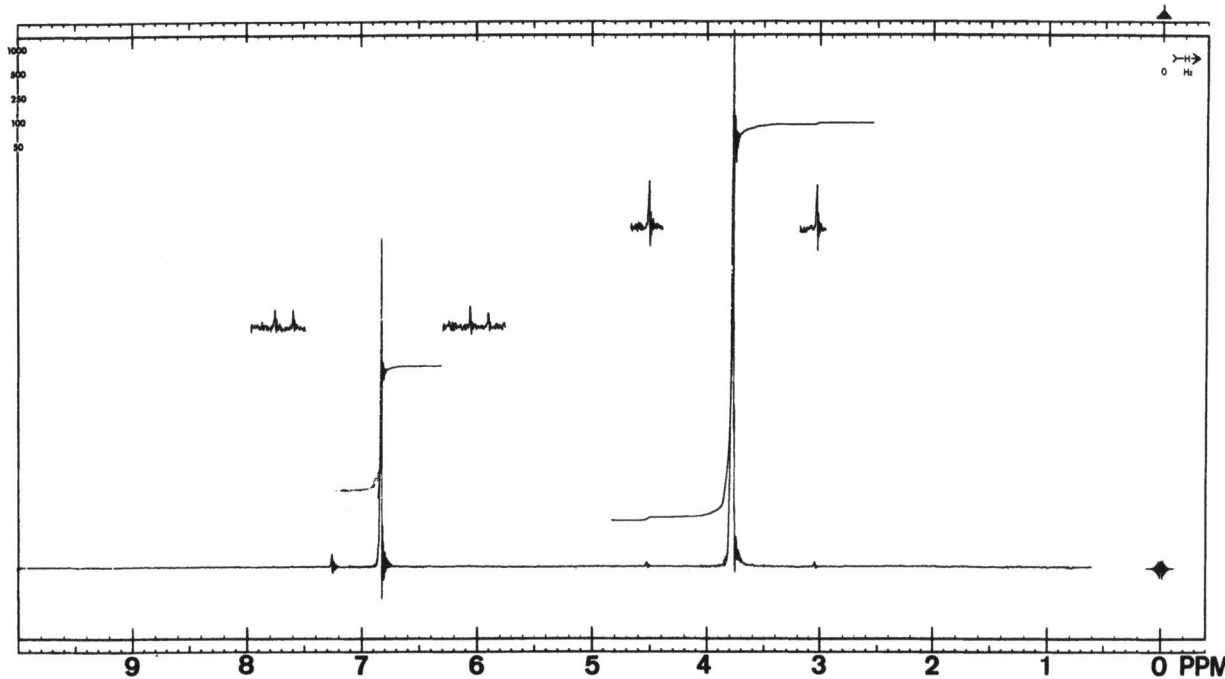

UV: aufgenommen in MeOH
(Literaturwert)

$$\lambda_{max} = 215 \text{ nm } (\log \varepsilon = 4.17).$$

Für Notizen

P 80

IR: Perkin-Elmer Modell 125
aufgenommen in $CHCl_3$

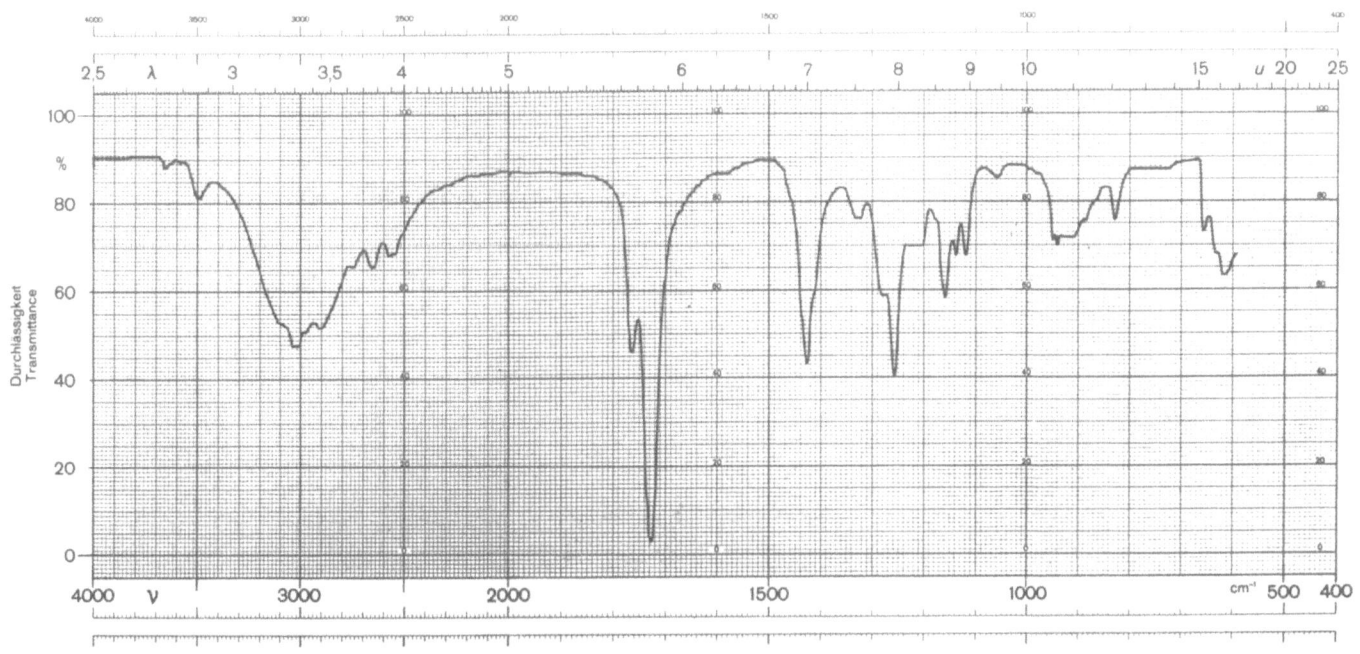

MS: Hitachi Perkin-Elmer
Modell RMU-6M

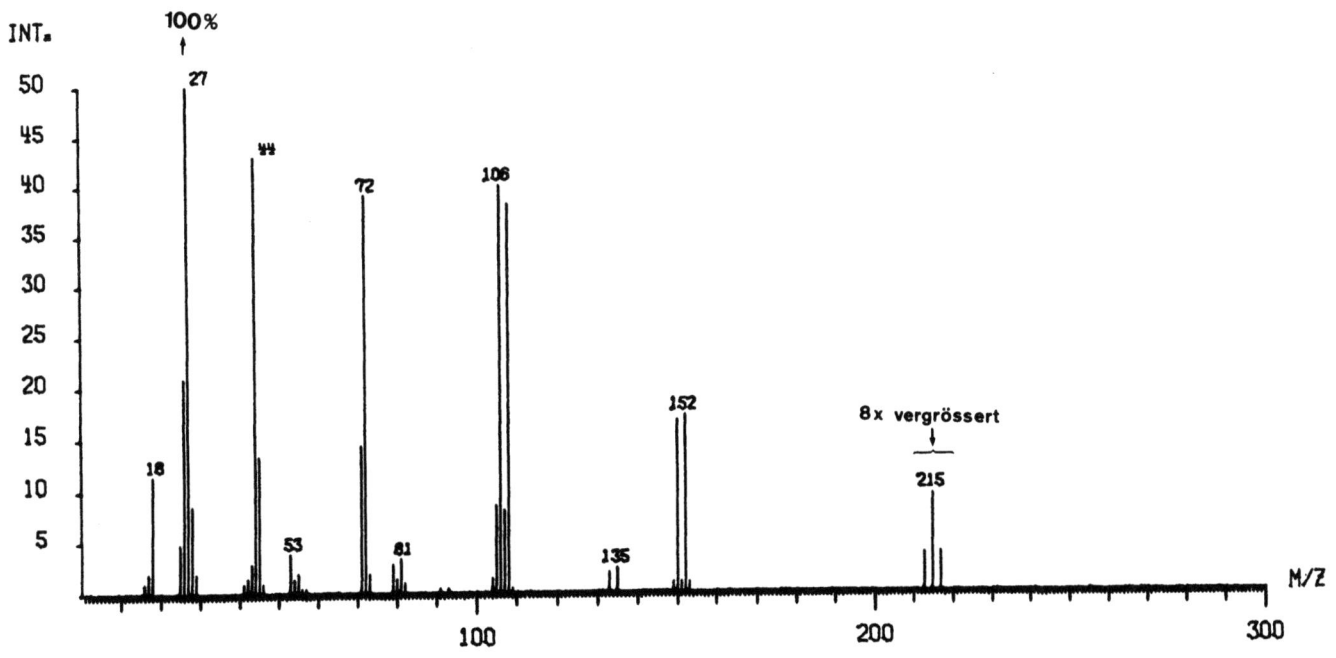

P80

^{13}C-NMR: Varian Modell XL-100 (25.2 MHz)
aufgenommen in $CDCl_3$

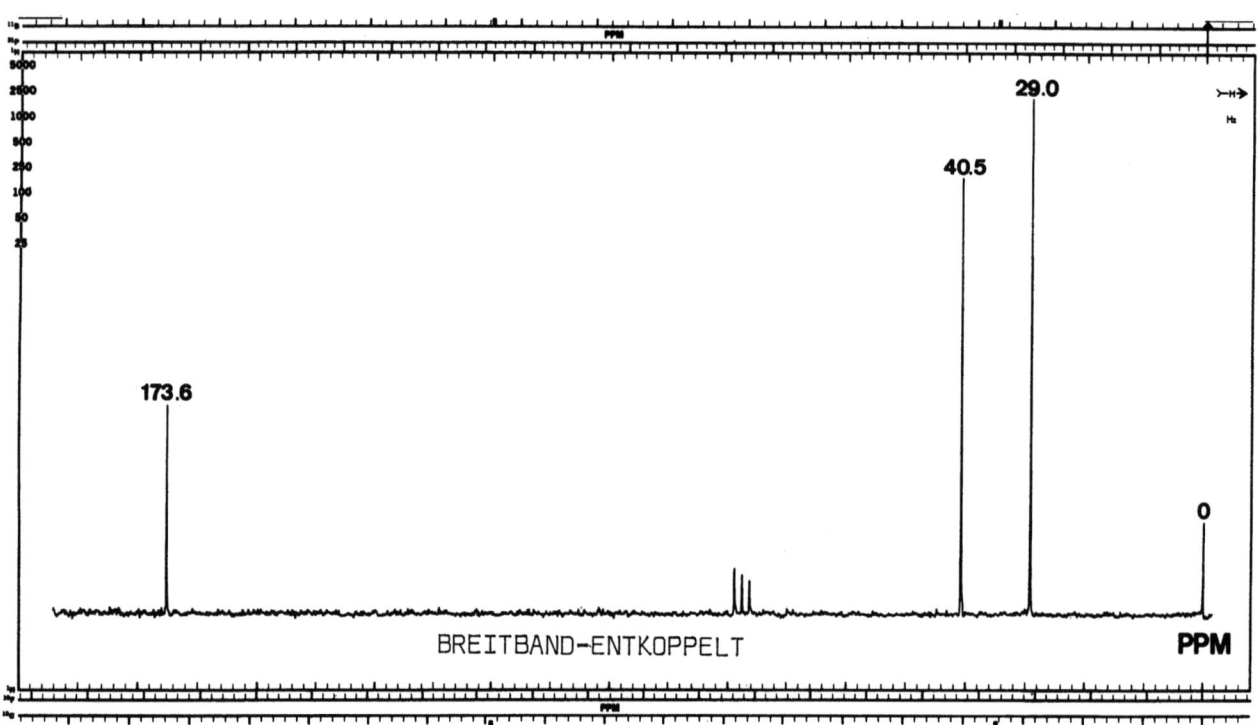

BREITBAND-ENTKOPPELT

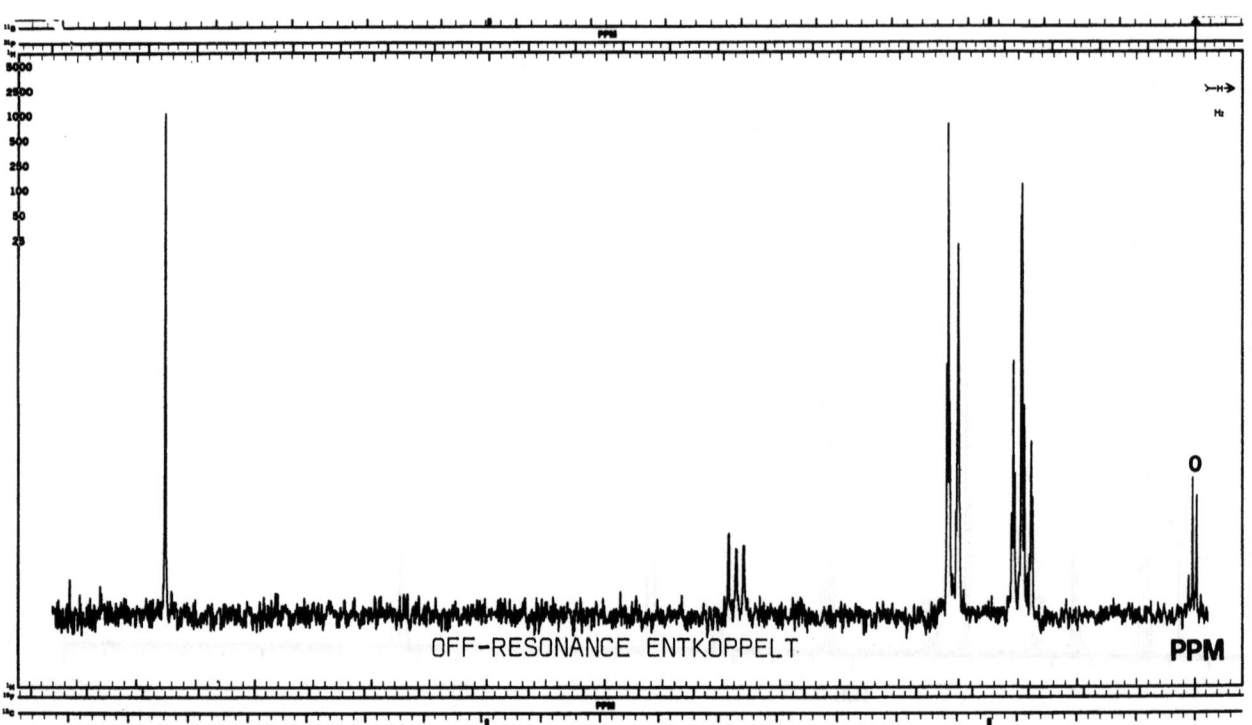

OFF-RESONANCE ENTKOPPELT

P 80

^{1}H-NMR: Varian Modell HA-100(100 MHz)
Sweep Width: 1000 Hz
Sweep Offset: 200 Hz
aufgenommen in CDCl$_3$

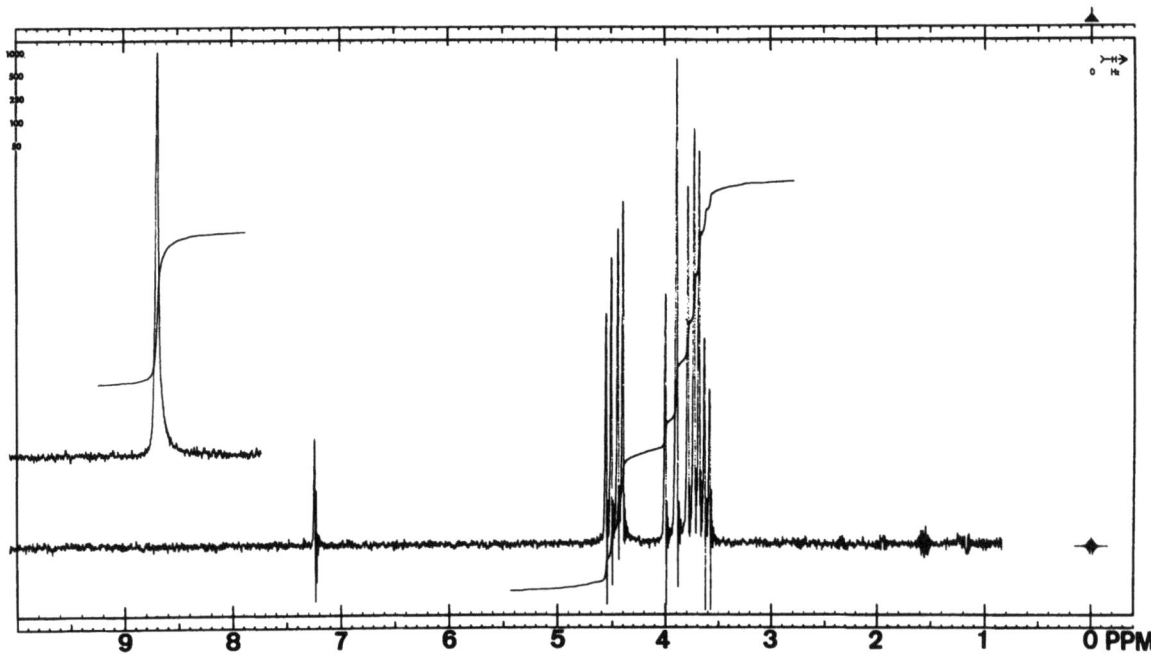

UV: keine intensive Absorption oberhalb λ = 220 nm

Für Notizen

P120

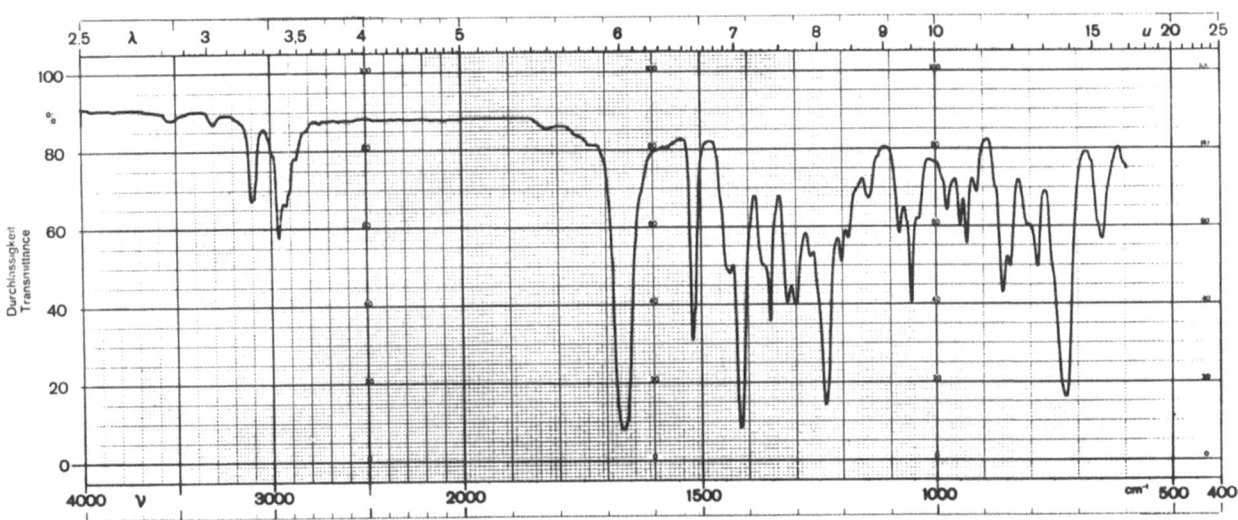

IR: Perkin-Elmer 125
    aufgenommen als
    Flüssigkeitsfilm
MS: Hitachi Perkin-Elmer
    RMU-6M

m^*	m_1^+	$\rightarrow$	m_2^+	Δm
117.1	151		133	18
84.4	188		126	62
81.1	152		111	41
62.1	111		83	28

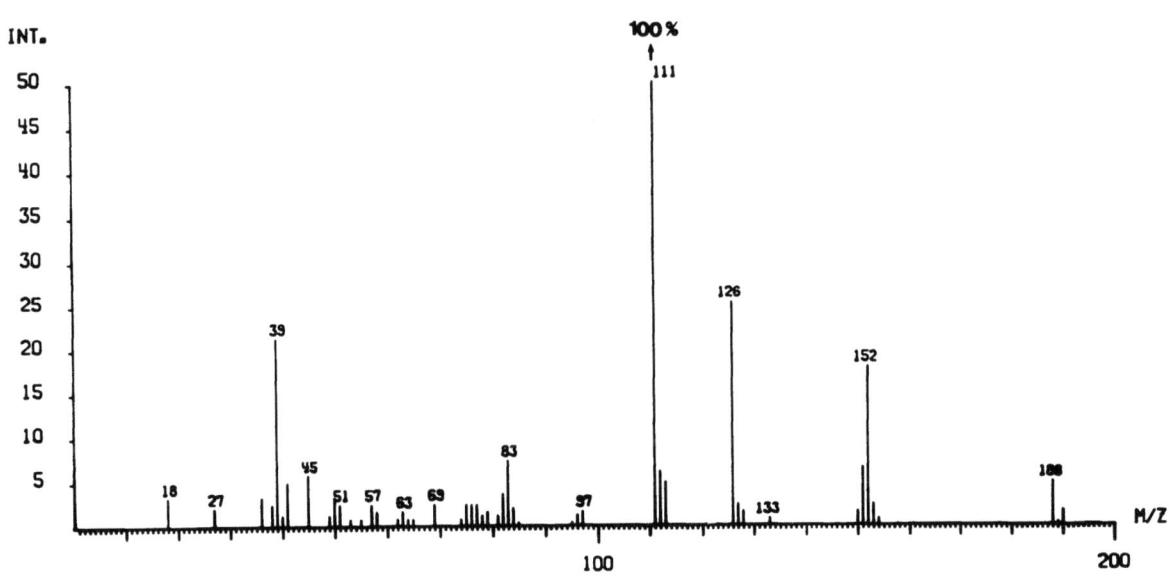

^{13}C-NMR: Varian Modell XL-100 (25,2 MHz) aufgenommen in CDCl$_3$

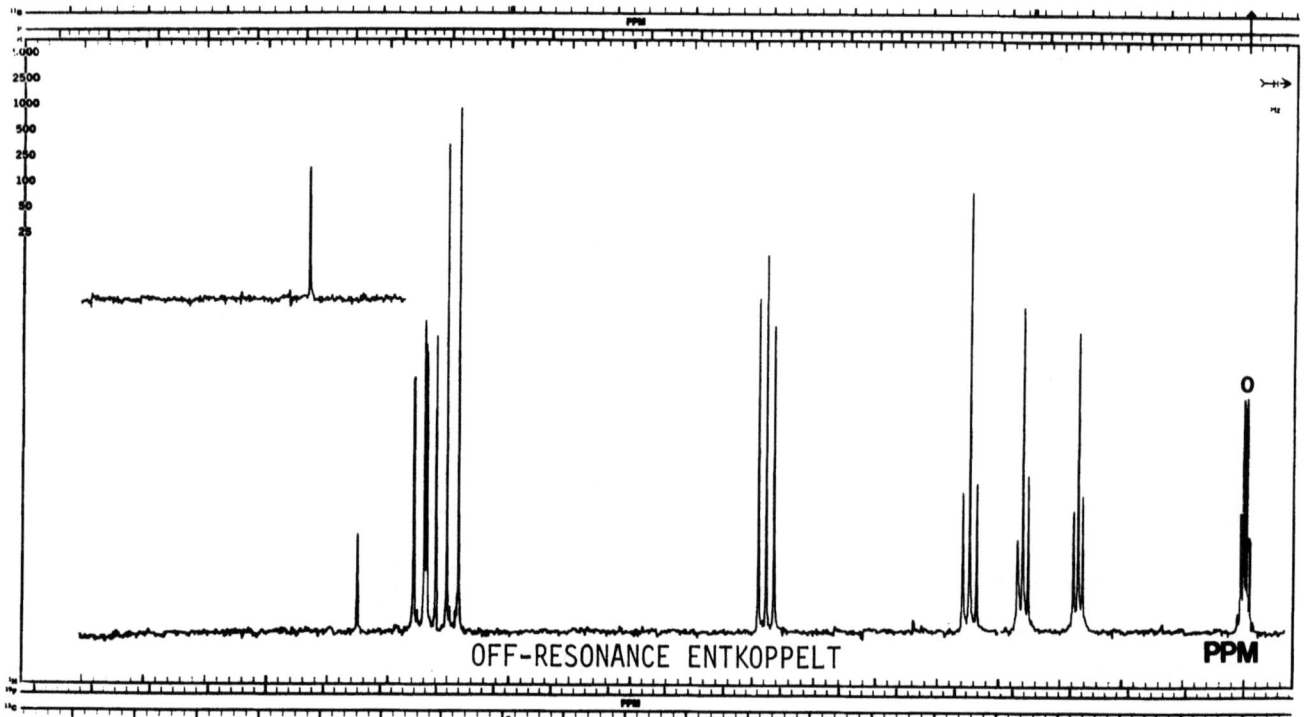

OFF-RESONANCE ENTKOPPELT

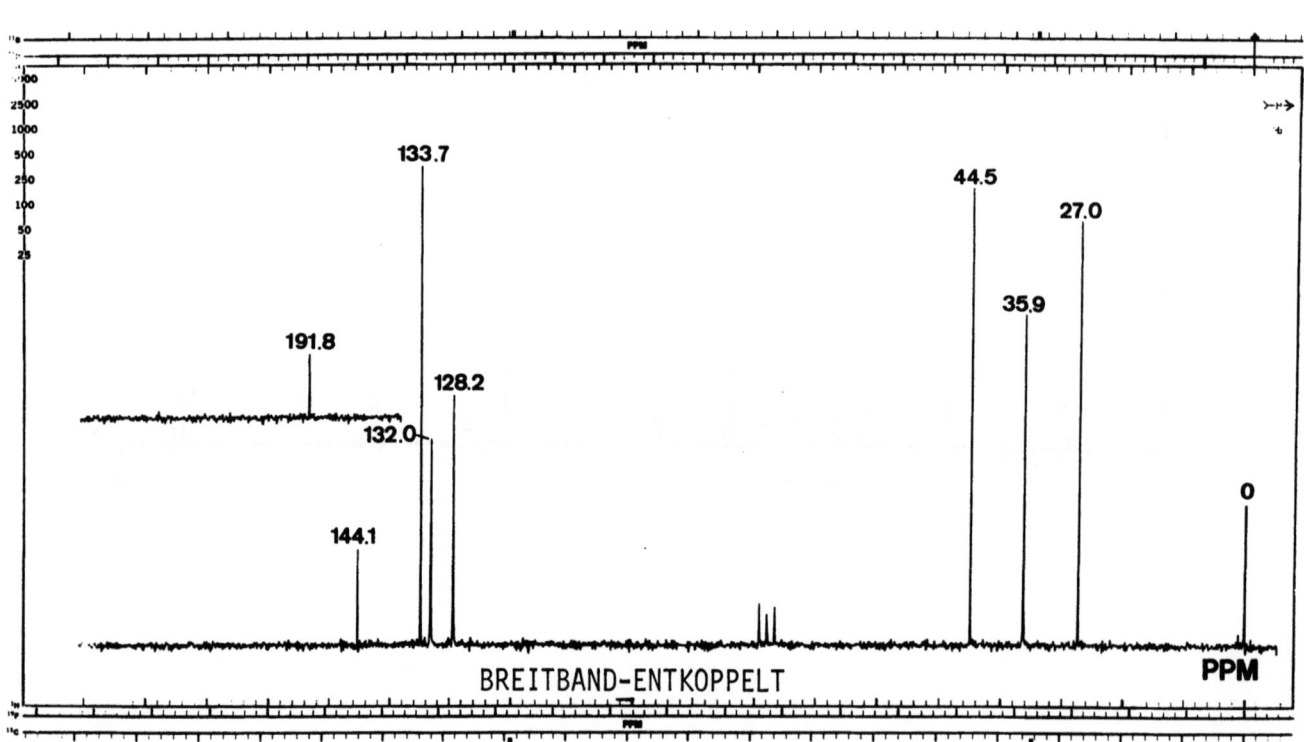

BREITBAND-ENTKOPPELT

P120

^{1}H-NMR: Varian Modell HA-100 (100 MHz)
Sweep Width: 1000 Hz
aufgenommen in CDCl$_3$

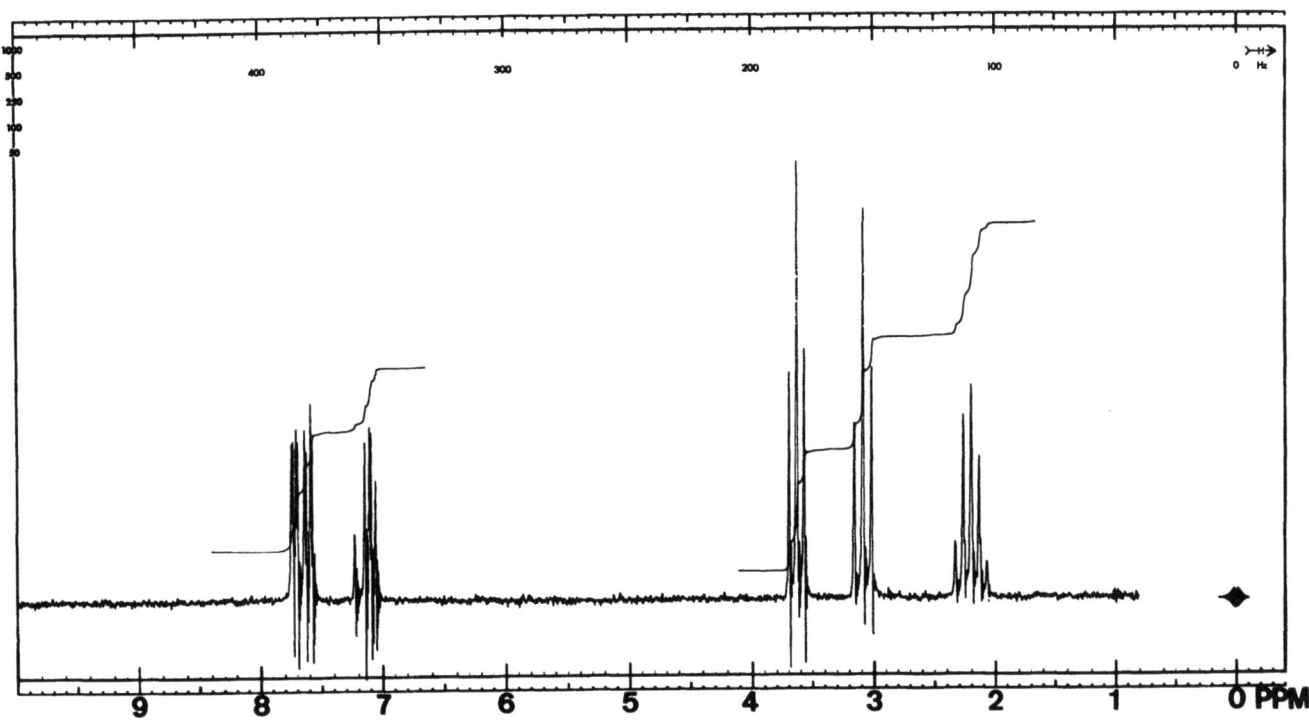

UV: Kontron Uvikon 810
aufgenommen in EtOH

λ_{max} [nm]	ε
284	7720
261	9940

Pretsch/Seibl/Manz/Simon, ETH-Zürich
© Springer-Verlag Berlin Heidelberg 1985

Für Notizen

R 23

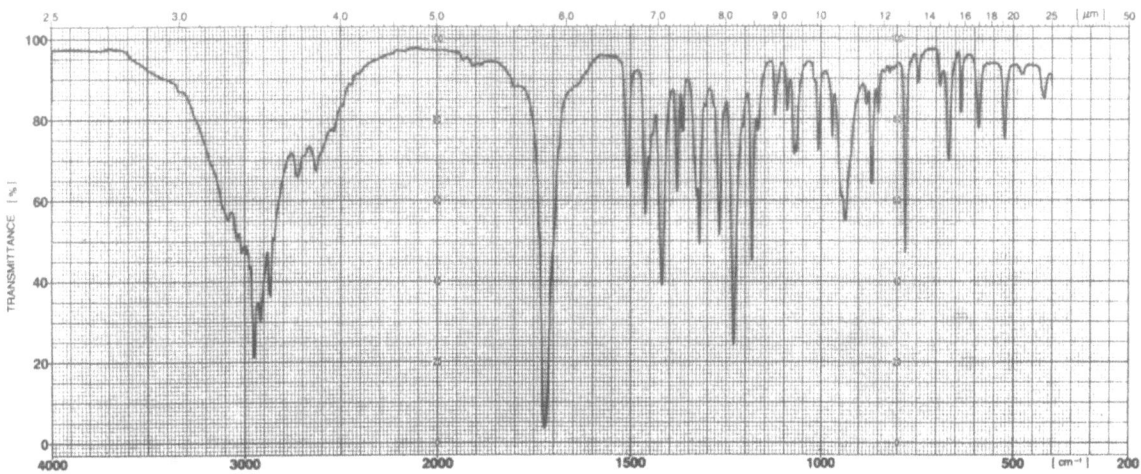

IR: Perkin-Elmer 782
   aufgenommen in KBr

MS: Hitachi Perkin-Elmer
    RMU-6M

m^*	m_1^+ →	m_2^+	Δm
130.6	206	164	42
125.8	206	161	45
139.1	191	163	28
50.5	164	91	73
129.0	163	145	18
86.9	163	119	44
70.2	163	107	56
20.2	161	57	104
94.4	145	117	28
115.0	119	117	2
113.0	117	115	2
46.4	91	65	26
29.5	57	41	16

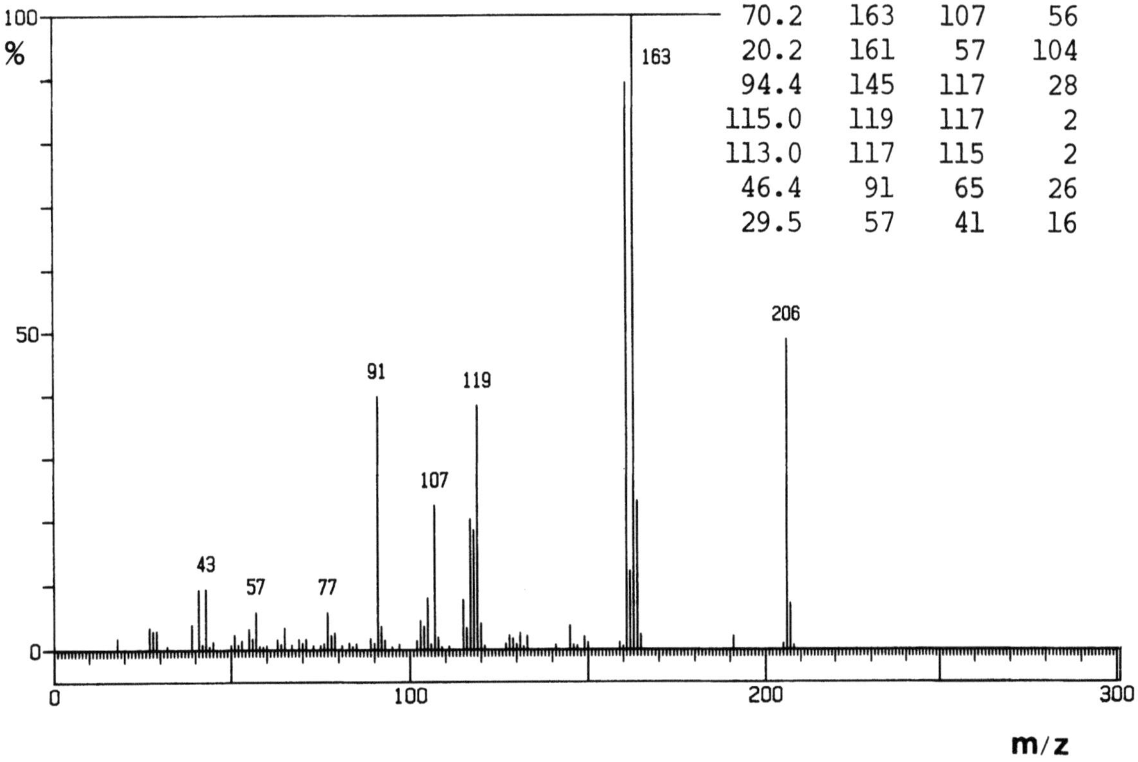

Pretsch/Seibl/Manz/Simon, ETH-Zürich
© Springer-Verlag Berlin Heidelberg 1985

R 23

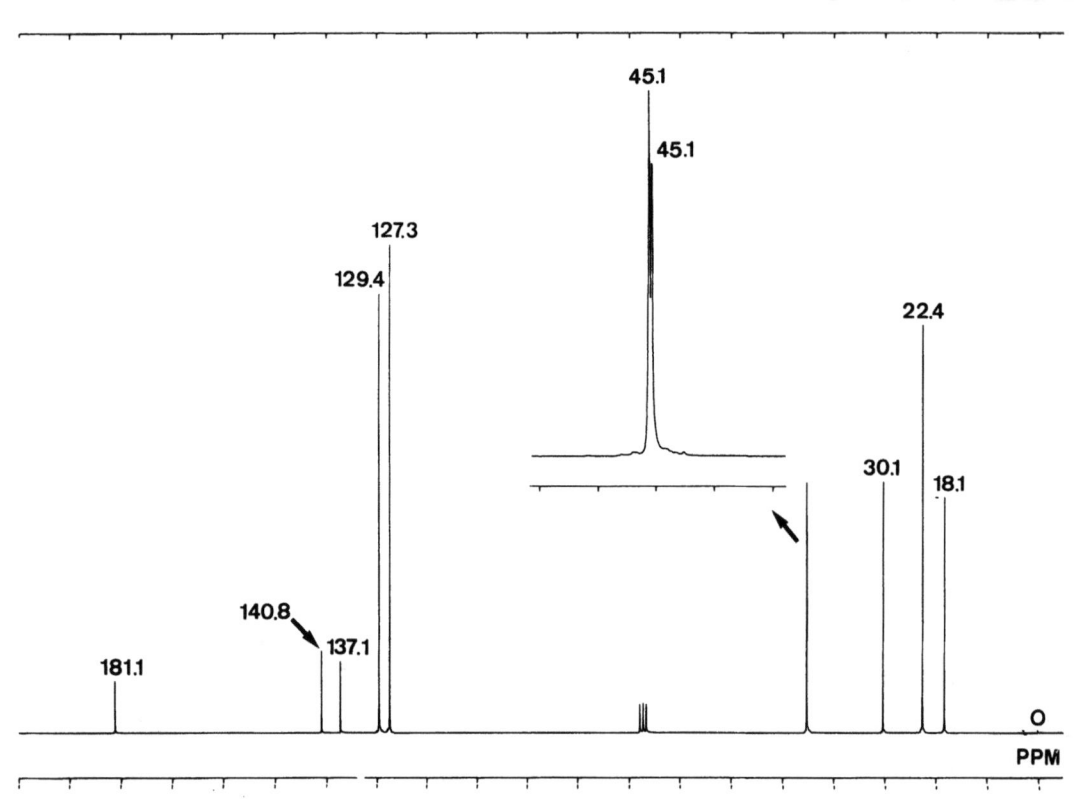

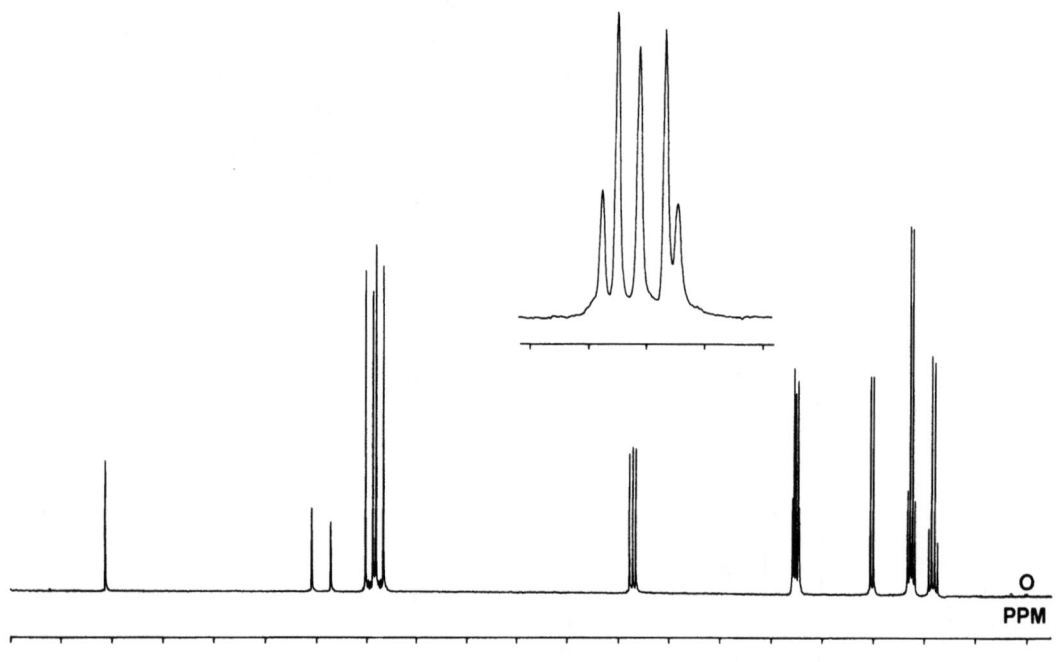

^{13}C-NMR: Bruker Spectrospin WP-200 SY (50 MHz)
oben: breitbandentkoppelt
unten: off-resonance entkoppelt
aufgenommen in CDCl$_3$

R23

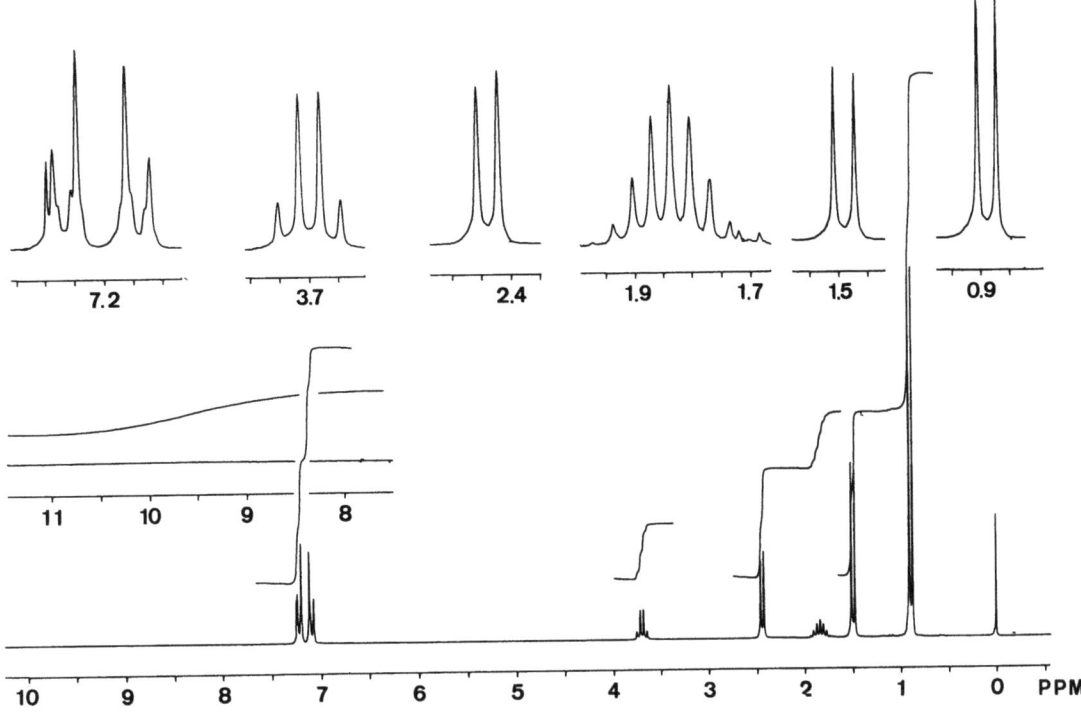

^{1}H-NMR: Bruker Spectrospin WP-200 SY (200 MHz)
aufgenommen in CDCl$_3$

Für Notizen

Q50

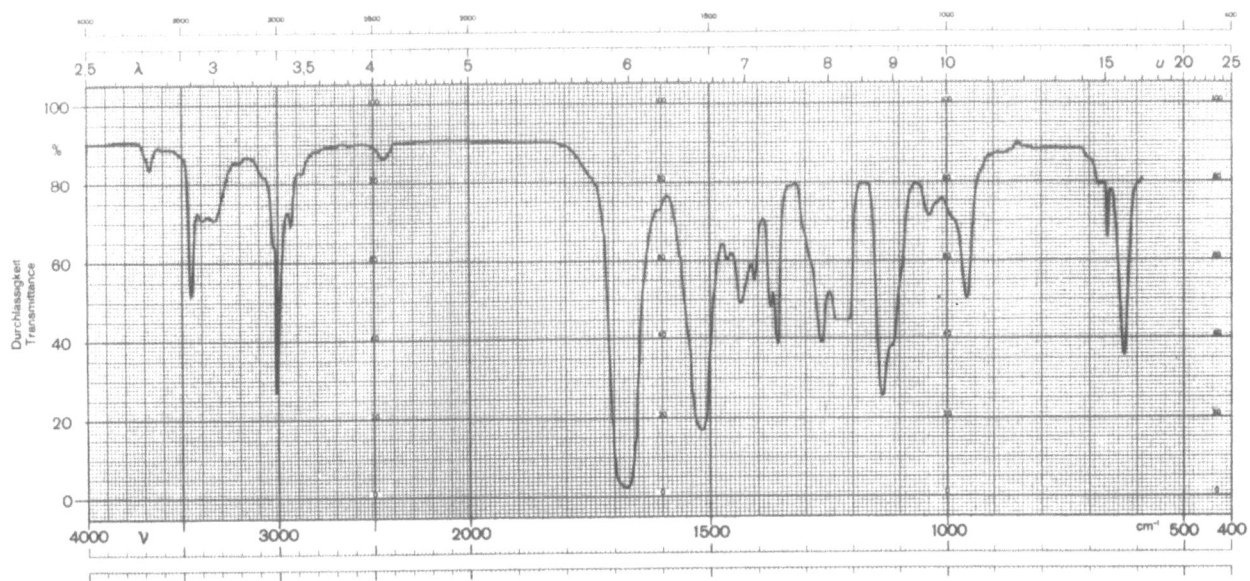

IR: Perkin-Elmer 125

aufgenommen in $CHCl_3$

MS: Hitachi Perkin-Elmer RMU-6M

m^*	m_1^+	$\rightarrow$ m_2^+	Δm
88.9	162	120	42
64.6	161	102	59
48.9	118	76	42
30.8	60	43	17

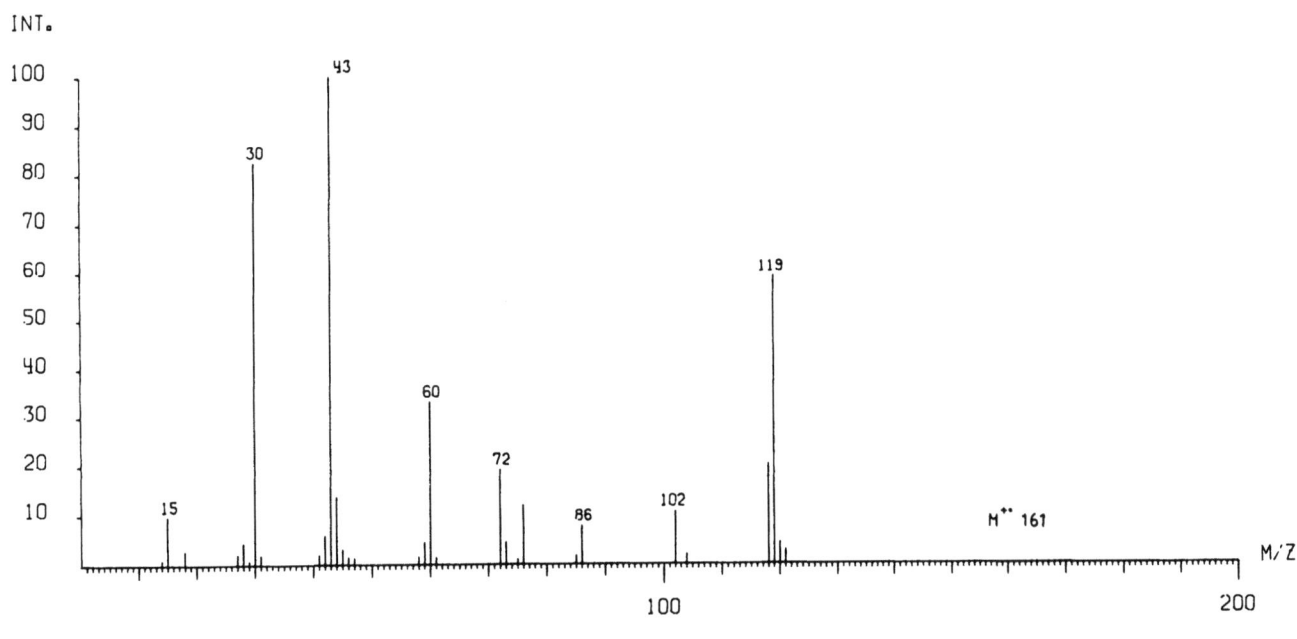

Q 50

^{13}C-NMR: Bruker Spectrospin Modell WP-200 SY (50 MHz)
aufgenommen in $CDCl_3$

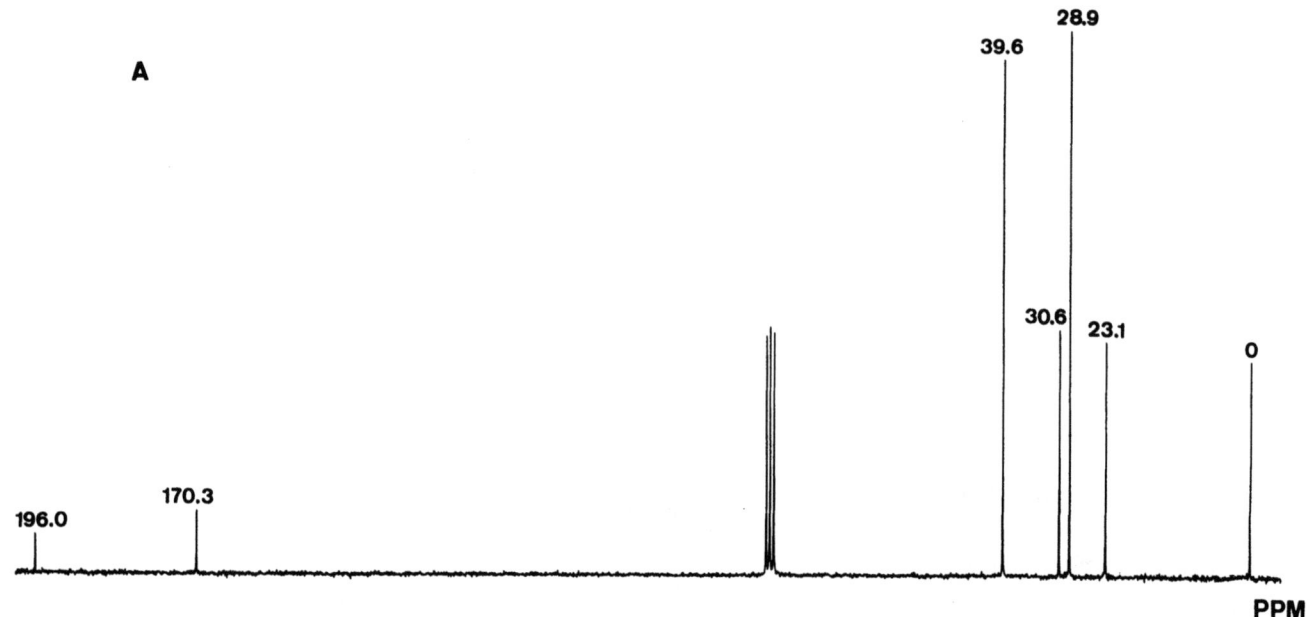

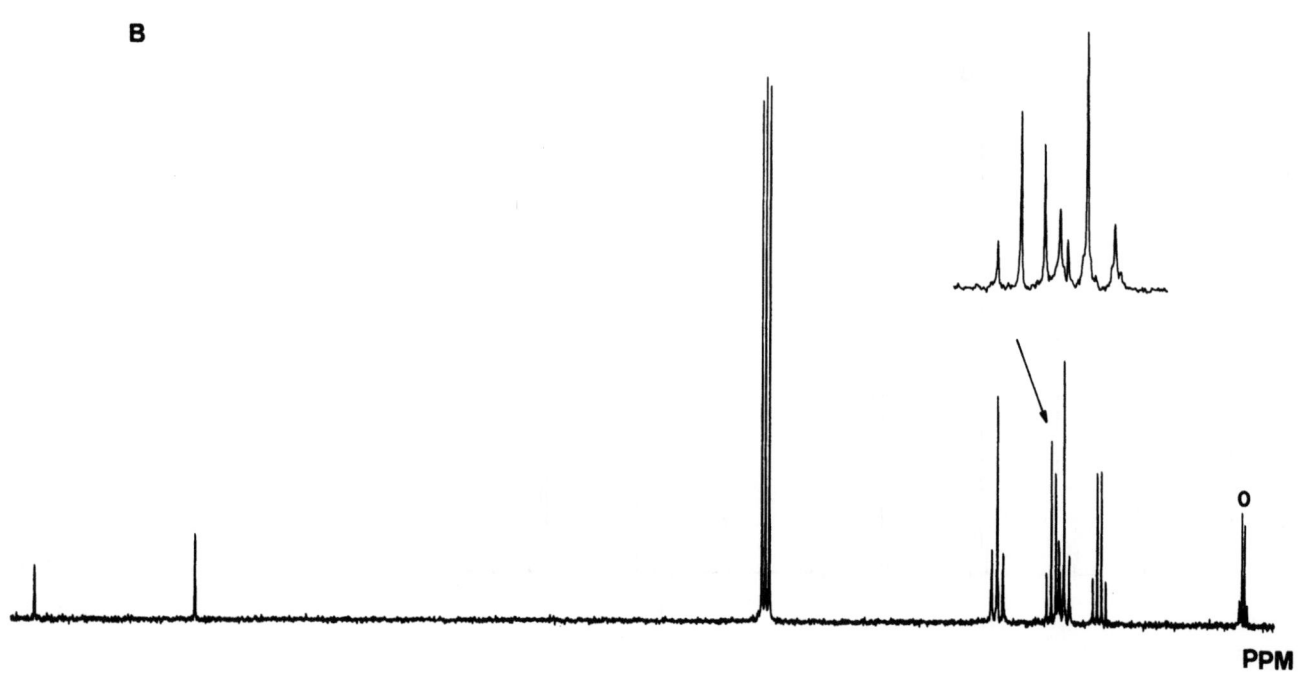

A: breitbandentkoppeltes Spektrum
B: off-resonance entkoppeltes Spektrum

Q 50

^{1}H-NMR: Varian Modell HA-100 (100 MHz)
Sweep Width: 1000 Hz
A: aufgenommen in $CDCl_3$
B: aufgenommen in $CDCl_3$ + D_2O

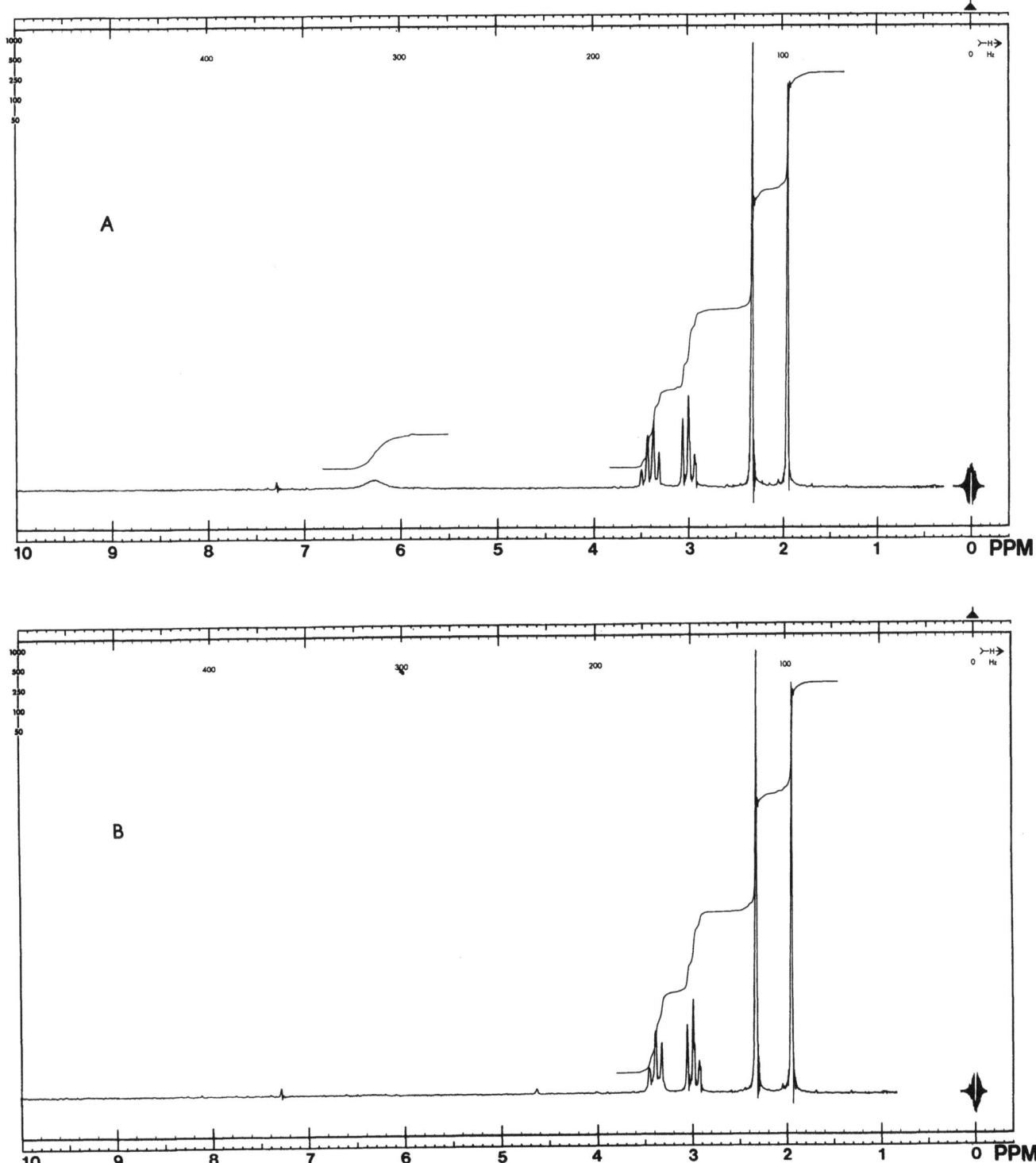

Pretsch/Seibl/Manz/Simon, ETH-Zürich
© Springer-Verlag Berlin Heidelberg 1985

Für Notizen

Q55

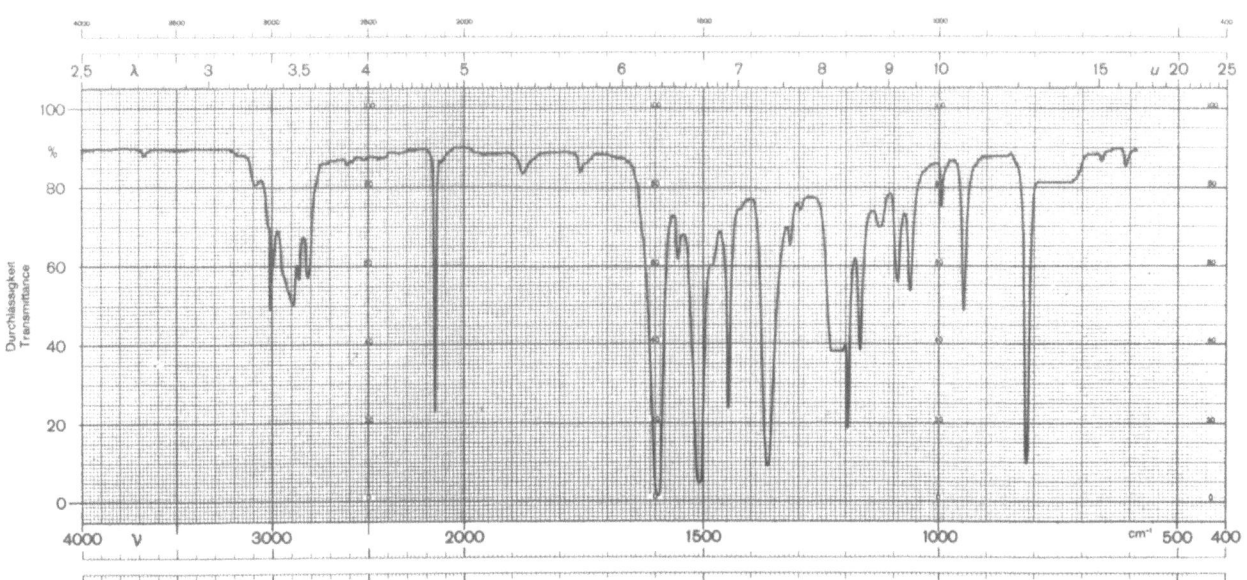

IR: Perkin-Elmer 125

aufgenommen in $CHCl_3$

MS: Hitachi Perkin-Elmer RMU-6M

m^*	m_1^+	→	m_2^+	Δm
149.3	178		163	15
148.3	177		162	15
118.1	178		145	33
86.9	163		119	44
80.0	177		119	58
78.7	177		118	59

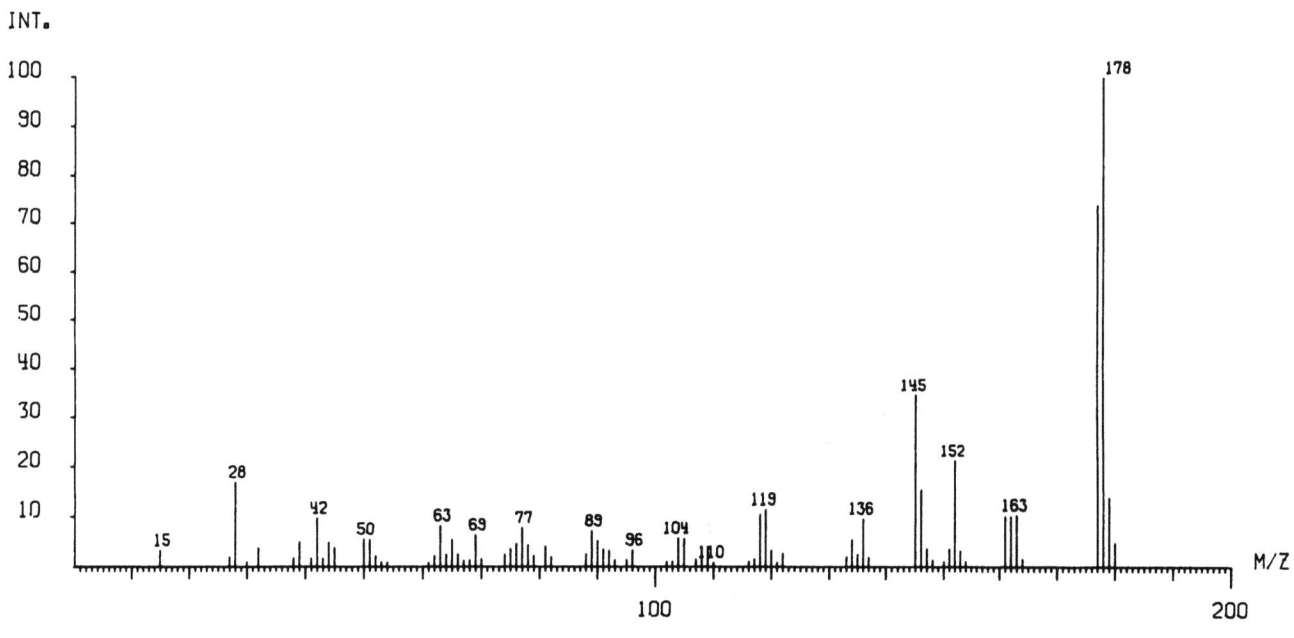

Q 55

^{13}C-NMR: Bruker Spectrospin Modell WP-200 SY (50 MHz) aufgenommen in $CDCl_3$

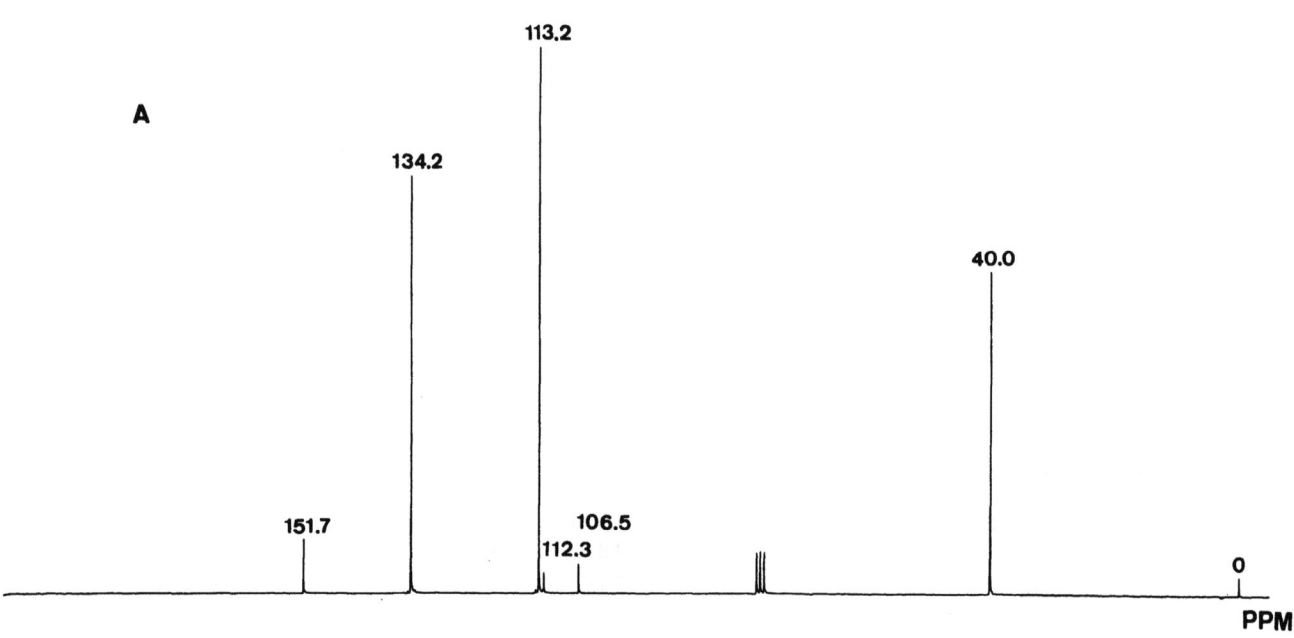

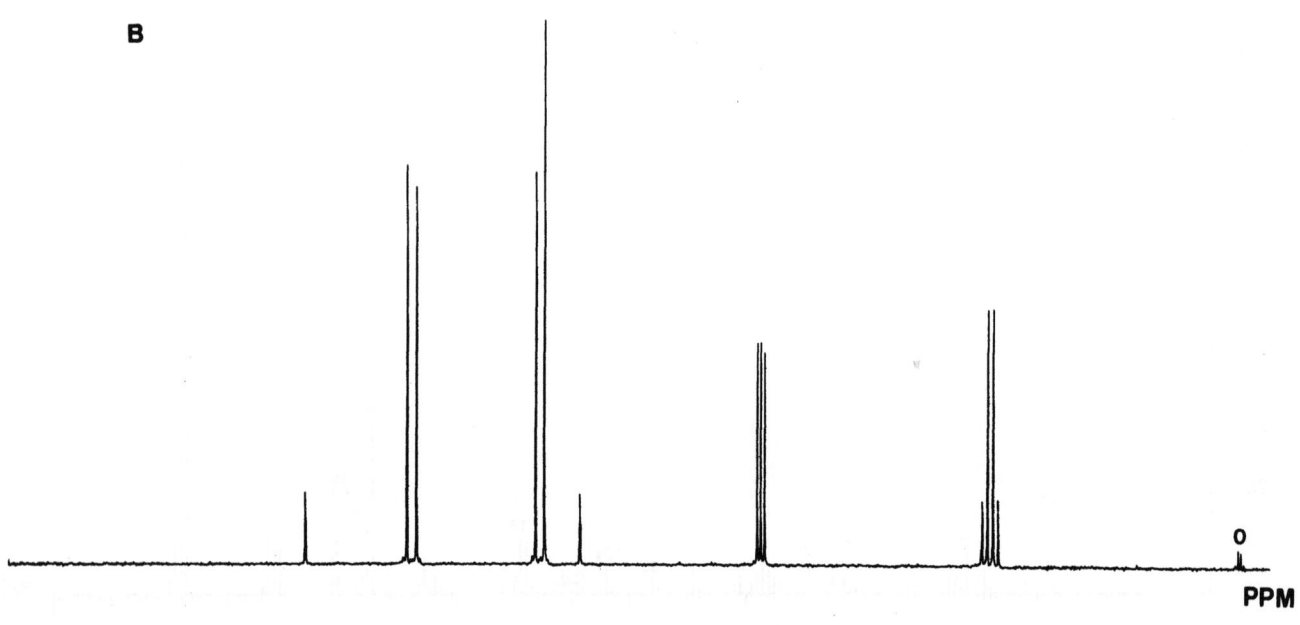

A: breitbandentkoppeltes Spektrum
B: off-resonance entkoppeltes Spektrum

Q55

^{1}H-NMR: Varian Modell HA-100 (100 MHz)
Sweep Width: 1000 Hz
aufgenommen in CDCl$_3$

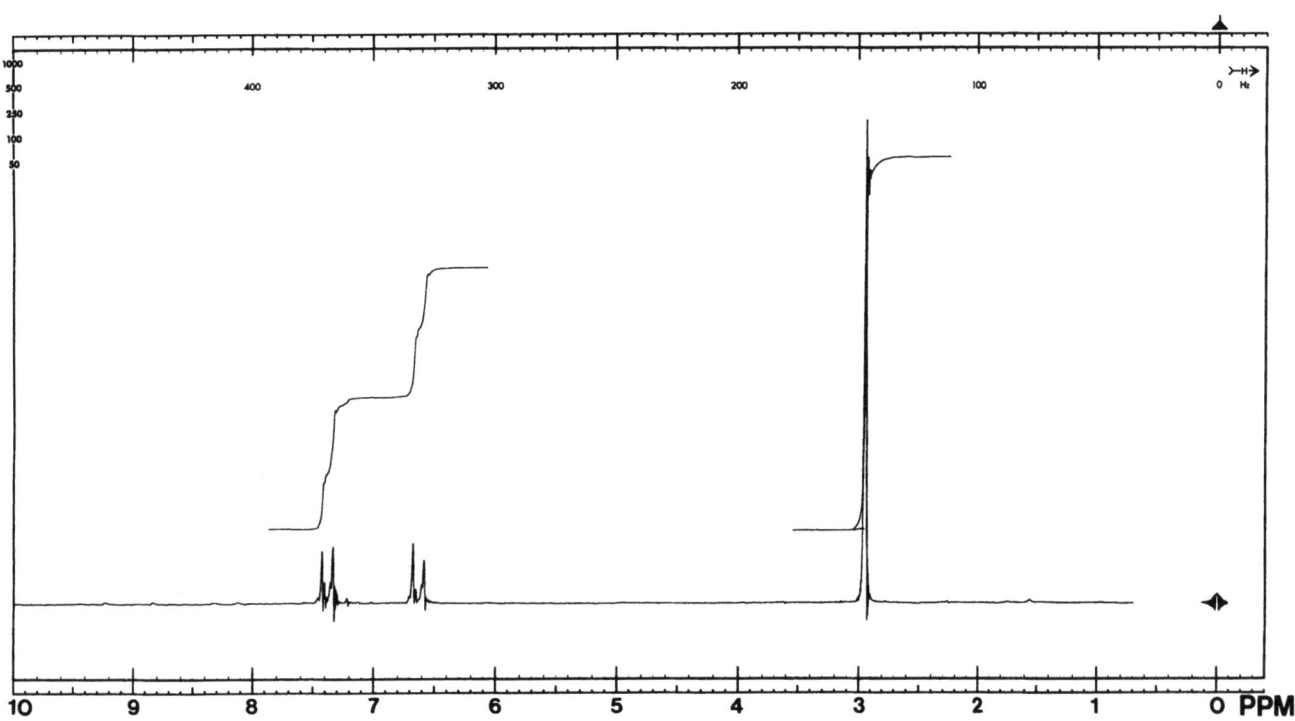

UV: Kontron Uvikon 810
aufgenommen in CH$_3$CH$_2$OH

λ_{max} [nm]	ε
277	2200

Für Notizen

R6

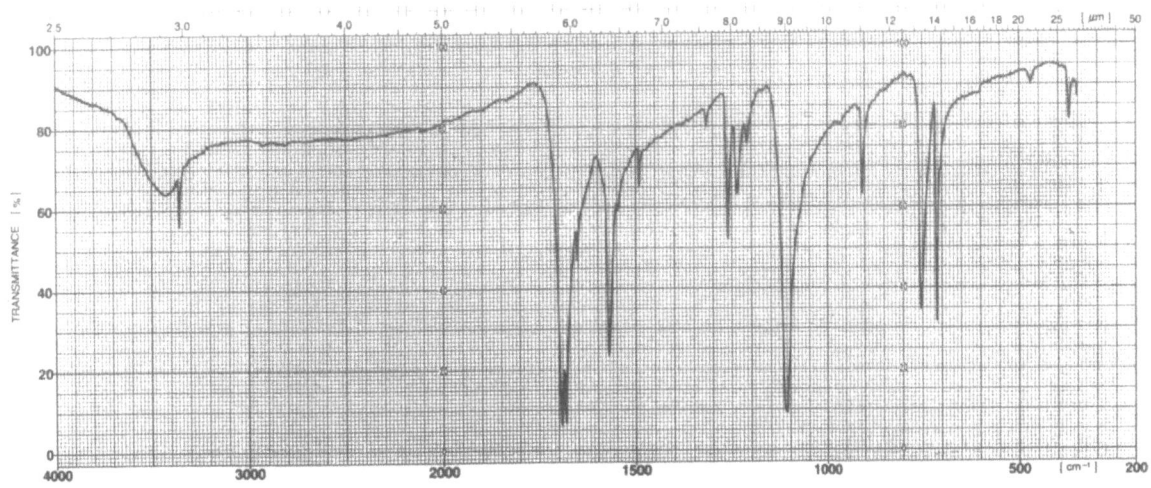

IR: Perkin-Elmer 283

aufgenommen in KBr

MS: Hitachi Perkin-Elmer RMU-6M

m^*	$\rightarrow$	m_1^+	m_2^+	Δm
165.6		218	190	28
129.3		181	153	28

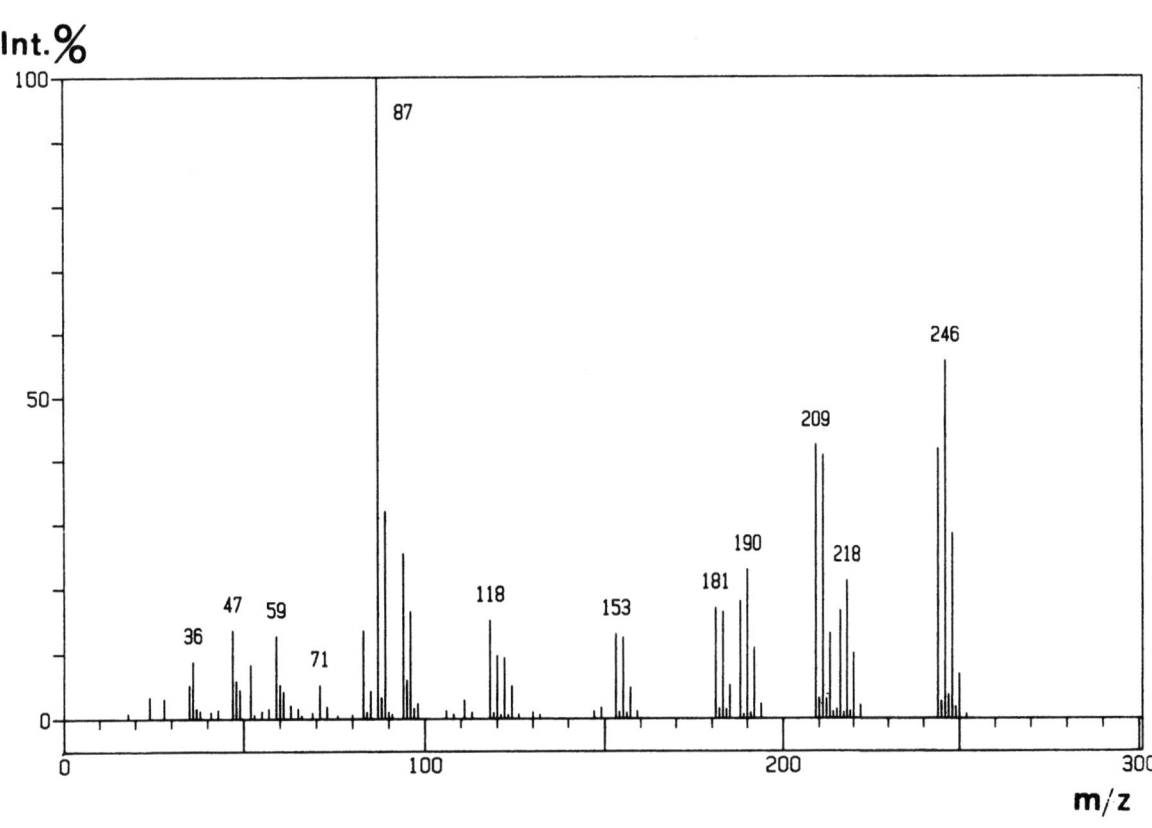

Pretsch/Seibl/Manz/Simon, ETH-Zürich
© Springer-Verlag Berlin Heidelberg 1985

R6

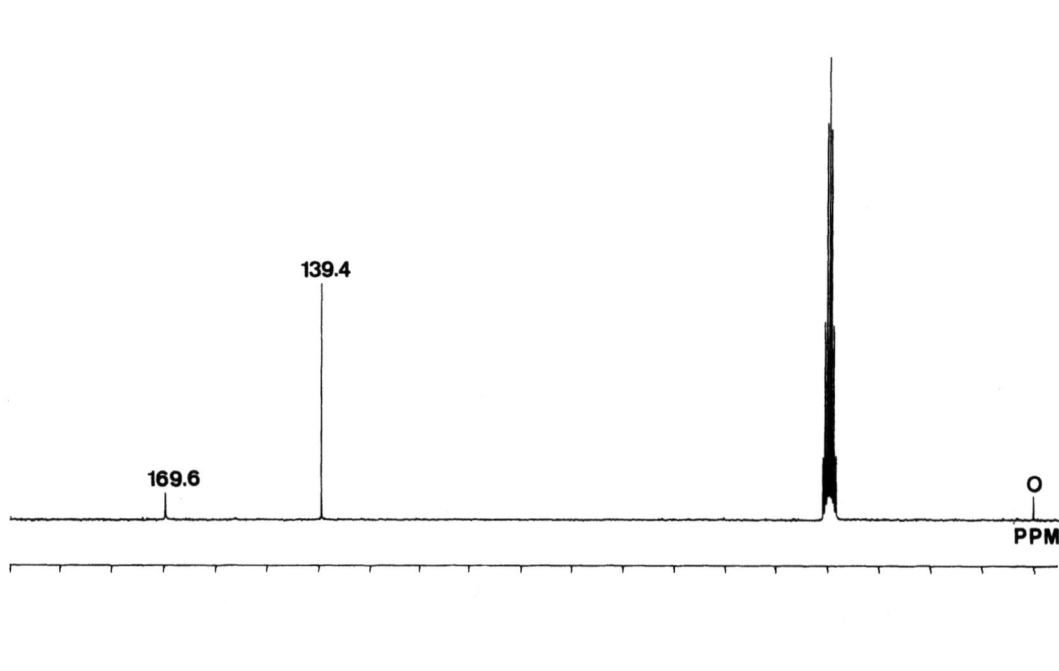

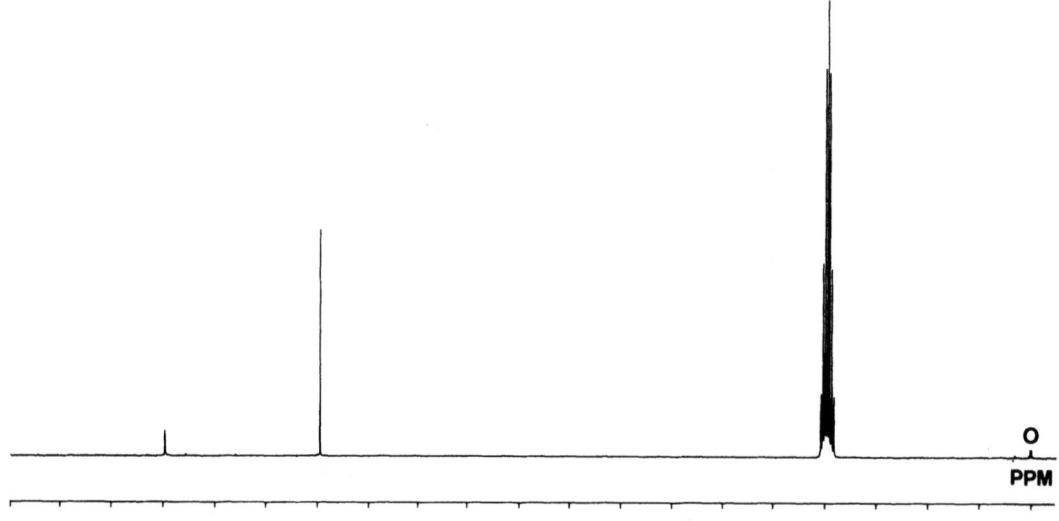

^{13}C-NMR: Bruker Spectrospin WP-200 SY (50 MHz)

oben: breitbandentkoppelt
unten: off-resonance entkoppelt

aufgenommen in DMSO-d6

R6

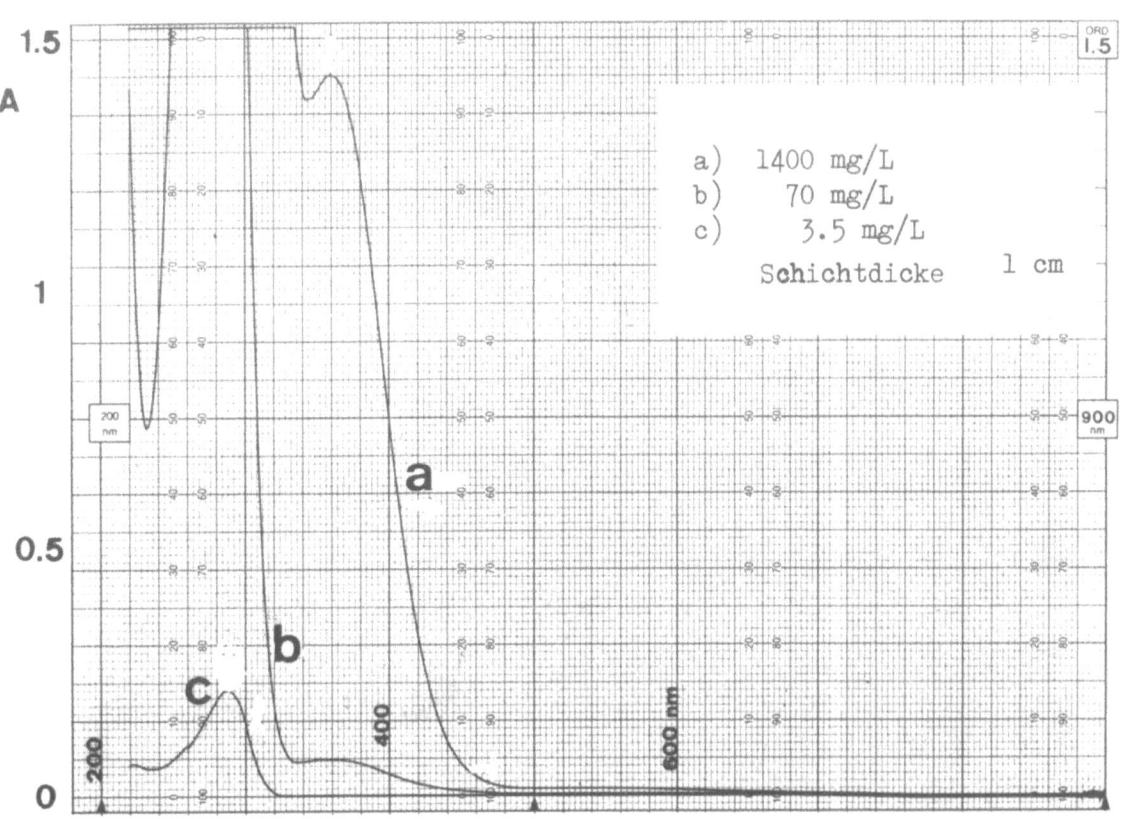

a) 1400 mg/L
b) 70 mg/L
c) 3.5 mg/L
Schichtdicke 1 cm

UV: Kontron Uvikon 810

aufgenommen in Methanol

^{1}H-NMR: keine Signale zwischen -1 und 12 PPM

Für Notizen

P 99

IR: Perkin Elmer Modell 125
  aufgenommen in $CHCl_3$
  Schichtdicke: 0.1 mm

MS: Hitachi Perkin-Elmer
  Modell RMU-6M

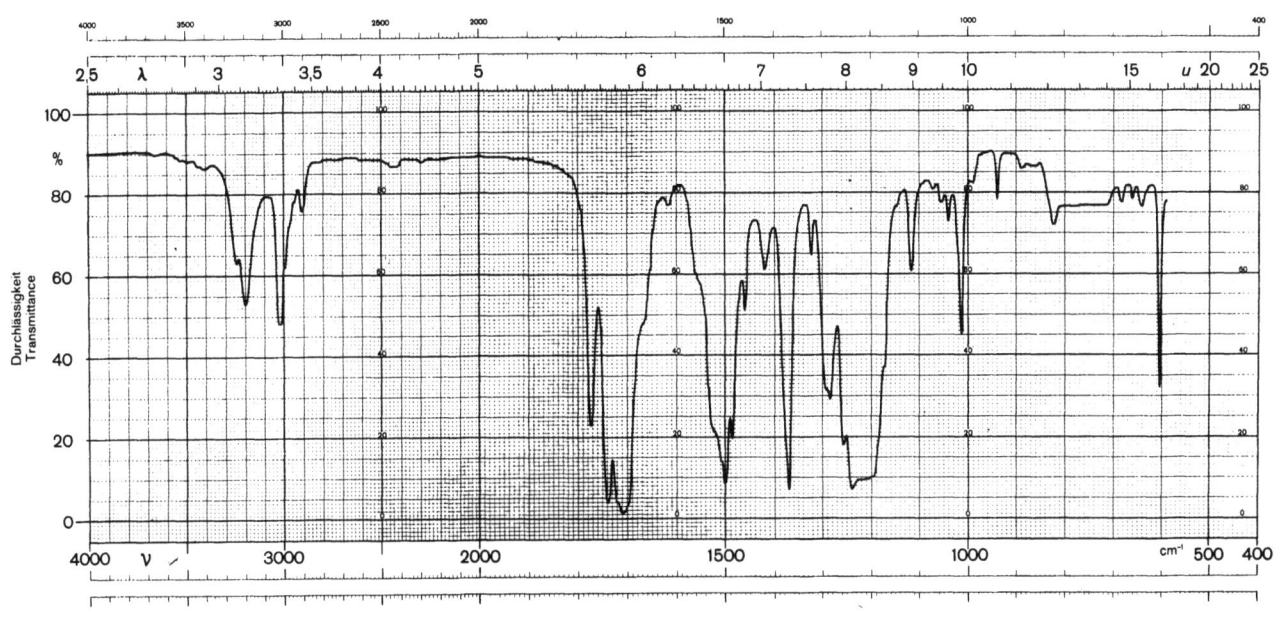

m^*	$m_1^+ \longrightarrow$	m_2^+	+ $(m_1 - m_2)$	m^*	$m_1^+ \longrightarrow$	m_2^+	+ $(m_1 - m_2)$
118.6	170	142	28	63.0	112	84	28
96.4	170	128	42	55.6	127	84	43
94.9	170	127	43	38.2	85	57	28
80.9	155	112	43				

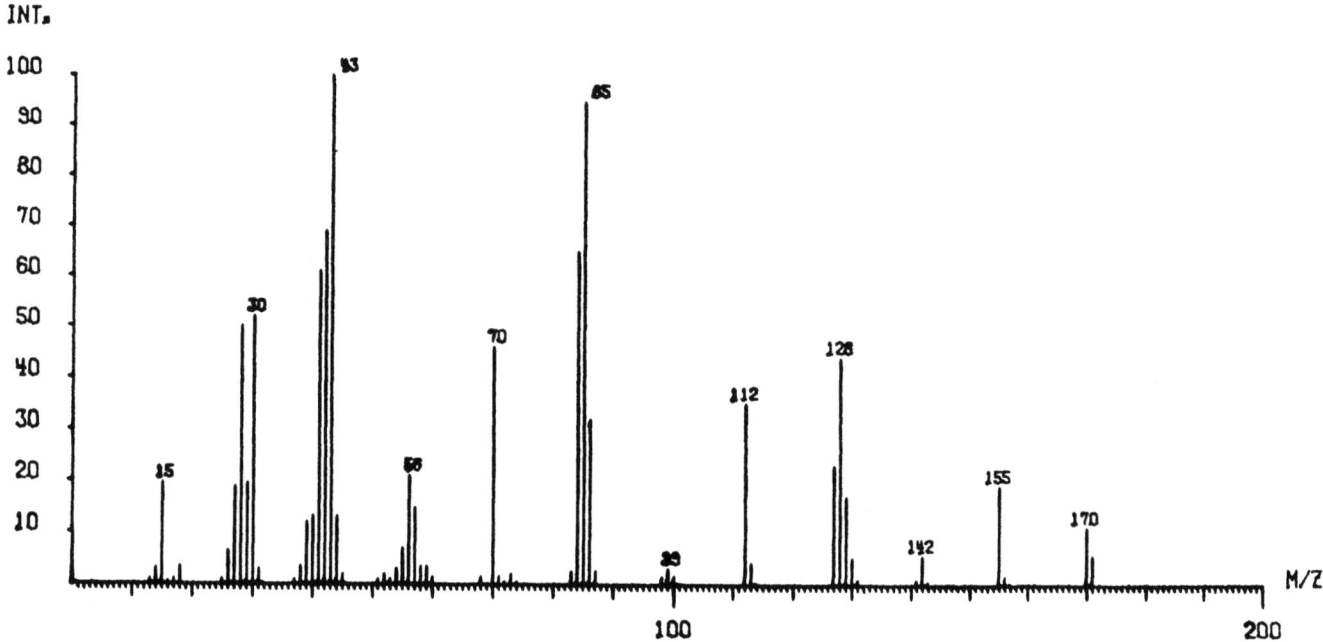

Pretsch/Seibl/Manz/Simon, ETH-Zürich
© Springer-Verlag Berlin Heidelberg 1985

P 99

^{13}C-NMR: Varian Modell XL-100 (25.2 MHz)
aufgenommen in $CDCl_3$

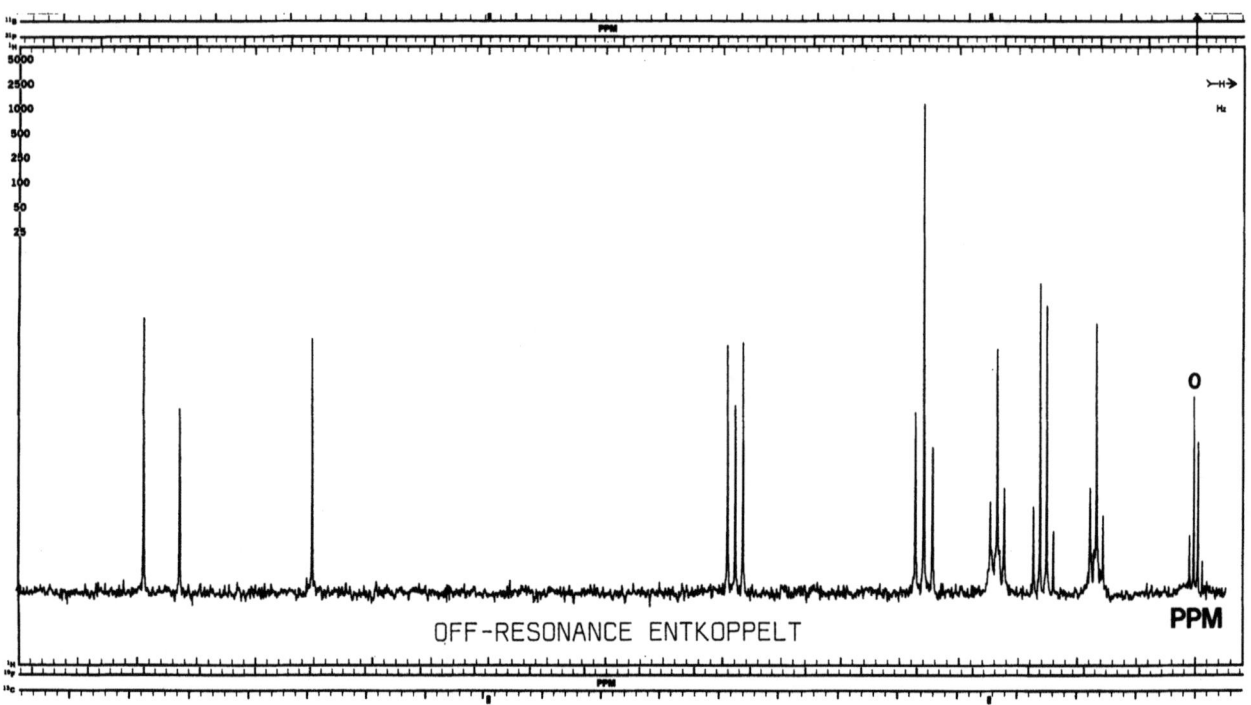

OFF-RESONANCE ENTKOPPELT

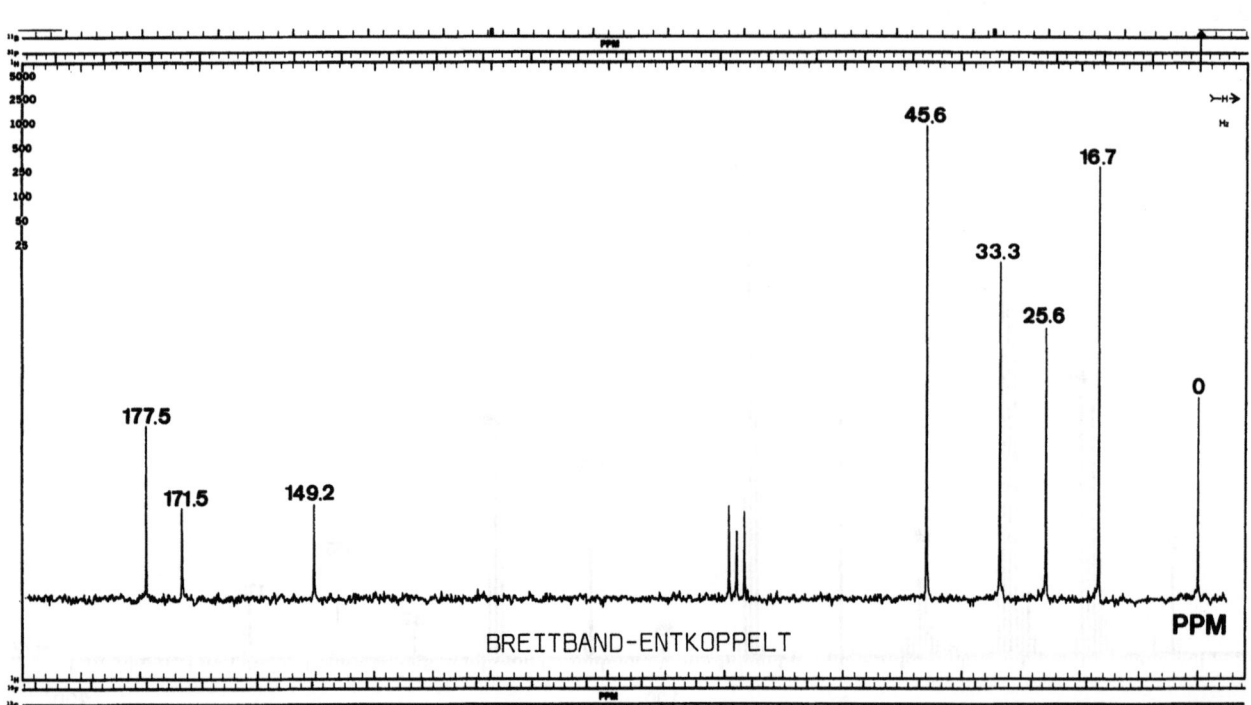

BREITBAND-ENTKOPPELT

Pretsch/Seibl/Manz/Simon, ETH-Zürich
© Springer-Verlag Berlin Heidelberg 1985

P99

^{1}H-NMR: Varian Modell HA-100 (100 MHz)
Sweep Width: 1000 Hz
Sweep Offset: 200 Hz
aufgenommen in CDCl$_3$

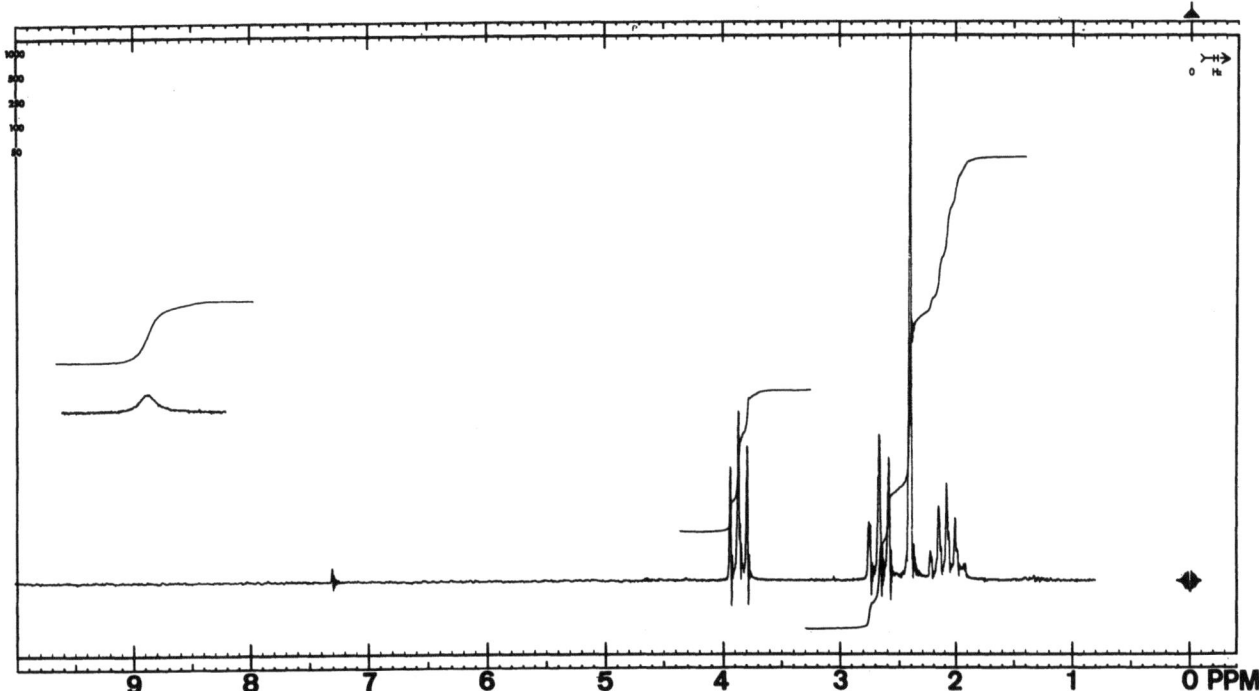

UV: Perkin-Elmer Modell 555
aufgenommen in EtOH

$$\lambda_{max} = 217 \text{ nm } (\varepsilon = 12000).$$

Pretsch/Seibl/Manz/Simon, ETH-Zürich
© Springer-Verlag Berlin Heidelberg 1985

Für Notizen

P112

IR: Perkin-Elmer Modell 125

Spektrum I : Flüssigkeitsfilm
Spektrum II: aufgenommen in $CHCl_3$
Schichtdicke: 0.1 mm

Spektrum I

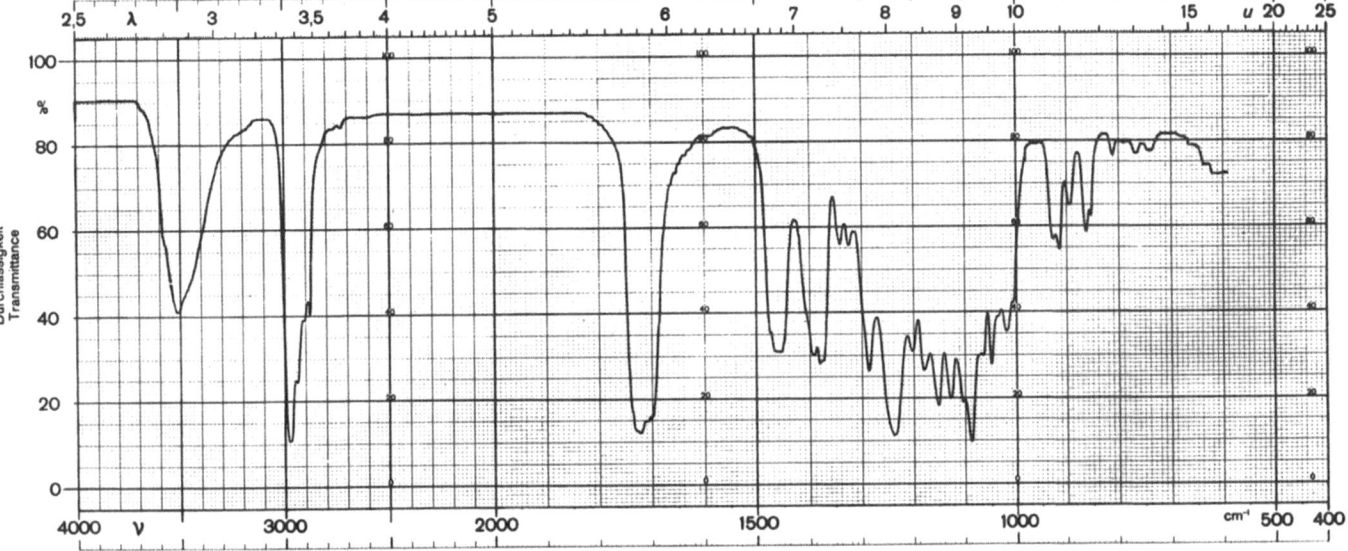

Spektrum II

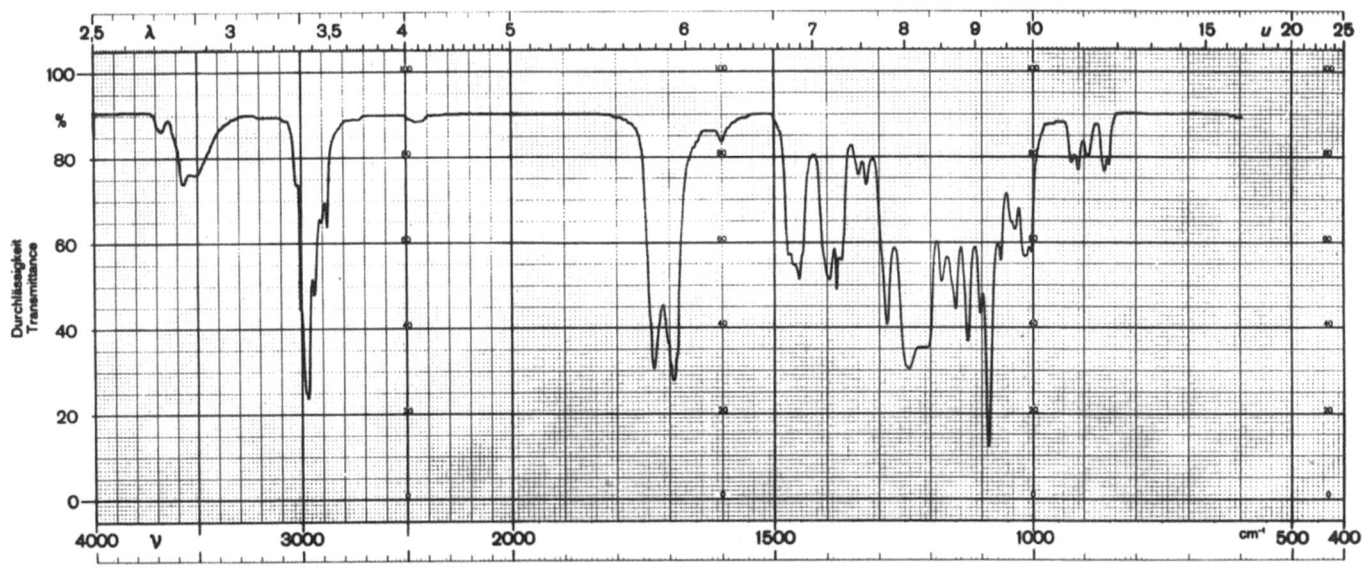

Pretsch/Seibl/Manz/Simon, ETH-Zürich
© Springer-Verlag Berlin Heidelberg 1985

P112

MS: Hitachi Perkin-Elmer
    Modell RMU-6M

m^*	m_1^+	$\longrightarrow$	m_2^+	+	$(m_1 - m_2)$
115.6	144		129		15
99.8	128		113		15
94.7	173		128		45
92.5	143		115		28
87.9	116		101		15
79.1	129		101		28
70.3	98		83		15
68.2	101		83		18
52.8	101		73		28
36.4	83		55		28
32.2	101		57		44

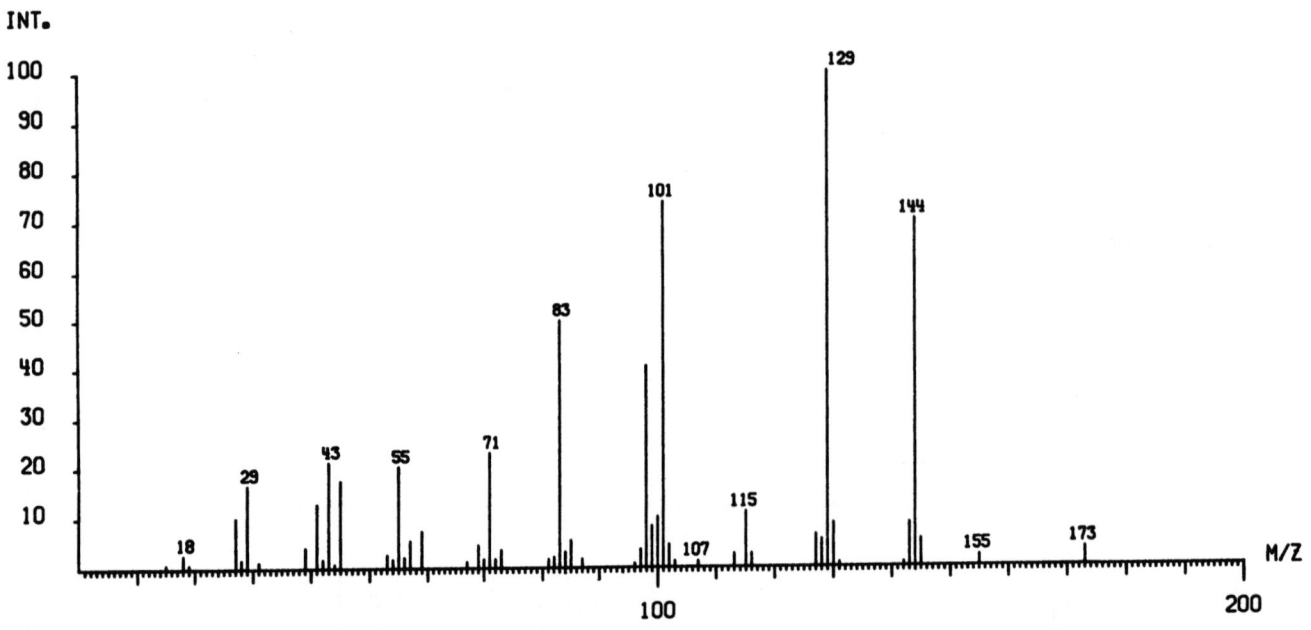

P112

^{13}C-NMR: Varian Modell XL-100 (25.2 MHz)
aufgenommen in CDCl$_3$

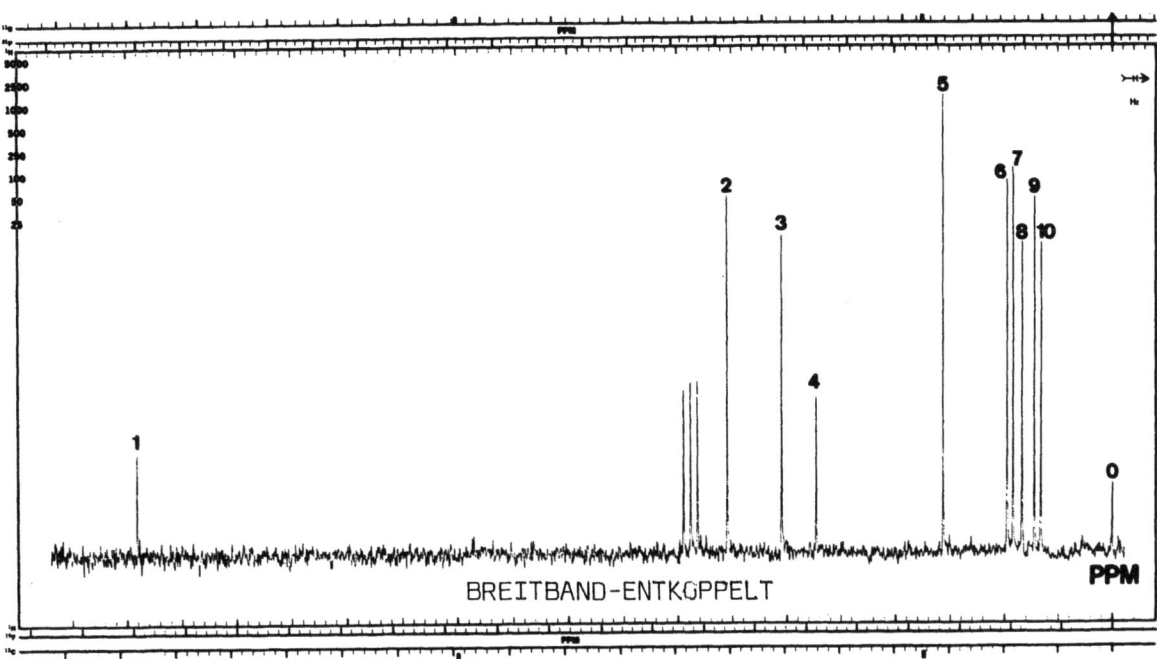

BREITBAND-ENTKOPPELT

Signal	Intensität	Chem.Verschiebung (PPM)	Multiplizität *)
1	46	177.1	S
2	159	70.5	D
3	142	60.6	T
4	72	54.3	S
5	205	31.1	D
6	166	19.4	Q
7	172	18.3	Q
8	138	16.6	Q
9	159	14.3	Q
10	138	13.1	Q

*) im partiell entkoppelten Spektrum

UV: keine intensive Absorption oberhalb λ = 200 nm.

P112

^{1}H-NMR: Varian Modell HA-100 (100 MHz)
Sweep Width: 1000 Hz

A: aufgenommen in CDCl$_3$
B: aufgenommen in CDCl$_3$ + D$_2$O; wässrige Phase abpipettiert

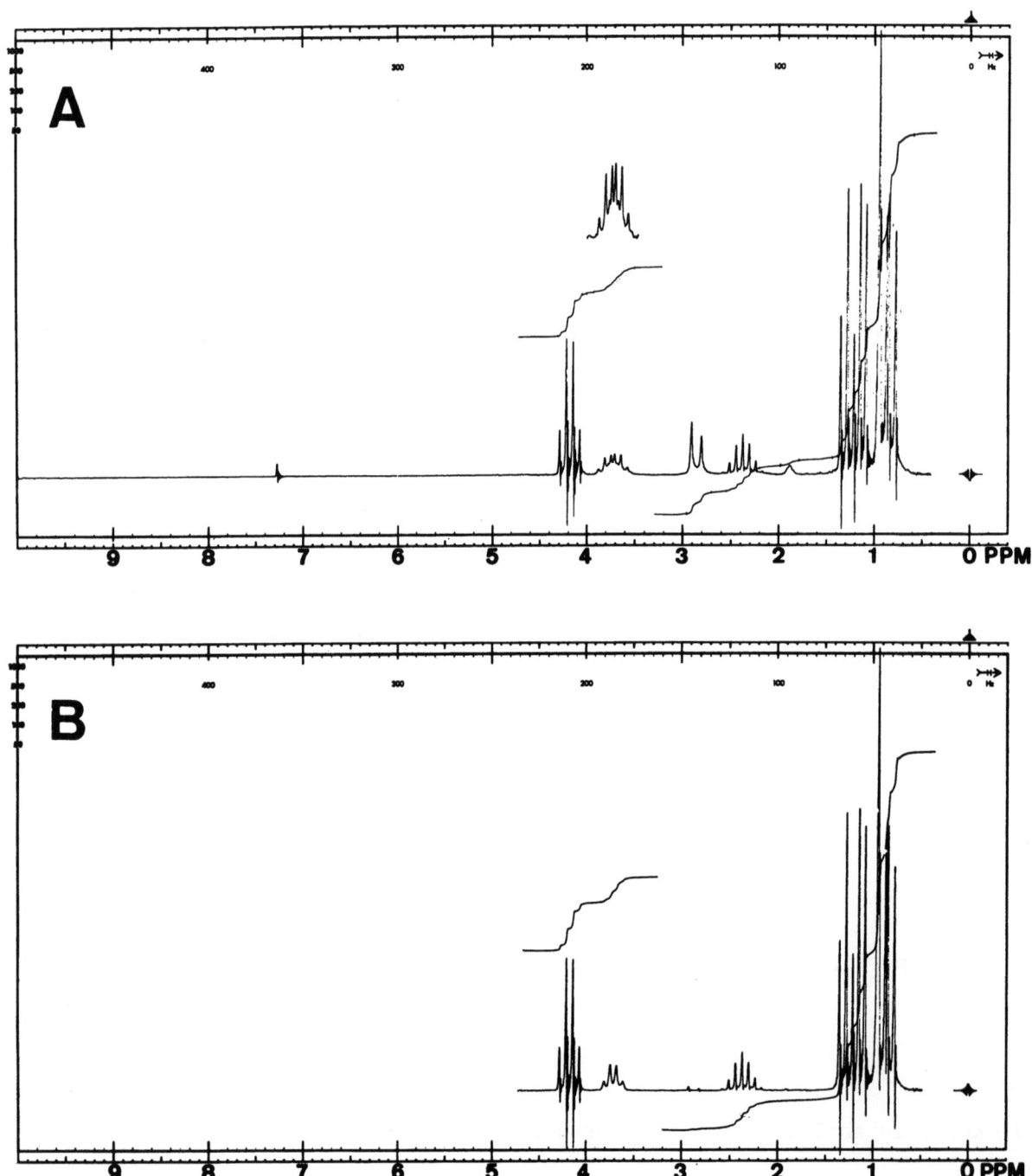

Q43

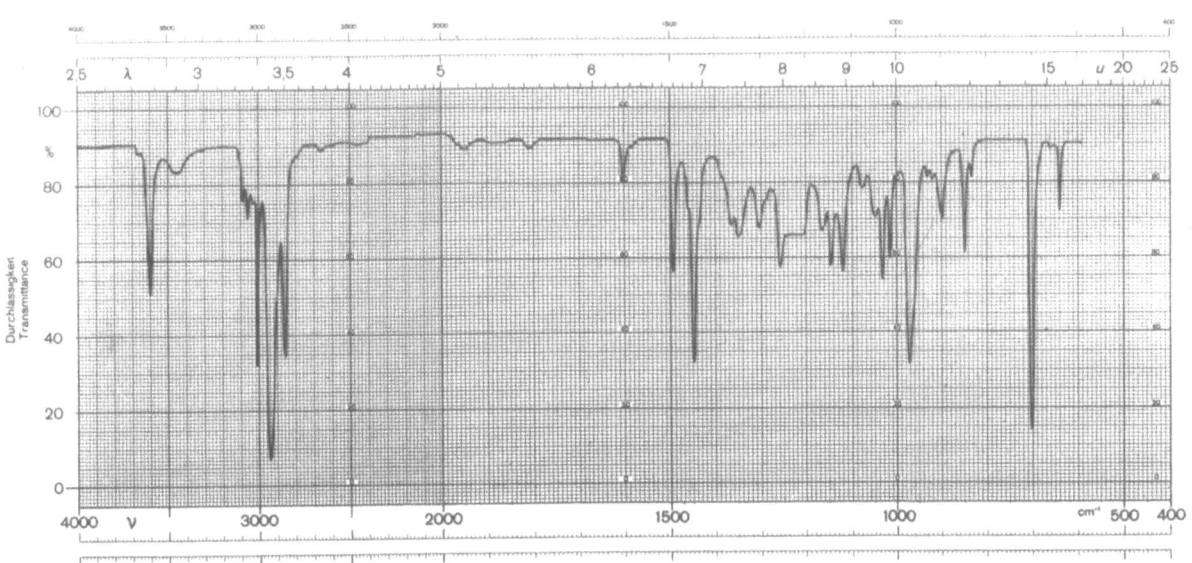

IR: Perkin-Elmer Modell 125
aufgenommen in $CHCl_3$
Schichtdicke 0.1 mm

MS: Hitachi Perkin-Elmer
Modell RMU-6M

m^*	$m_1^+ \rightarrow m_2^+$		$+ \; (m_1 - m_2)$	m^*	$m_1^+ \rightarrow m_2^+$		$+ \; (m_1 - m_2)$
129.4	158	143	15	91.9	120	105	15
114.6	143	128	15	81.8	176	120	56
113.2	147	129	18	56.5	105	77	28
101.7	130	115	15	22.7	133	55	78
100.5	176	133	43				

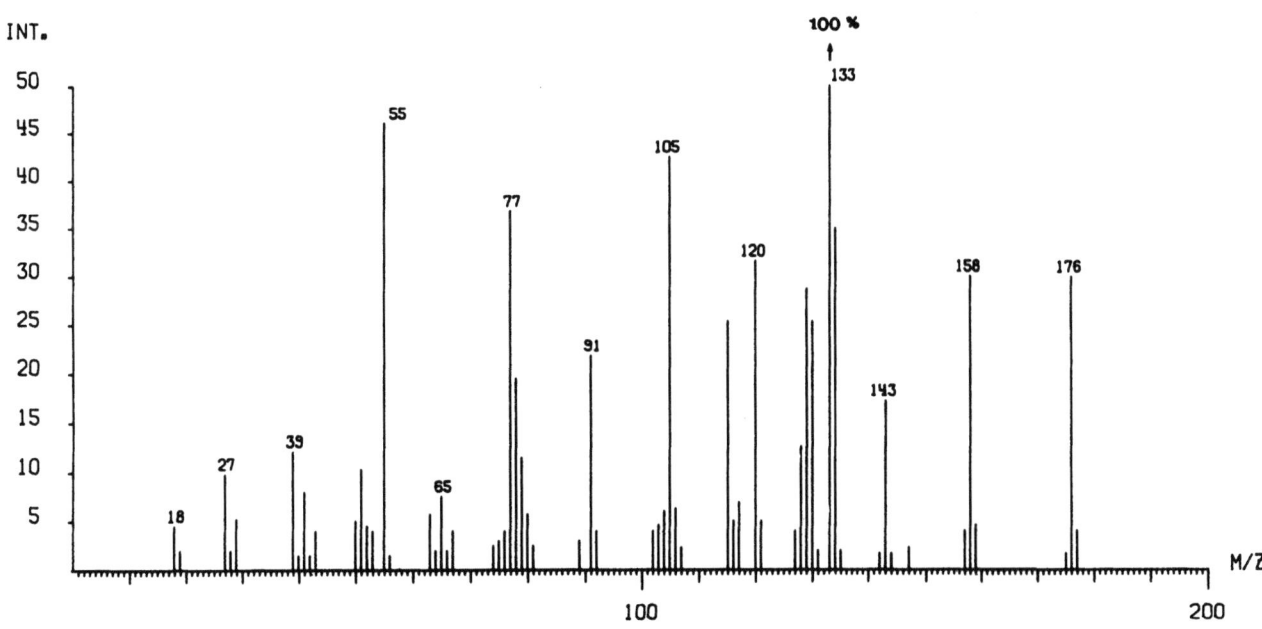

Q43

^{13}C-NMR: Bruker Spectrospin Modell WP-200 SY (50 MHz) aufgenommen in CDCl$_3$

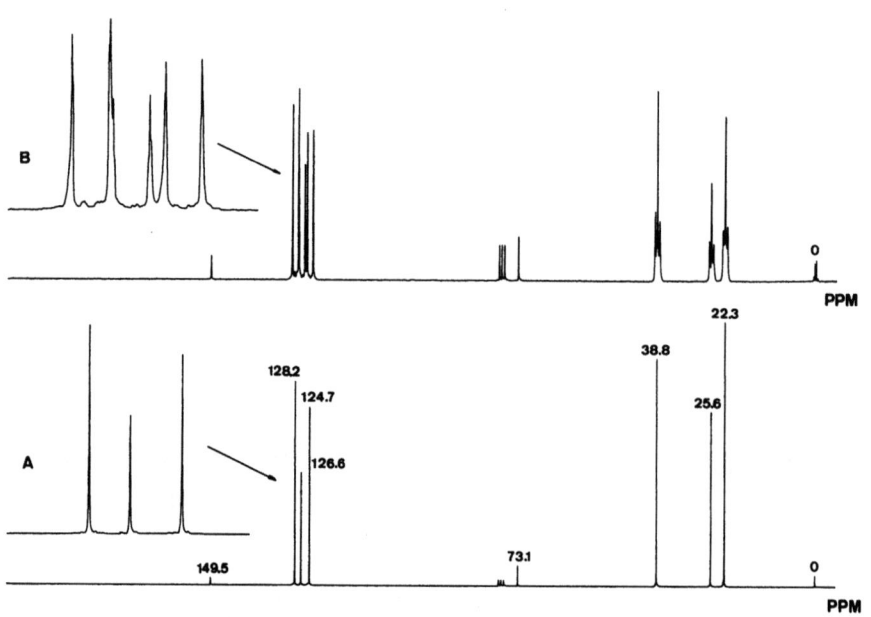

A: breitbandentkoppeltes Spektrum
B: off-resonance entkoppeltes Spektrum

Q43

^{1}H-NMR: Varian Modell HA-100 (100 MHz)
Sweep Width: 1000 Hz
aufgenommen in CDCl$_3$

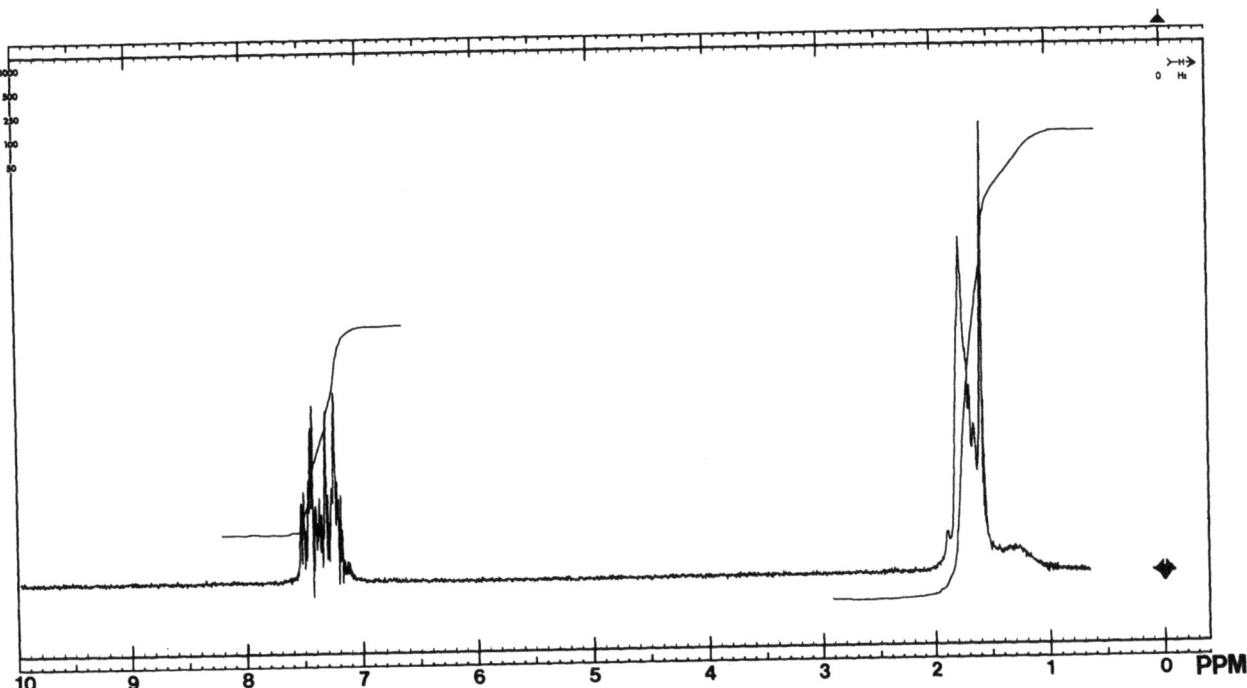

UV: Perkin-Elmer Modell 555
aufgenommen in CH$_3$CH$_2$OH

λ_{max} [nm]	ε
263	160
257	220
252	180
247	140

Für Notizen

Q 59

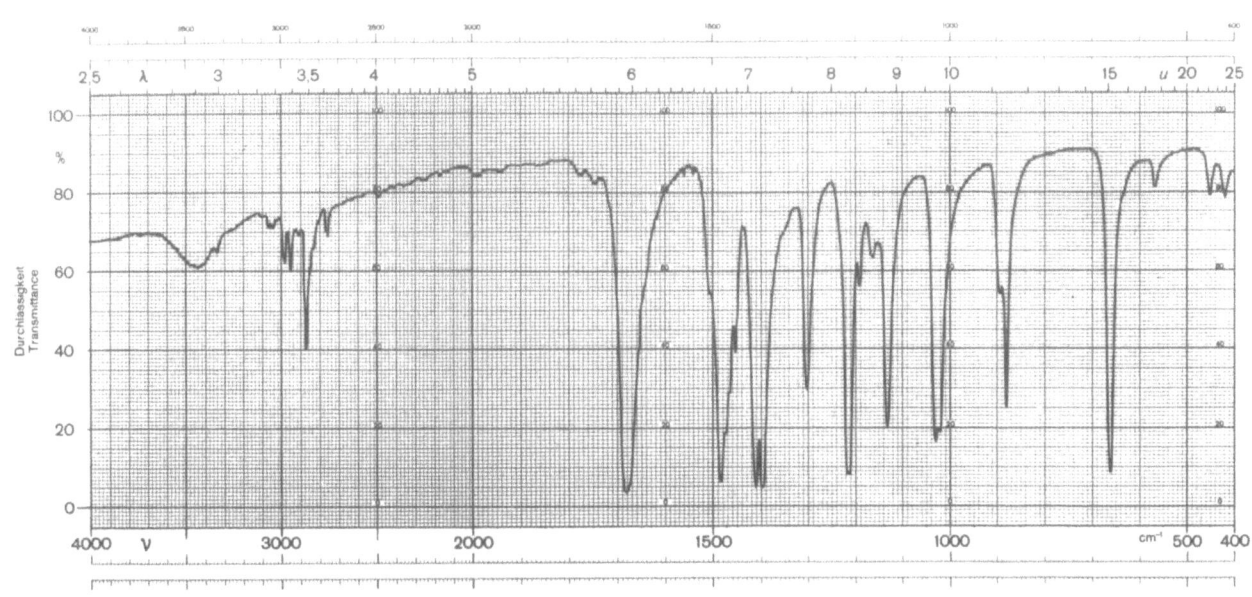

IR: Perkin-Elmer Modell 125
aufgenommen in KBr

MS: Hitachi Perkin-Elmer
Modell RMU-6M

m^*	$m_1^+ \longrightarrow m_2^+$	+	$(m_1 - m_2)$	m^*	$m_1^+ \longrightarrow m_2^+$	+	$(m_1 - m_2)$
159.7	194 176		18	124.5	176 148		28
140.3	194 165		29	110.8	162 134		28
127.4	179 151		28	56.5	105 77		28

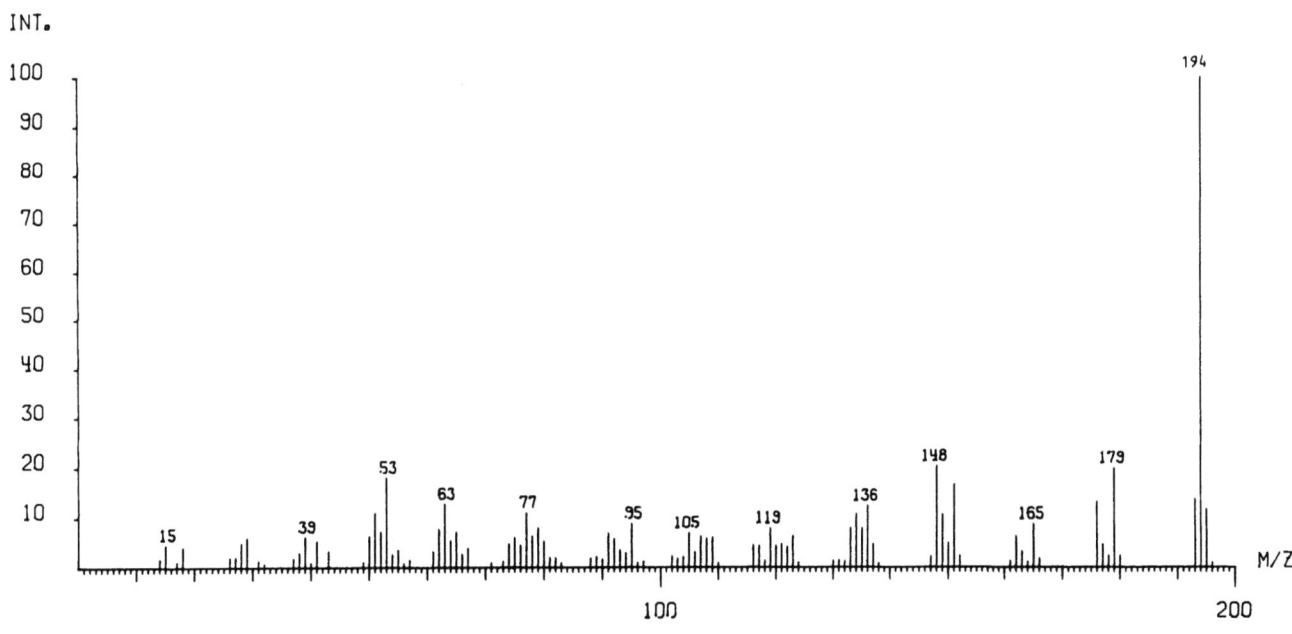

Pretsch/Seibl/Manz/Simon, ETH-Zürich
© Springer-Verlag Berlin Heidelberg 1985

Q59

^{13}C-NMR: Bruker Spectrospin Modell WP-200 SY (50 MHz)
aufgenommen in Benzol-d$_6$

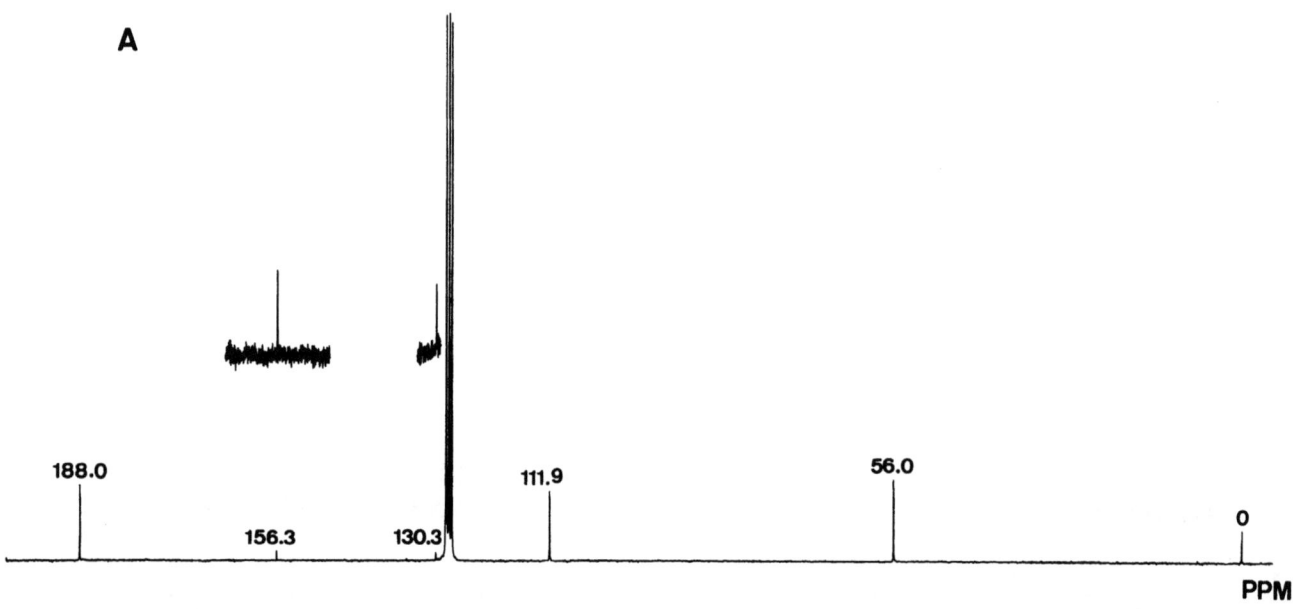

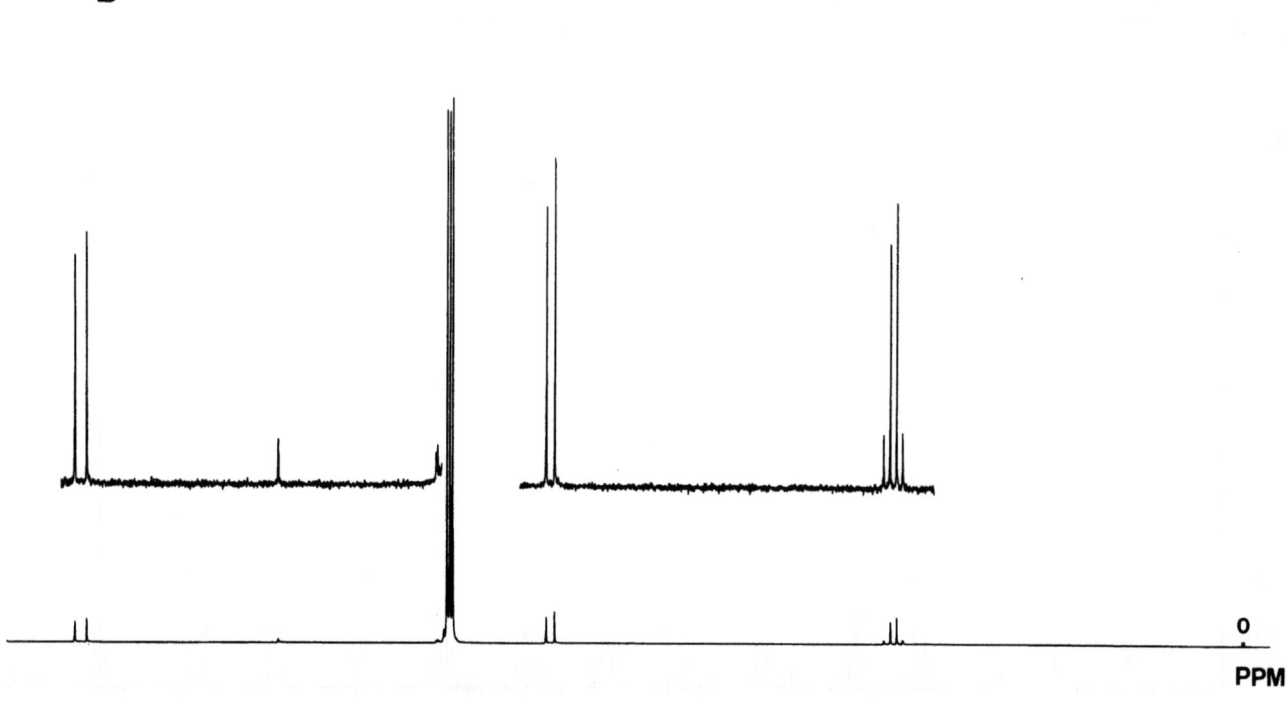

A: breitbandentkoppeltes Spektrum
B: off-resonance entkoppeltes Spektrum

Q 59

^{1}H-NMR: Bruker Spectrospin Modell WP-200 SY (200 MHz)
aufgenommen in DMSO-d$_6$

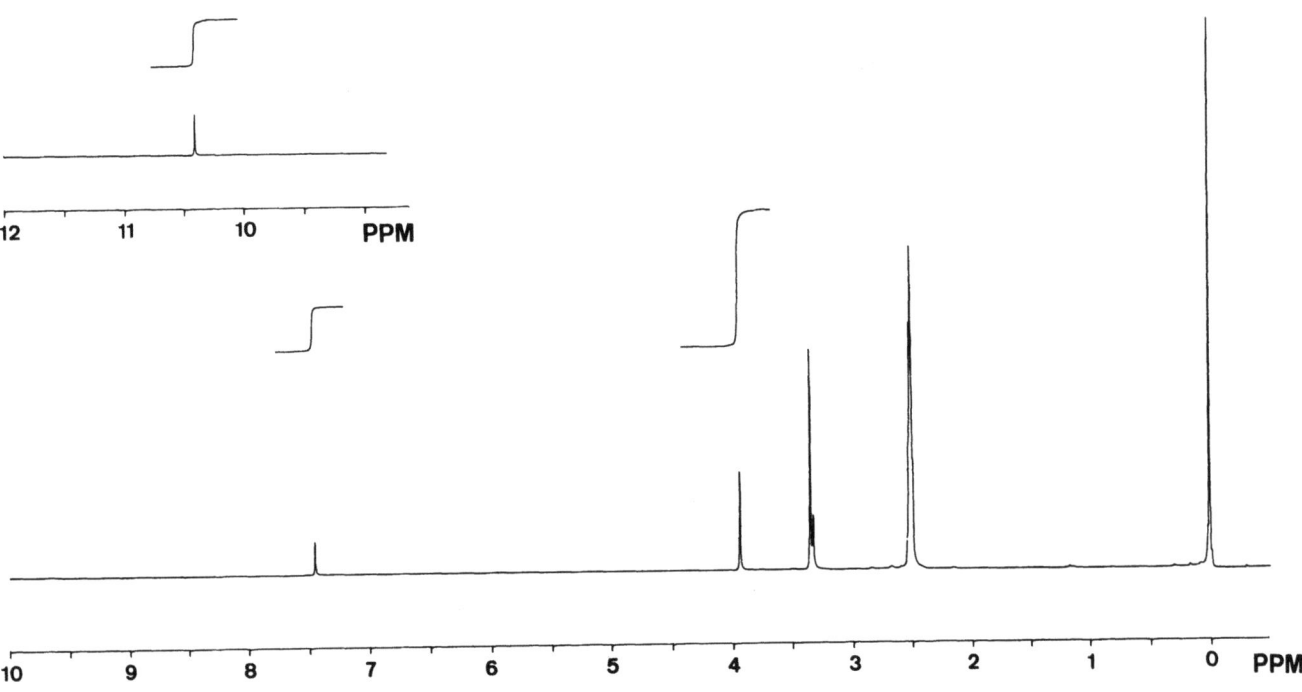

UV: Kontron Uvikon 810
aufgenommen in CH$_3$CH$_2$OH

λ_{max} [nm]	ε
361	3700
265	10400
224	16100

Für Notizen

Q31

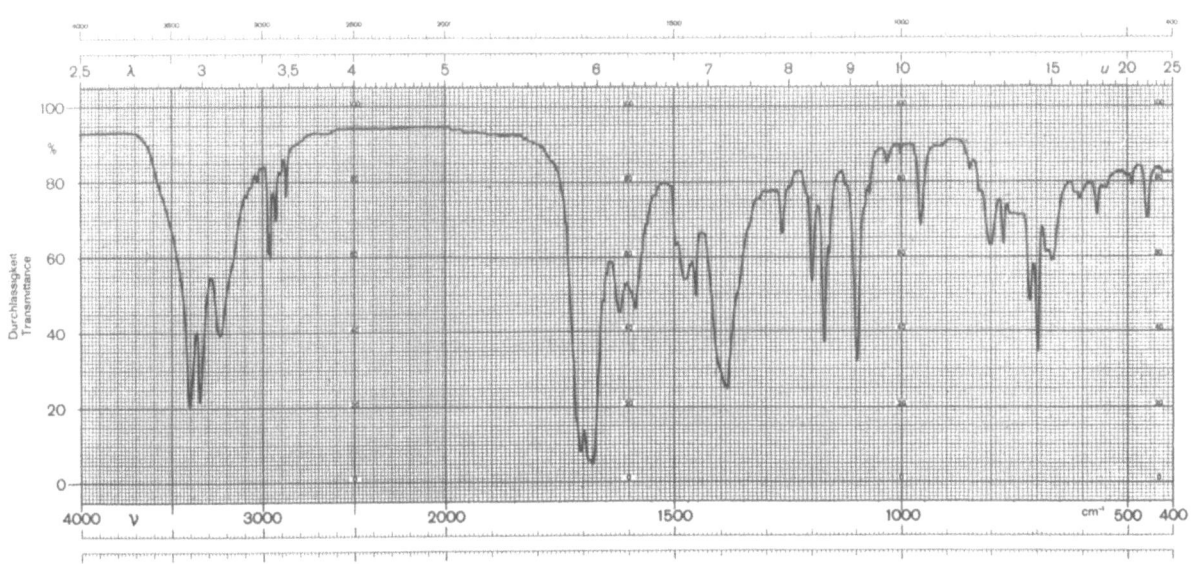

IR: Perkin-Elmer Modell 125
aufgenommen in KBr

MS: Hitachi Perkin-Elmer
Modell RMU-6M

m^*	m_1^+	$\longrightarrow$	m_2^+	$+$	$(m_1 - m_2)$
103.5	206		146		60
95.4	146		118		28
69.6	119		91		28
46.4	91		65		26

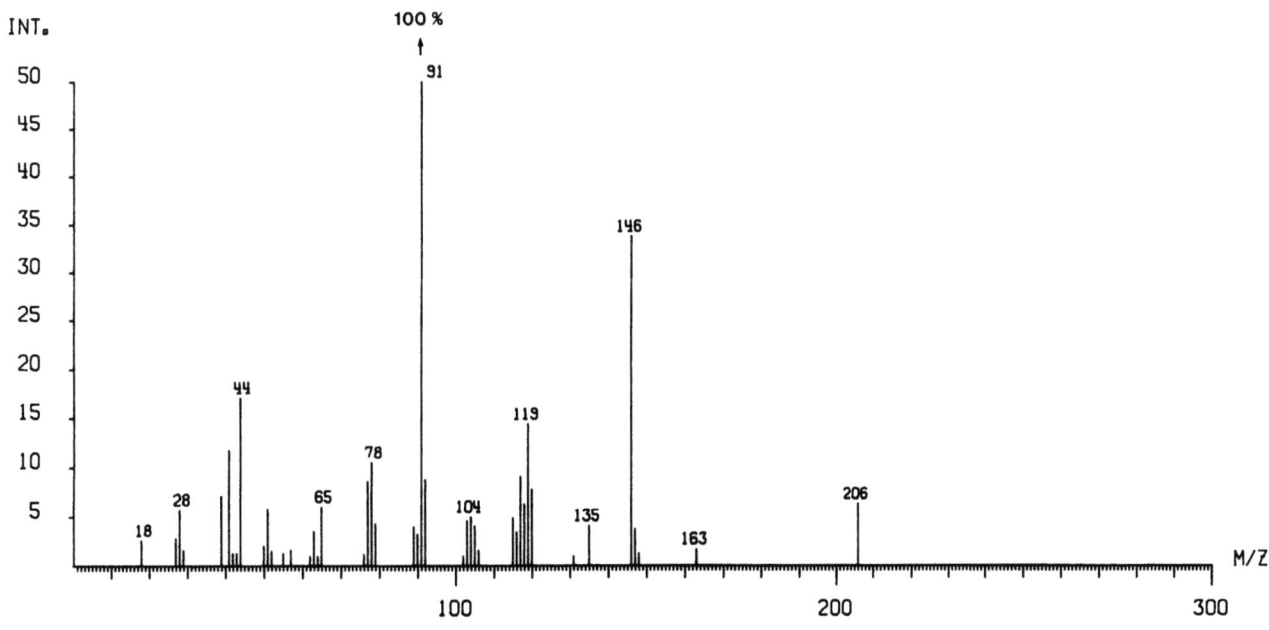

Pretsch/Seibl/Manz/Simon, ETH-Zürich
© Springer-Verlag Berlin Heidelberg 1985

Q31

^{13}C-NMR: Bruker Spectrospin Modell WP-200 SY (50 MHz) aufgenommen in DMSO-d_6

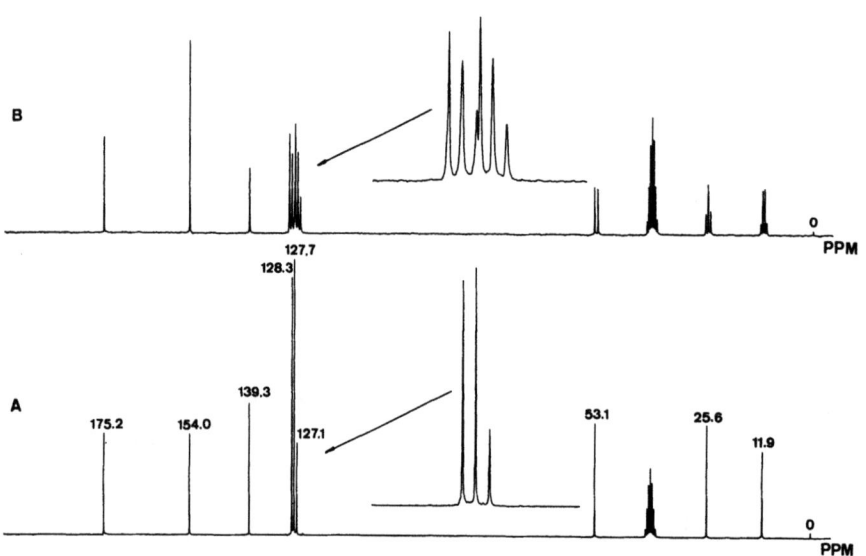

A: breitbandentkoppeltes Spektrum
B: off-resonance entkoppeltes Spektrum

Q31

^{13}C-NMR: Bruker Spectrospin Modell WP-200 SY (50 MHz) aufgenommen in DMSO-d_6

A : breitbandentkoppeltes Spektrum

B - D: Kombinationen von DEPT-Spektren

   B: CH$_3$-Teilspektrum

   C: CH$_2$-Teilspektrum

   D: CH-Teilspektrum

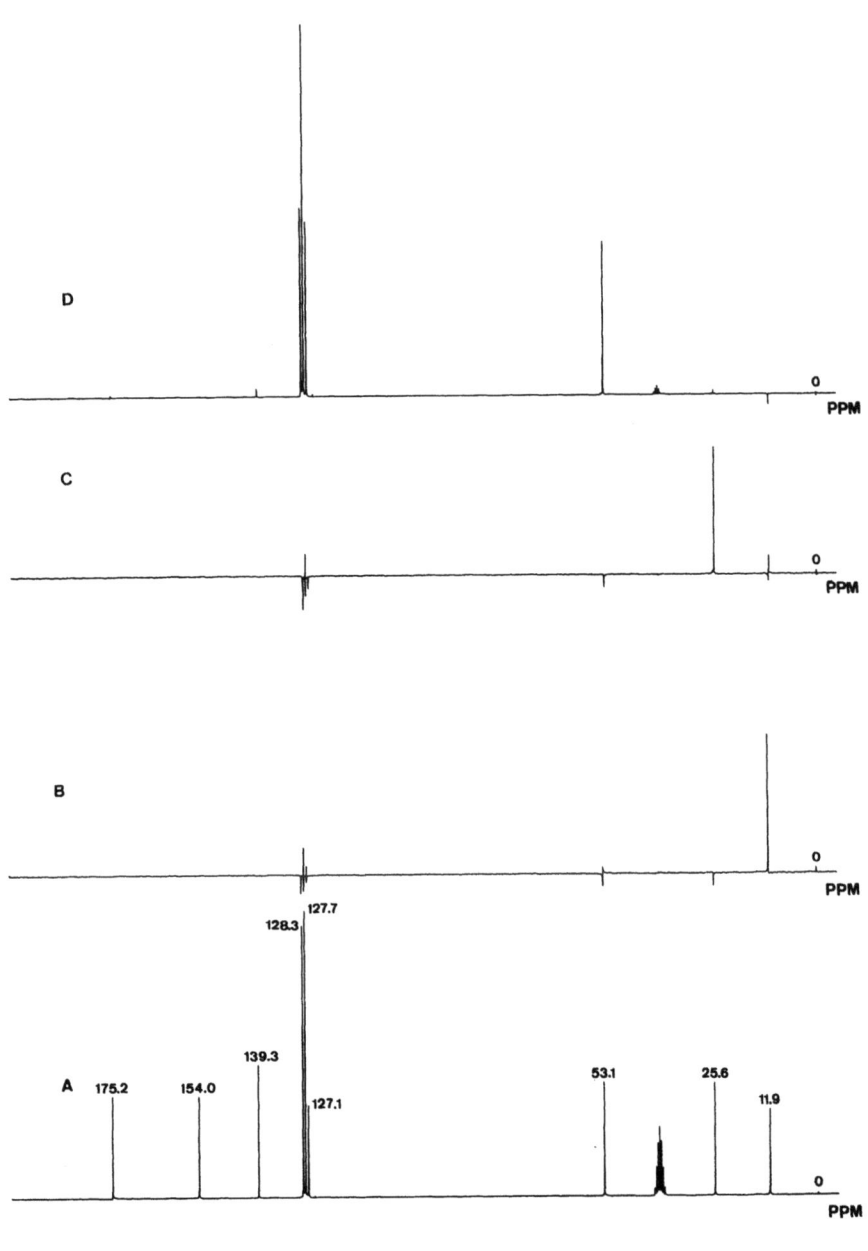

Q31

^{1}H-NMR: Bruker Spectrospin Modell WP-200 SY (200 MHz)
aufgenommen in CDCl$_3$ / DMSO-d$_6$

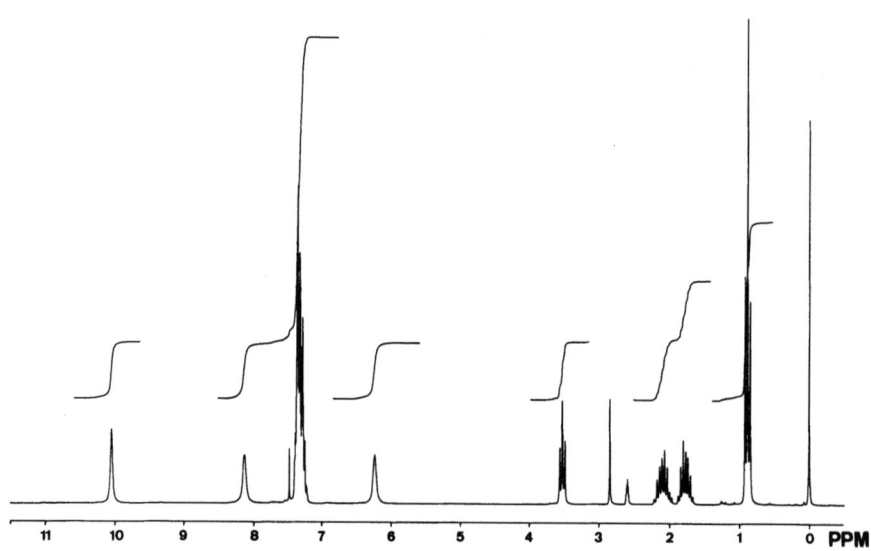

UV: Perkin-Elmer Modell 555
aufgenommen in CH$_3$CH$_2$OH

λ_{max} [nm]	ε
264	250
257	400
231	1200

Q 58

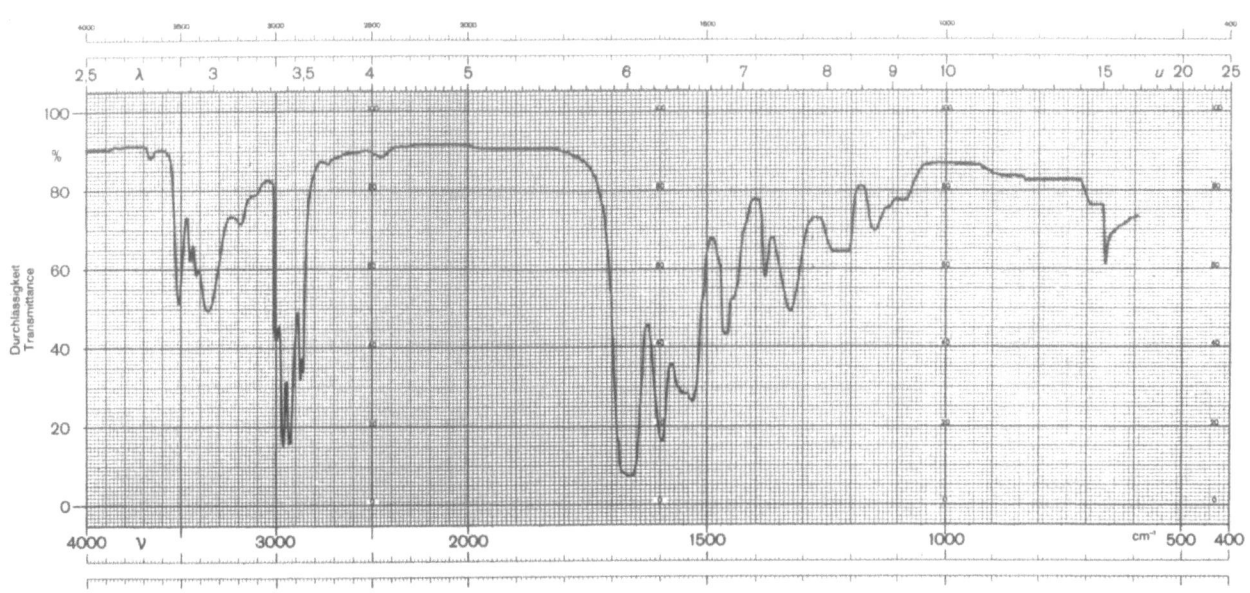

IR: Perkin-Elmer Modell 125
   aufgenommen in $CHCl_3$
   Schichtdicke 0.1 mm

MS: Hitachi Perkin-Elmer
    Modell RMU-6M

m^*	m_1^+	$\longrightarrow$	m_2^+	+	$(m_1 - m_2)$	m^*	m_1^+	$\longrightarrow$	m_2^+	+	$(m_1 - m_2)$
118.9	172		143		29	72.9	172		112		60
96.8	172		129		43	61.5	112		83		29
78.2	172		116		56	36.4	83		55		28
76.9	172		115		57	21.6	172		61		111

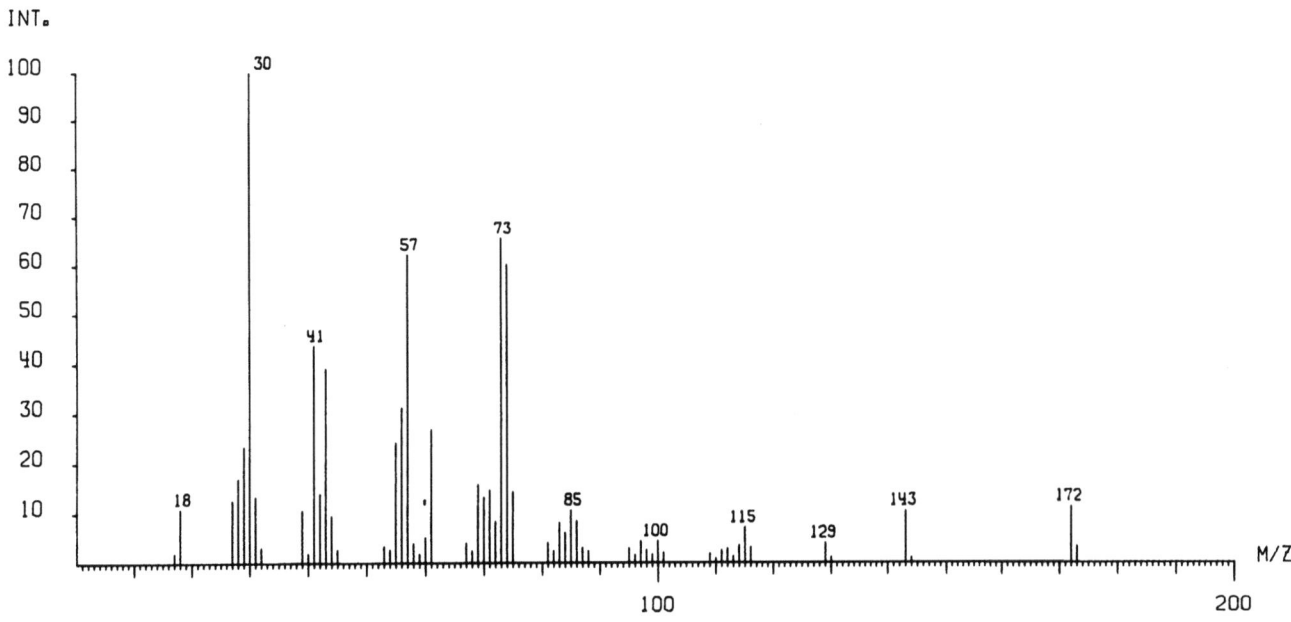

Pretsch/Seibl/Manz/Simon, ETH-Zürich
© Springer-Verlag Berlin Heidelberg 1985

Q 58

^{13}C-NMR: Bruker Spectrospin Modell WP-200 SY (50 MHz)
aufgenommen in $CDCl_3$

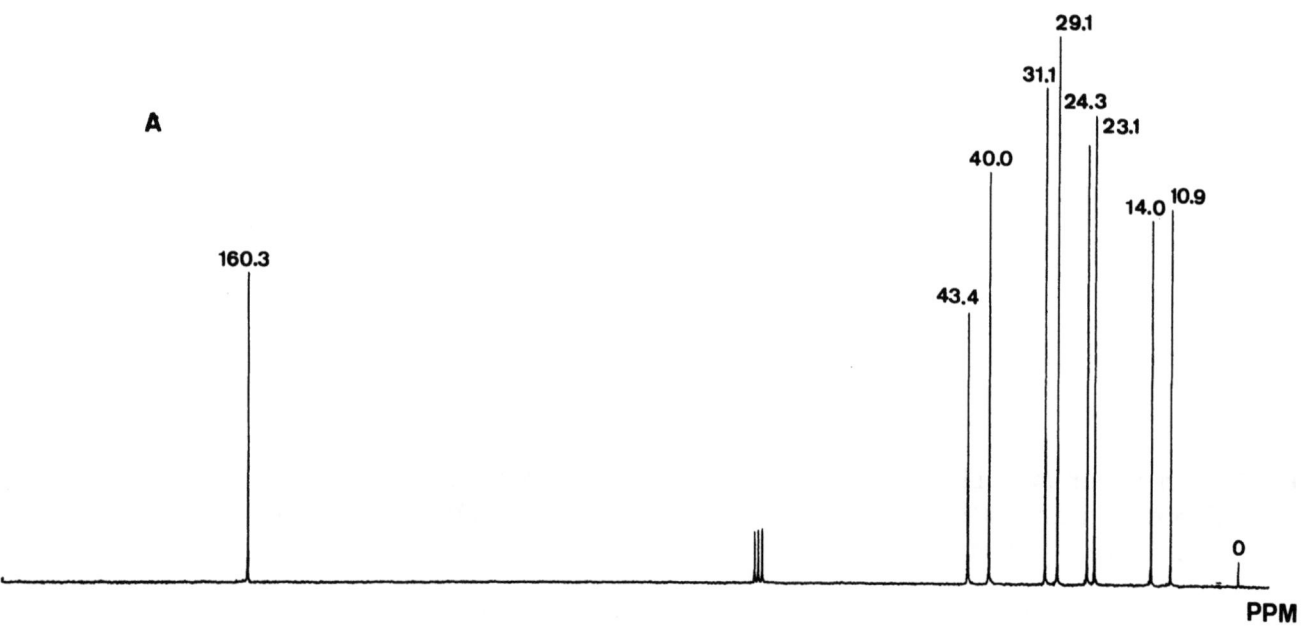

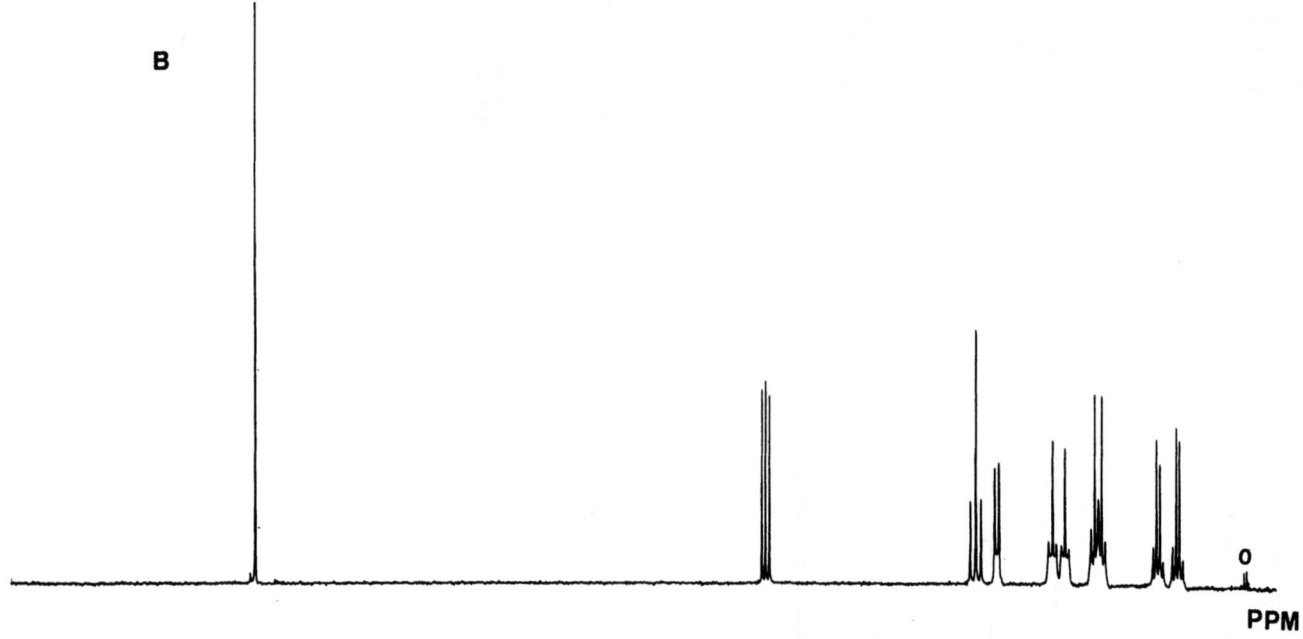

A: breitbandentkoppeltes Spektrum

B: off-resonance entkoppeltes Spektrum

Pretsch/Seibl/Manz/Simon, ETH-Zürich
© Springer-Verlag Berlin Heidelberg 1985

Q 58

^{1}H-NMR: Varian Modell HA-100 (100 MHz)
Sweep Width: 1000 Hz

A: aufgenommen in CDCl$_3$

B: aufgenommen in CDCl$_3$ + D$_2$O

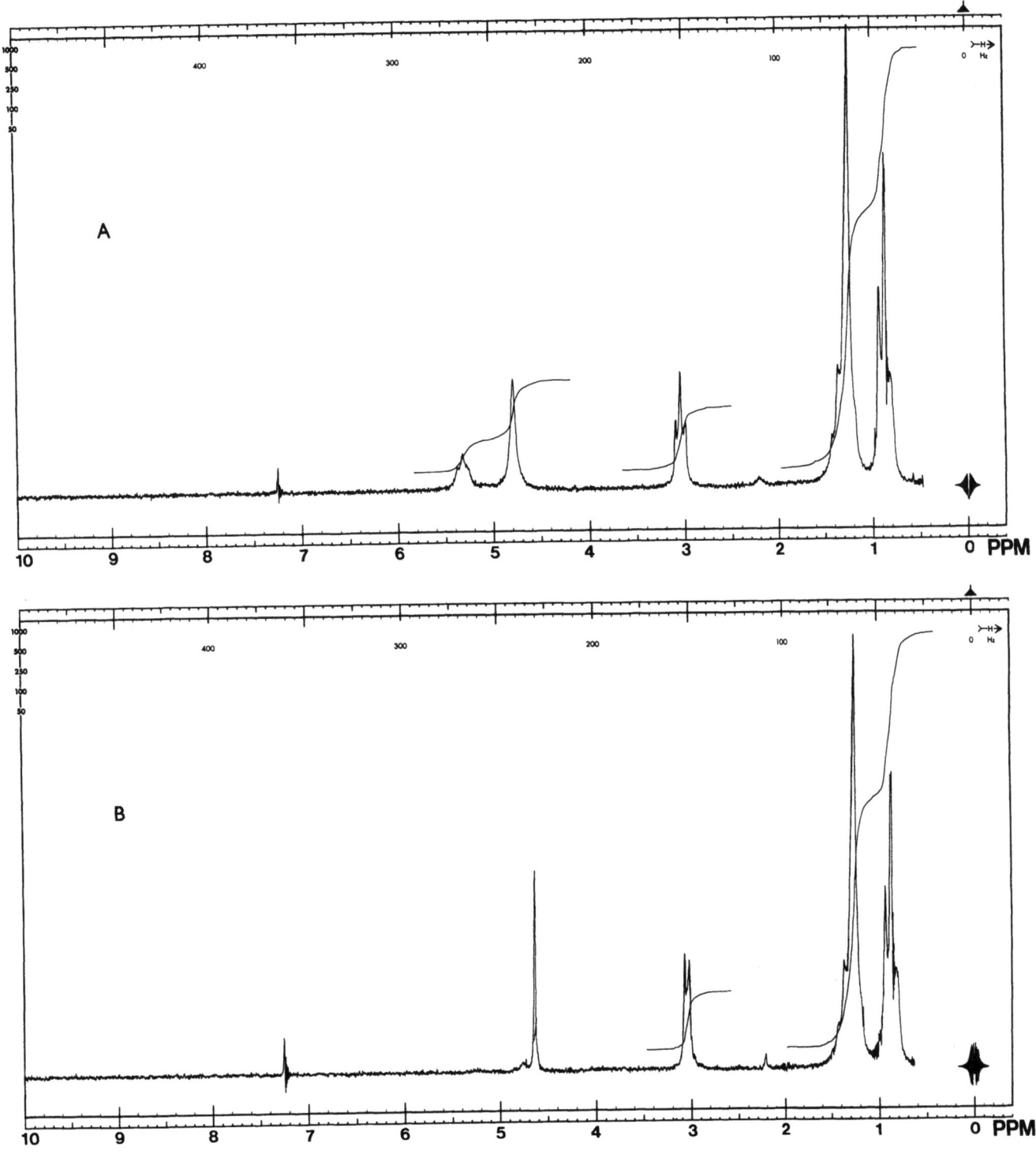

Für Notizen

IR: Perkin-Elmer Modell 125
aufgenommen in $CHCl_3$

Spektrum 1: Schichtdicke: 0.1 mm
Spektrum 2: Schichtdicke: 1.0 mm

Spektrum 1

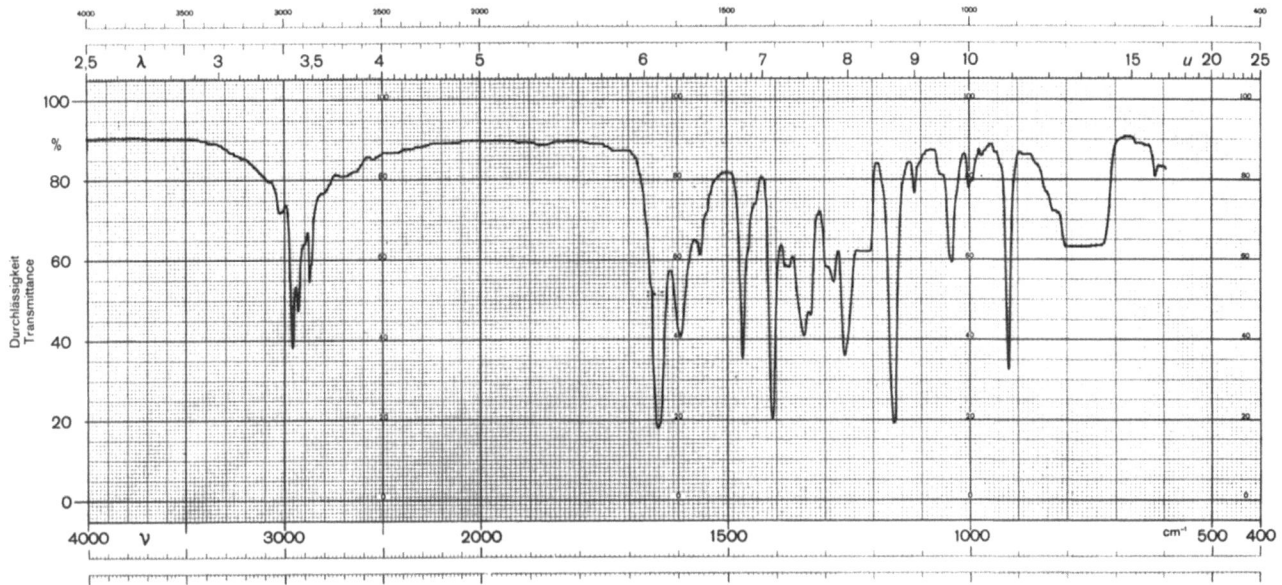

Spektrum 2

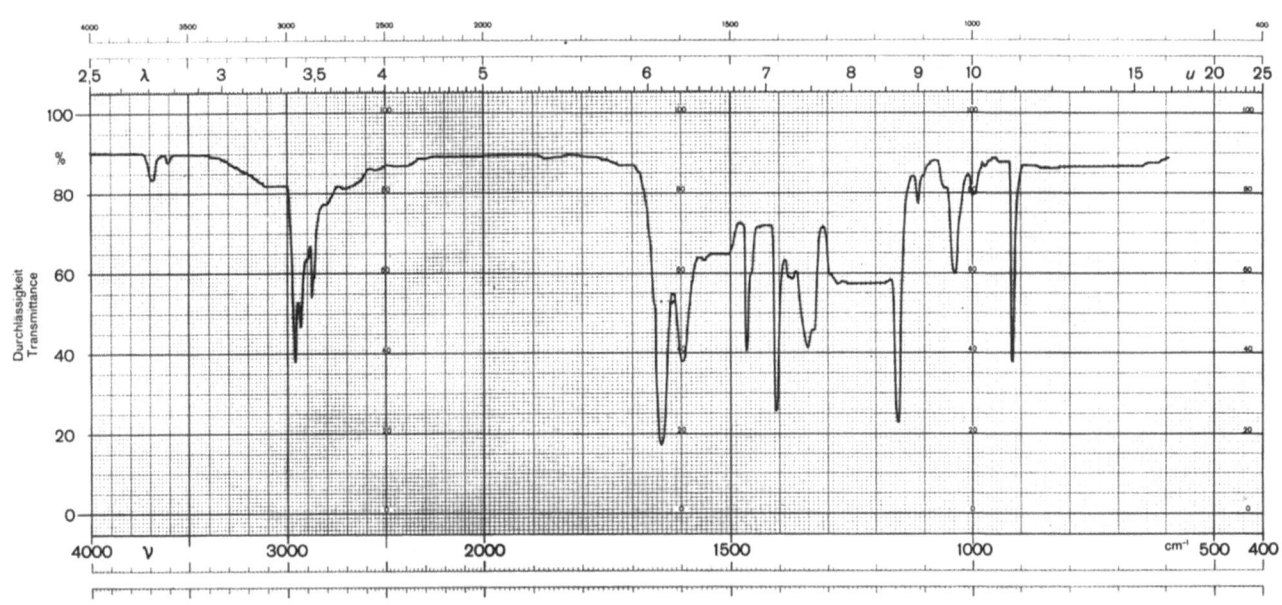

P93

¹H-NMR: Varian Modell HA-100 (100 MHz)
Sweep Width: 1000 Hz
Sweep Offset: 400 Hz
aufgenommen in $CDCl_3$

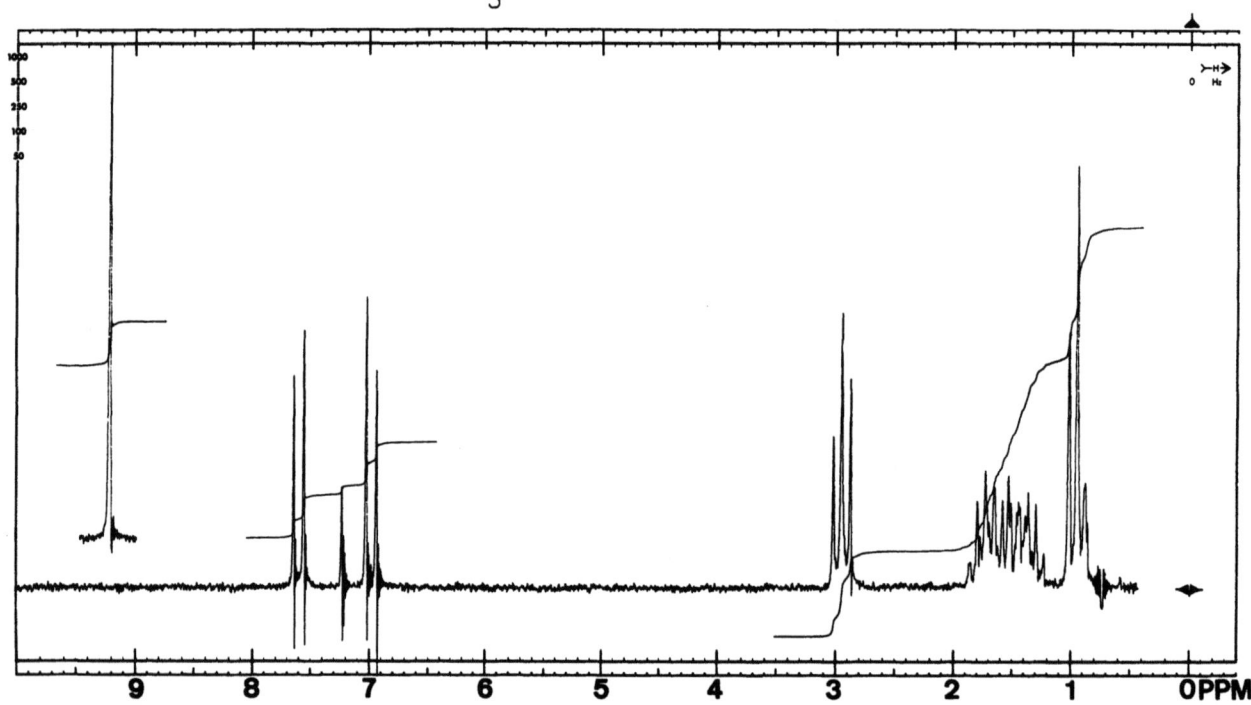

MS: Hitachi Perkin-Elmer Modell RMU-6M

m^*	m_1^+	$\rightarrow$ m_2^+	+ $(m_1 - m_2)$	m^*	m_1^+	$\rightarrow$ m_2^+	+ $(m_1 - m_2)$
175.1	204	189	15	137.1	189	161	28
169.2	246	204	42	109.9	161	133	28
152.6	217	182	35				

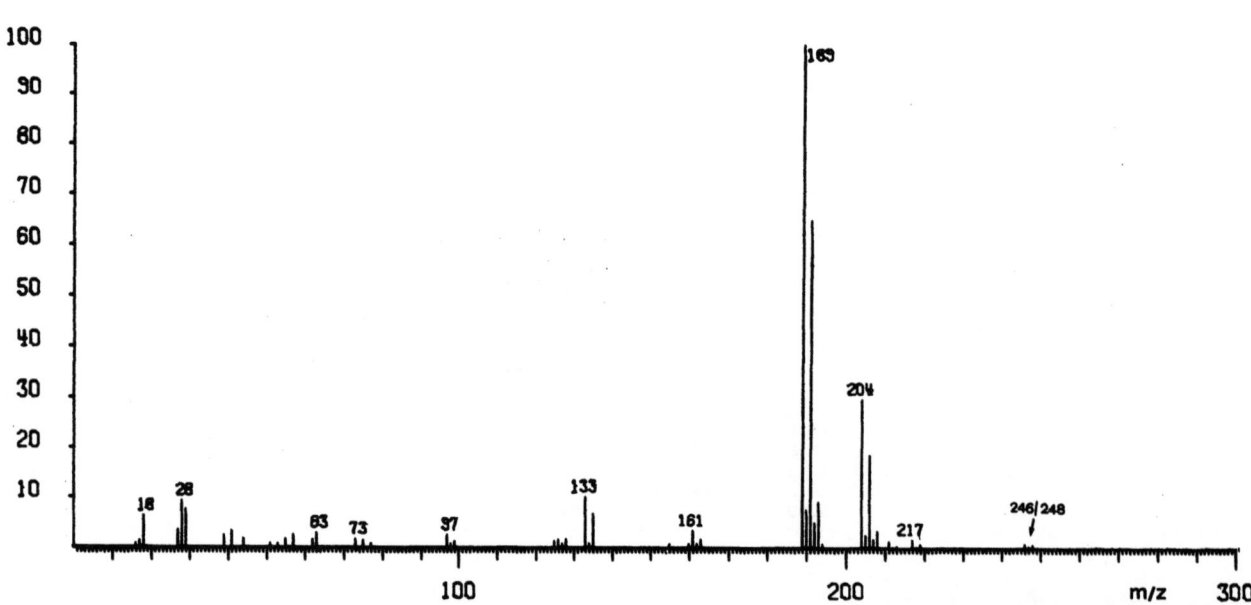

P93

¹³C-NMR: Varian Modell XL-100 (25.2 MHz)
aufgenommen in CDCl₃

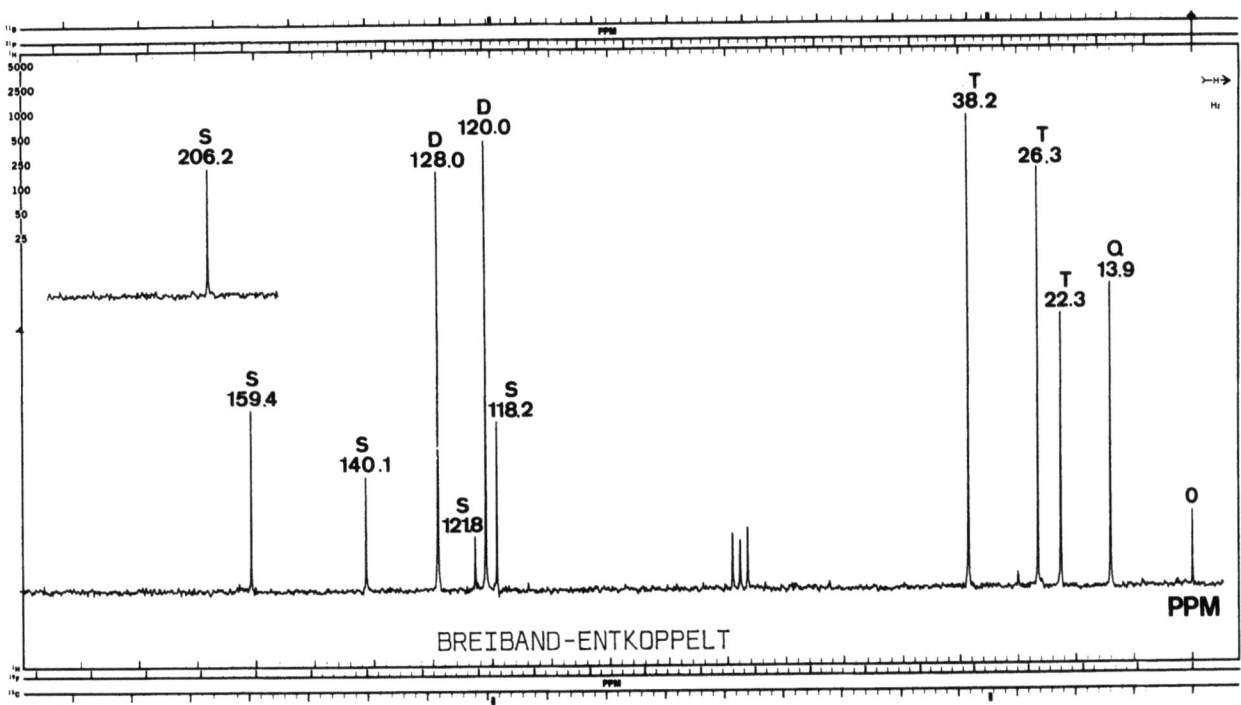

BREIBAND-ENTKOPPELT

UV: Perkin-Elmer Modell 555
aufgenommen in EtOH

λ_{max} (nm)	ε
220	20700
262	12600
325	4200

Für Notizen

P109

IR: Perkin-Elmer Modell 125
aufgenommen in KBr

MS: Hitachi Perkin-Elmer
Modell RMU-6M

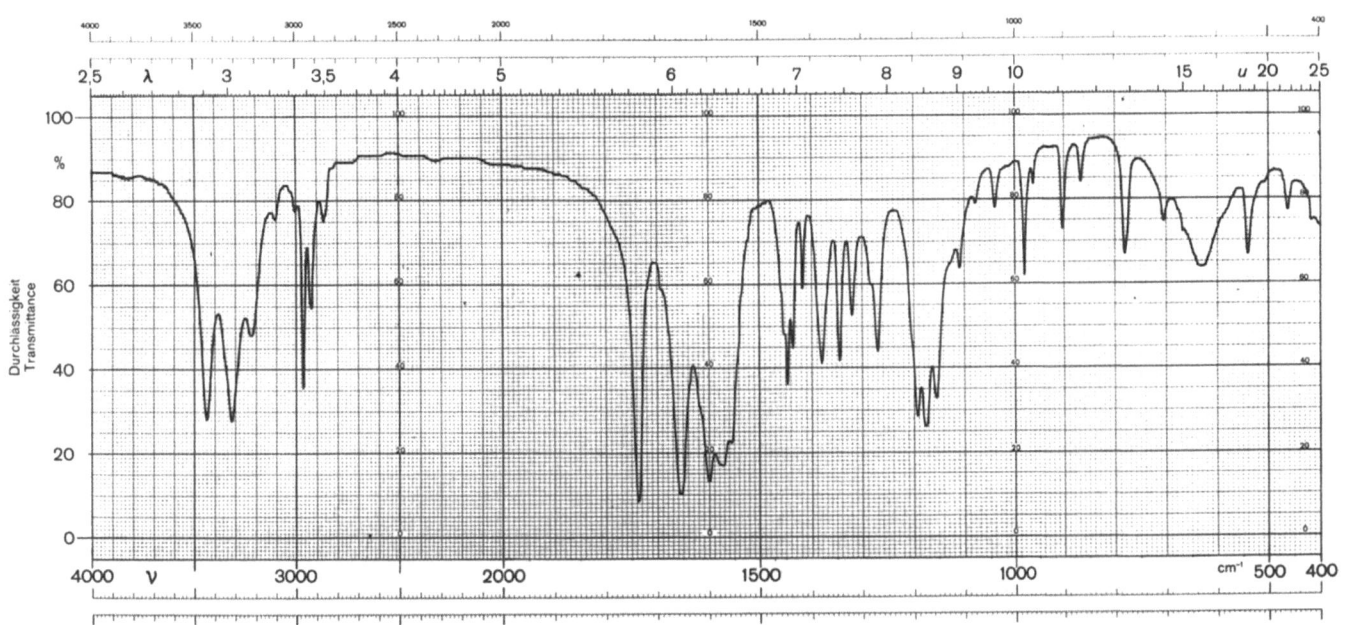

m*	m_1^+	$\rightarrow$ m_2^+	+ $(m_1 - m_2)$	m*	m_1^+	$\rightarrow$ m_2^+	+ $(m_1 - m_2)$
97.1	174	130	44	33.3	101	58	43
60.8	116	84	32	32.5	100	57	43
37.3	87	57	30	19.3	87	41	46
37.3	84	56	28				

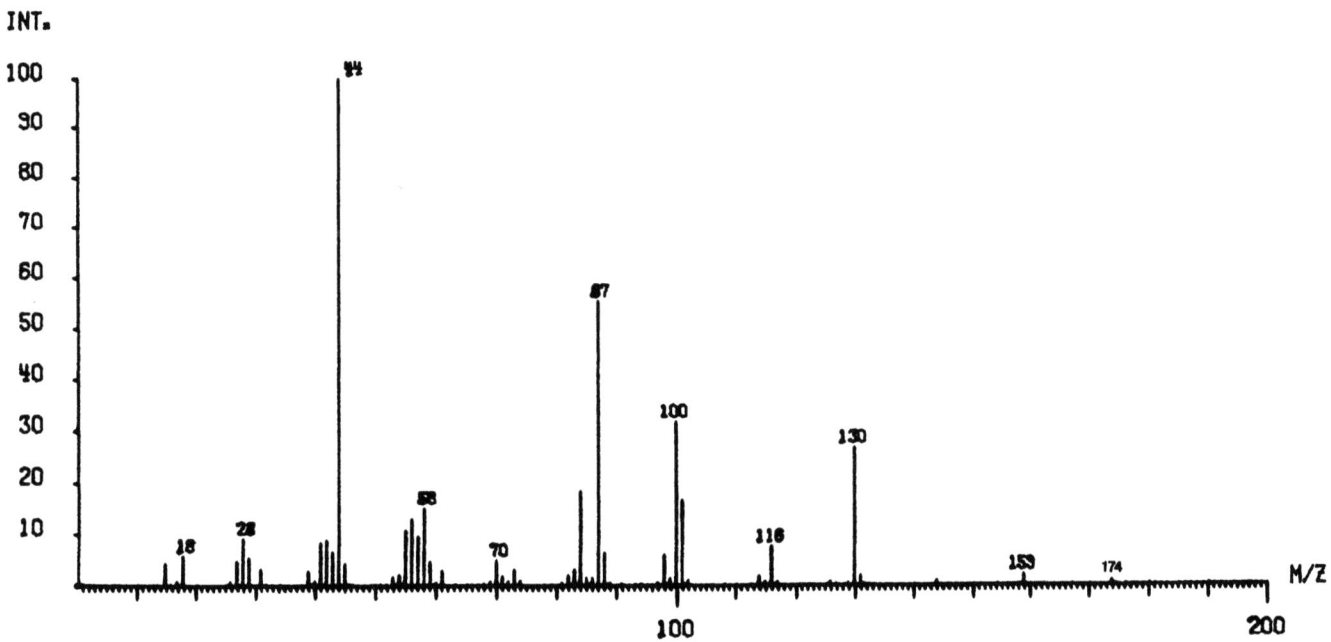

Pretsch/Seibl/Manz/Simon, ETH-Zürich
© Springer-Verlag Berlin Heidelberg 1985

P109

^{13}C-NMR: Varian Modell XL-100 (25.2 MHz)
aufgenommen in CDCl$_3$

oben: off-resonance entkoppelt
unten: breitbandentkoppelt

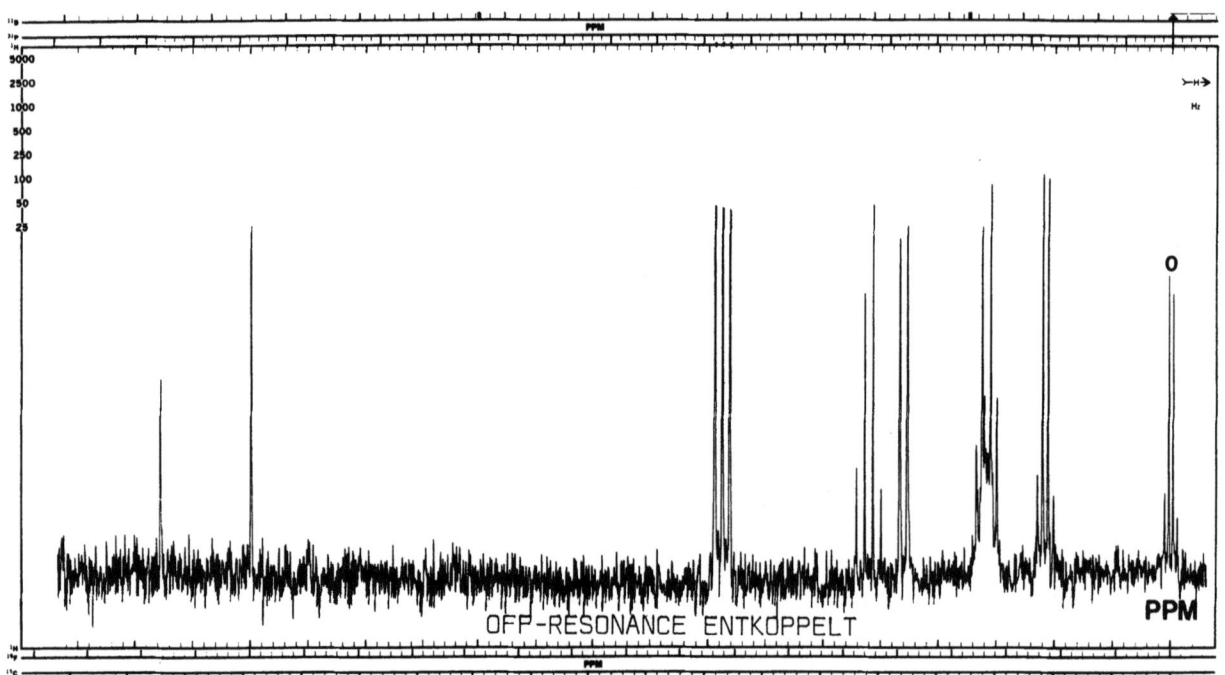

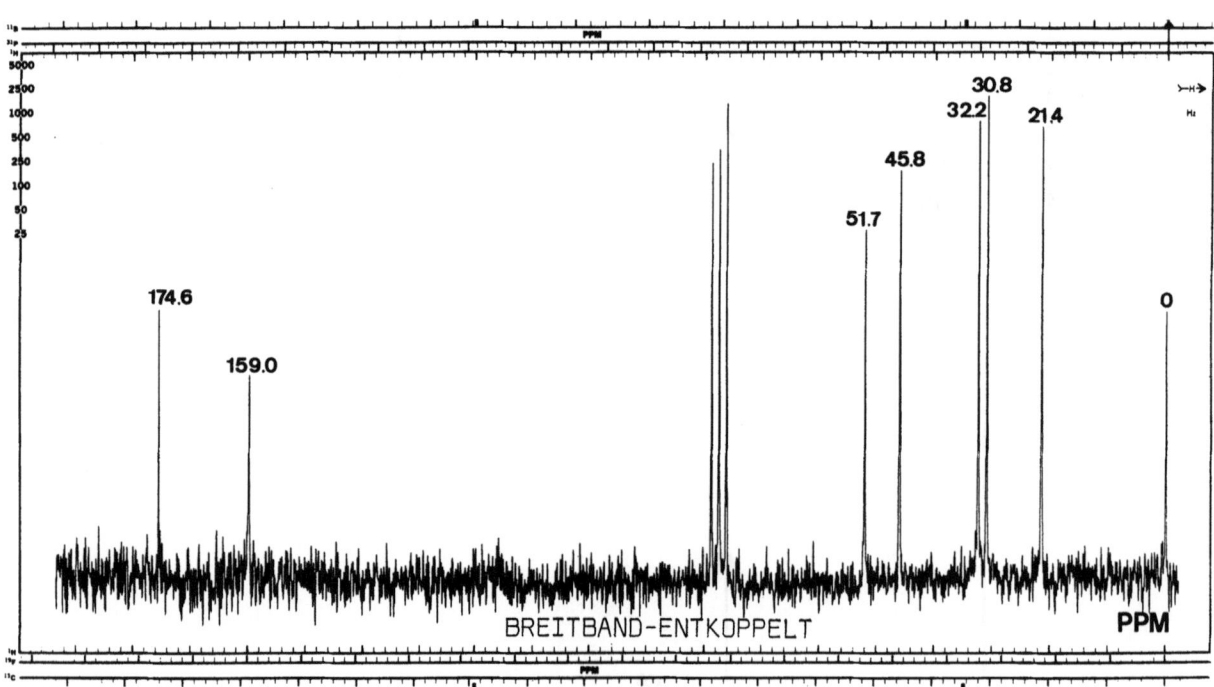

UV: Perkin-Elmer Modell 555
aufgenommen in EtOH

$$\lambda_{max} = 200 \text{ nm } (\varepsilon = 1000).$$

P109

^{1}H-NMR: Varian Modell HA-100(100 MHz)
Sweep Width: 1000 Hz

Spektrum A: aufgenommen in CDCl$_3$
Spektrum B: aufgenommen in CDCl$_3$ + D$_2$O

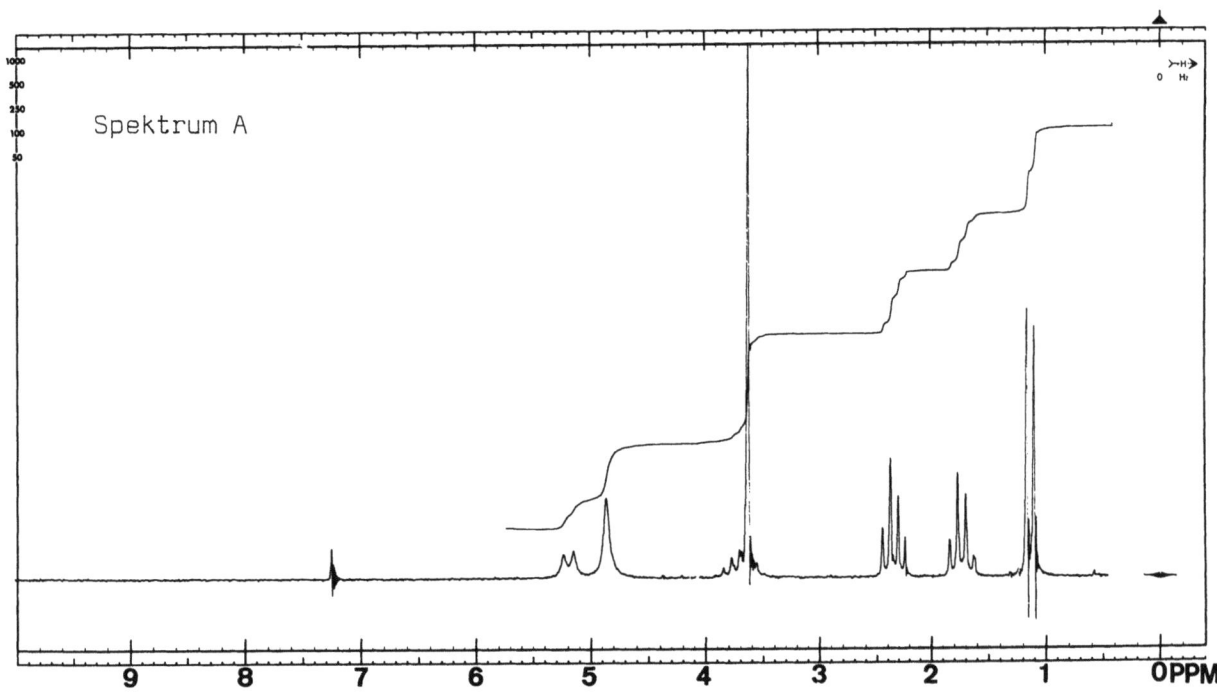

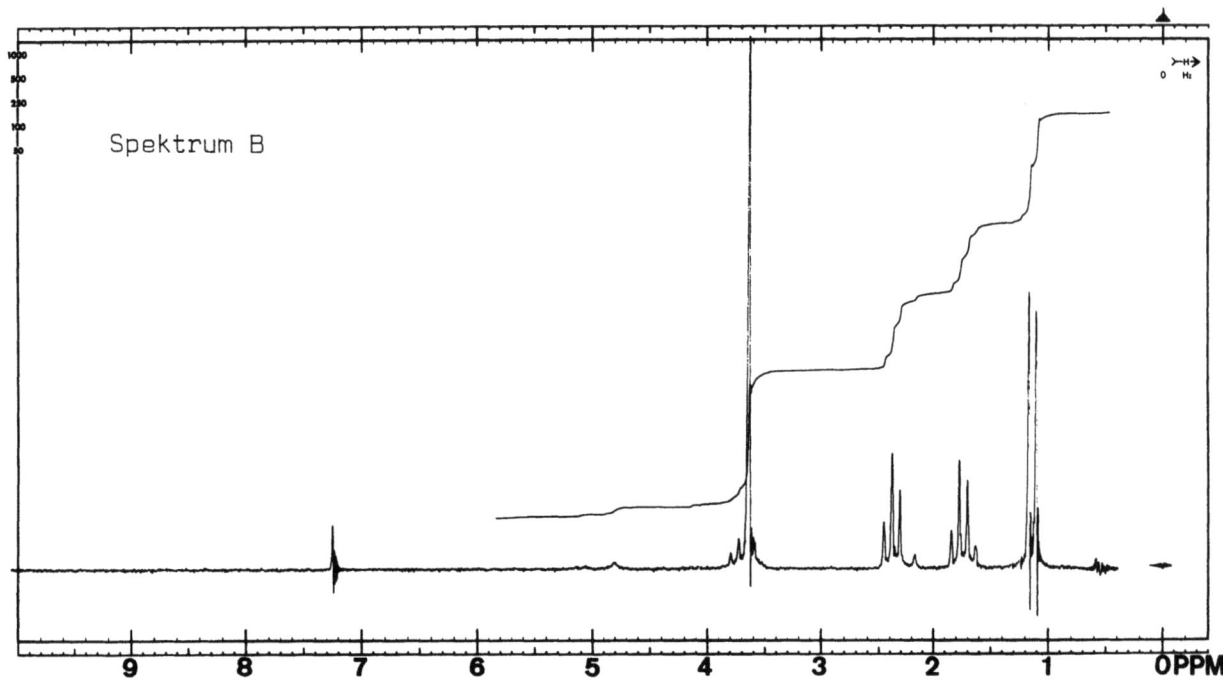

Pretsch/Seibl/Manz/Simon, ETH-Zürich
© Springer-Verlag Berlin Heidelberg 1985

Für Notizen

R7

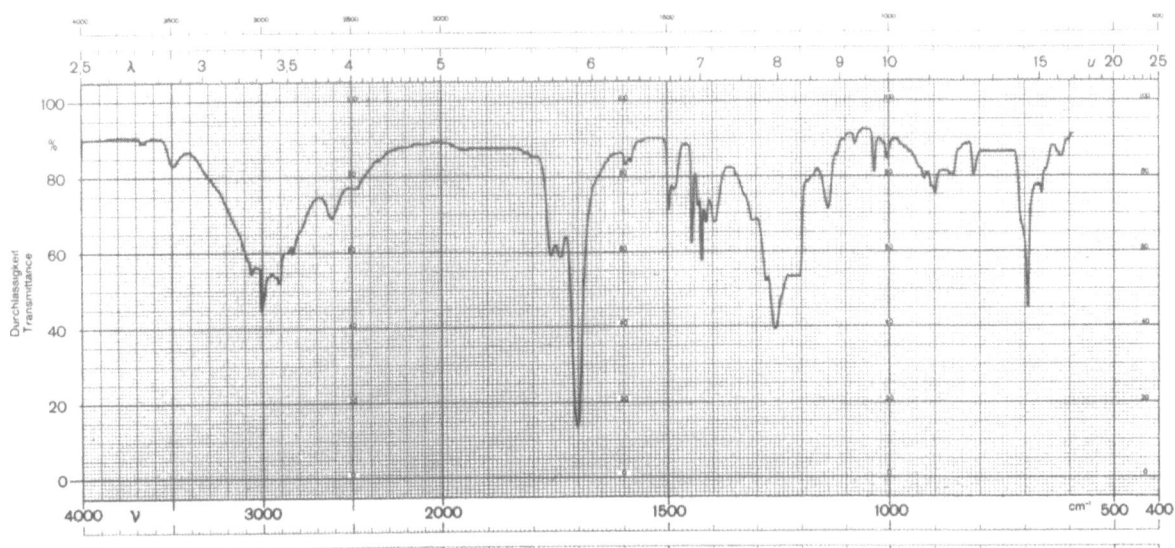

IR: Perkin-Elmer 125
aufgenommen in CHCl$_3$

MS: Hitachi Perkin-Elmer
RMU-6M

m^*	$\rightarrow$	m_1^+	m_2^+	Δm
158.4		240	195	45
75.1		195	121	74
49.0		121	77	44
33.8		77	51	26

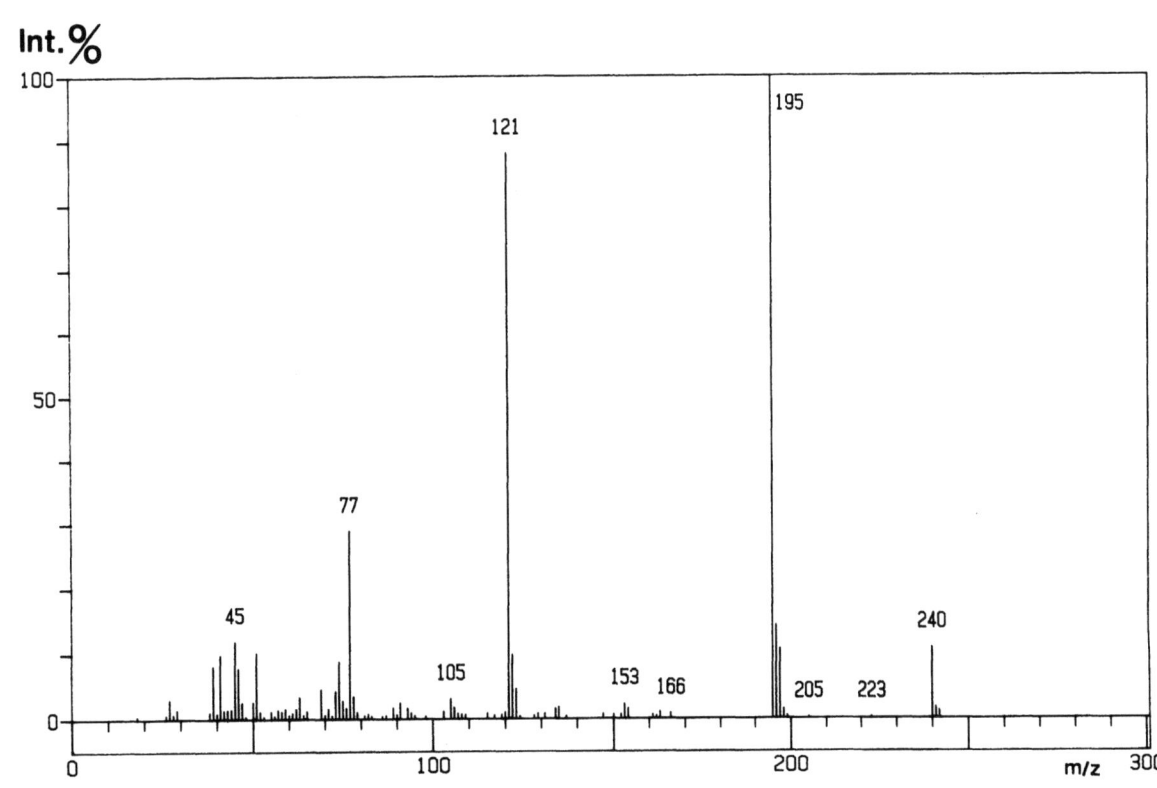

Pretsch/Seibl/Manz/Simon, ETH-Zürich
© Springer-Verlag Berlin Heidelberg 1985

R7

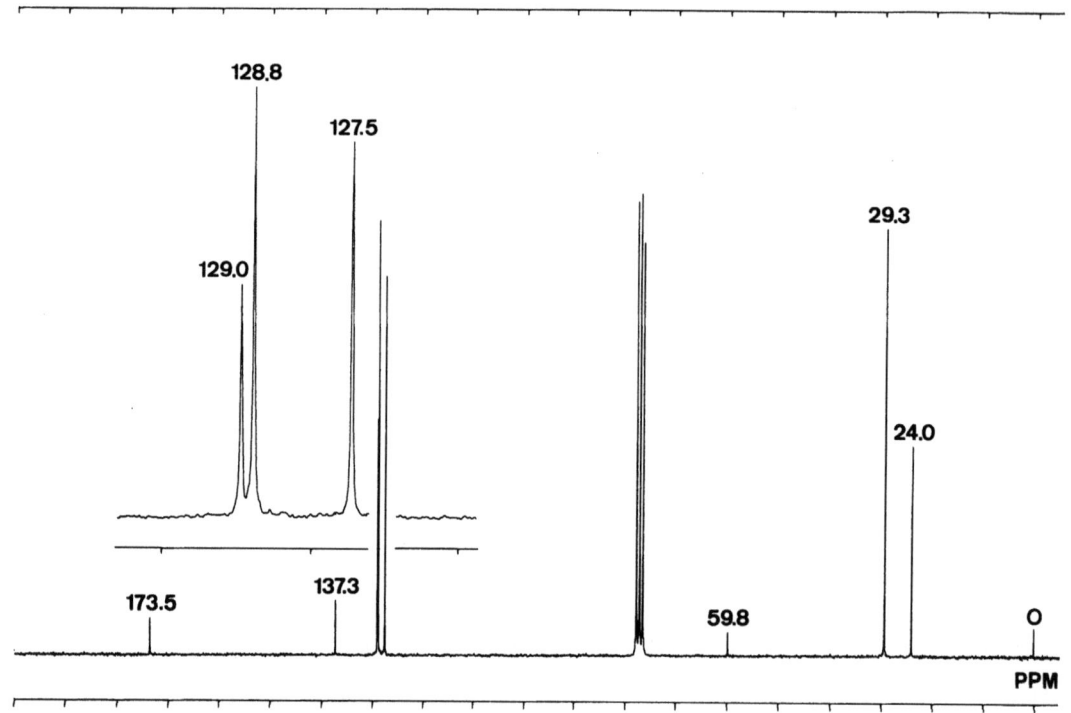

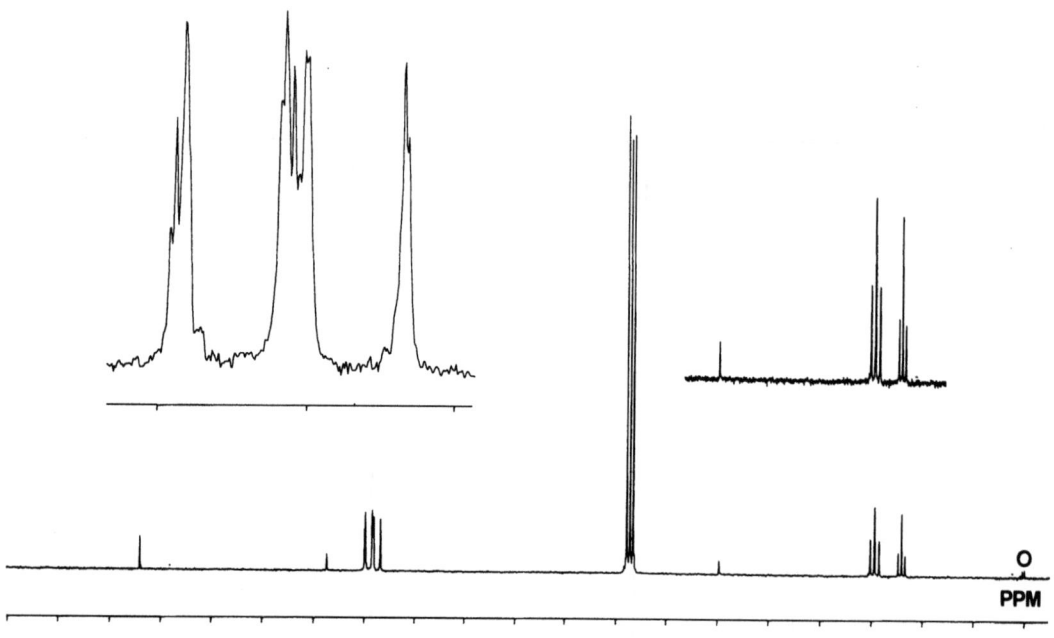

^{13}C-NMR: Bruker Spectrospin WP-200 SY (50 MHz)

oben: breitbandentkoppelt
unten: off-resonance entkoppelt

aufgenommen in CDCl$_3$

R7

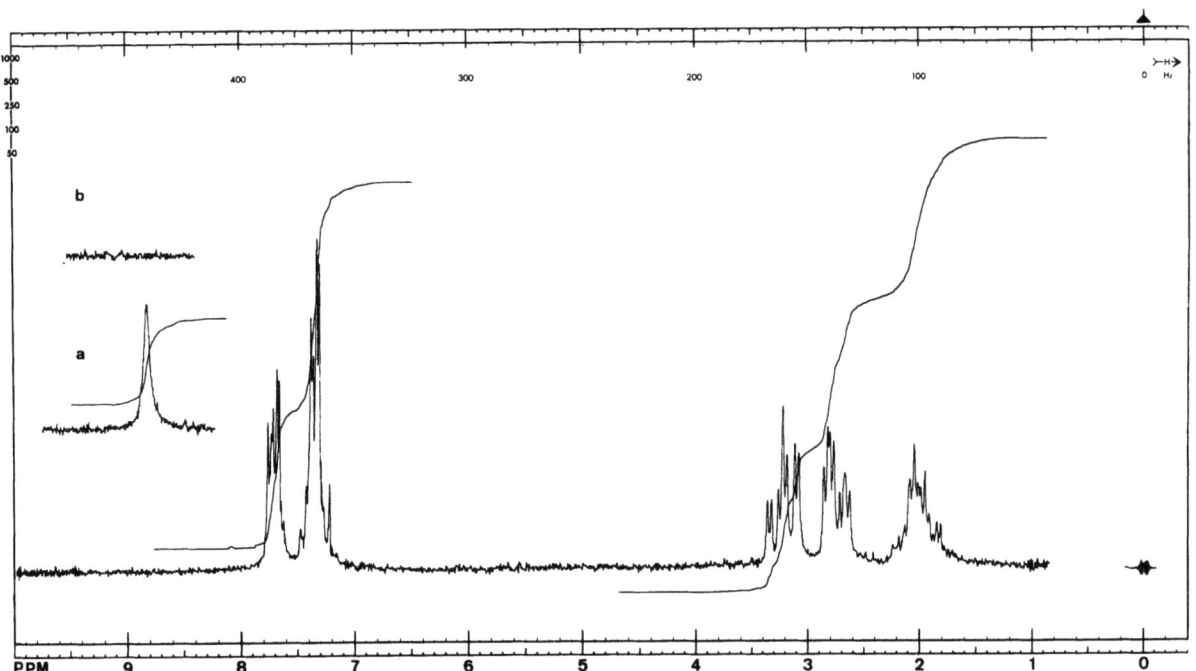

^{1}H-NMR: Varian HA-100 (100 MHz)
aufgenommen in $CDCl_3$ (a), $CDCl_3$ + D_2O (b)
Sweep offset 200 Hz

Für Notizen

R28

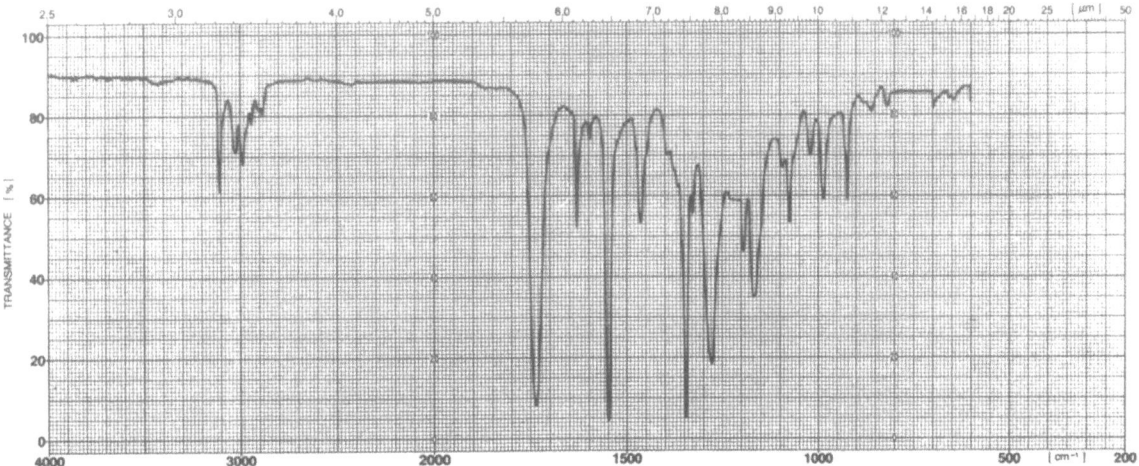

IR: Perkin-Elmer 283
aufgenommen in $CHCl_3$

MS: Hitachi Perkin-Elmer RMU-6M

m^*	$m_1^+ \to$	m_2^+	Δm
292.9	326	309	17
274.2	326	299	27
242.2	326	281	45

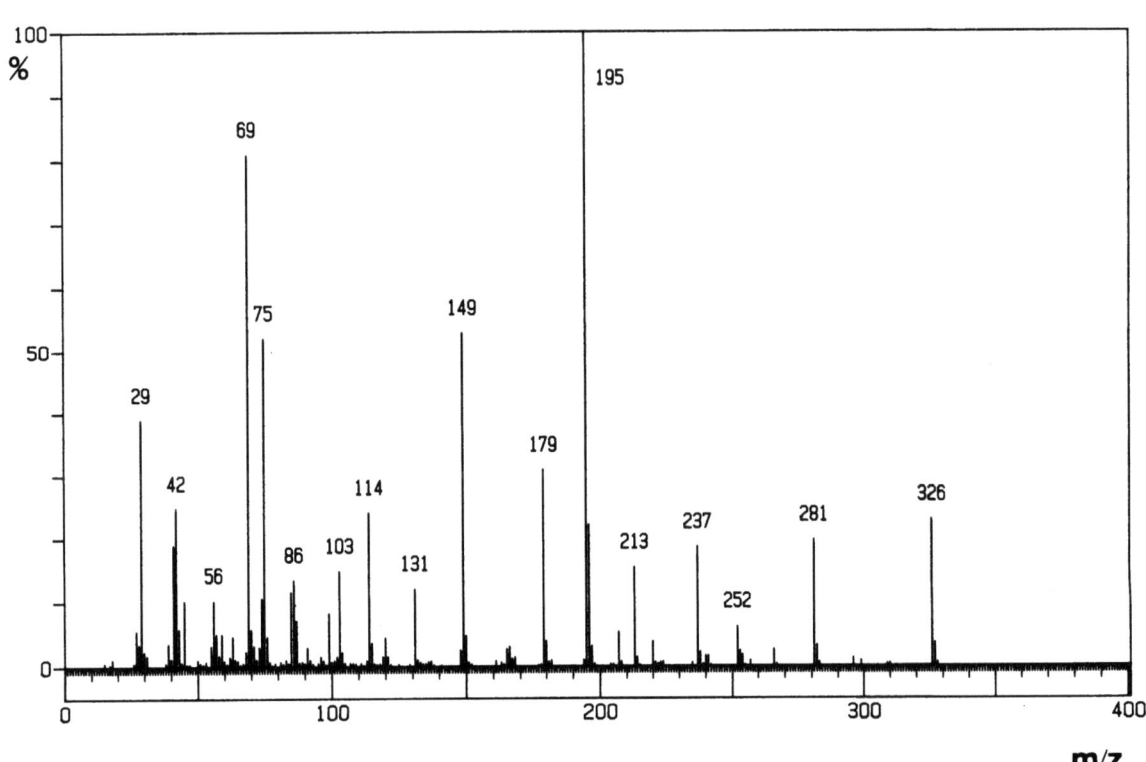

R28

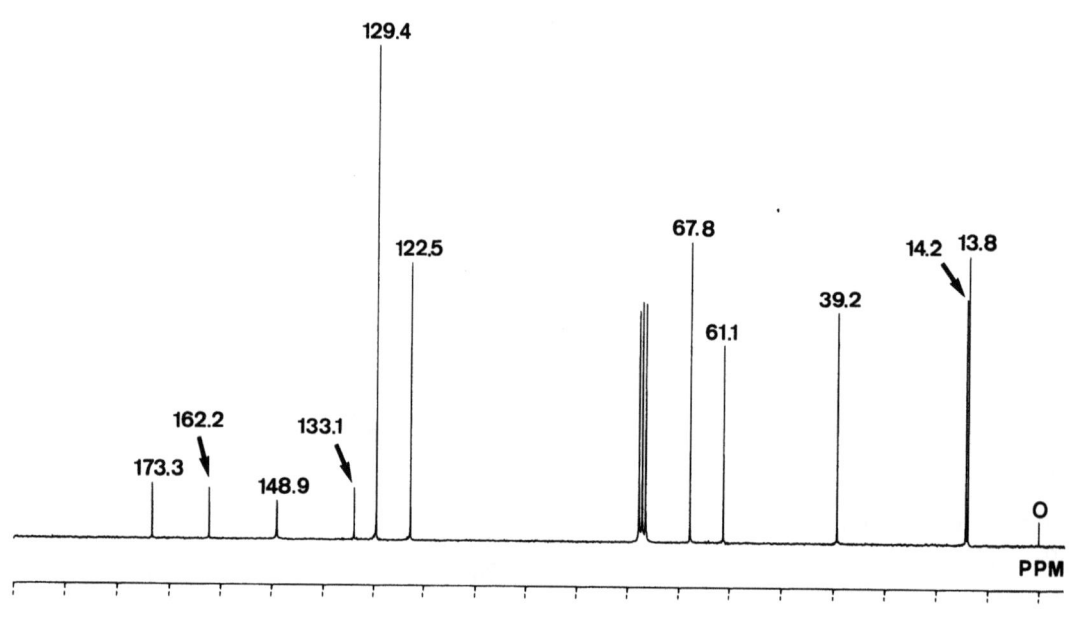

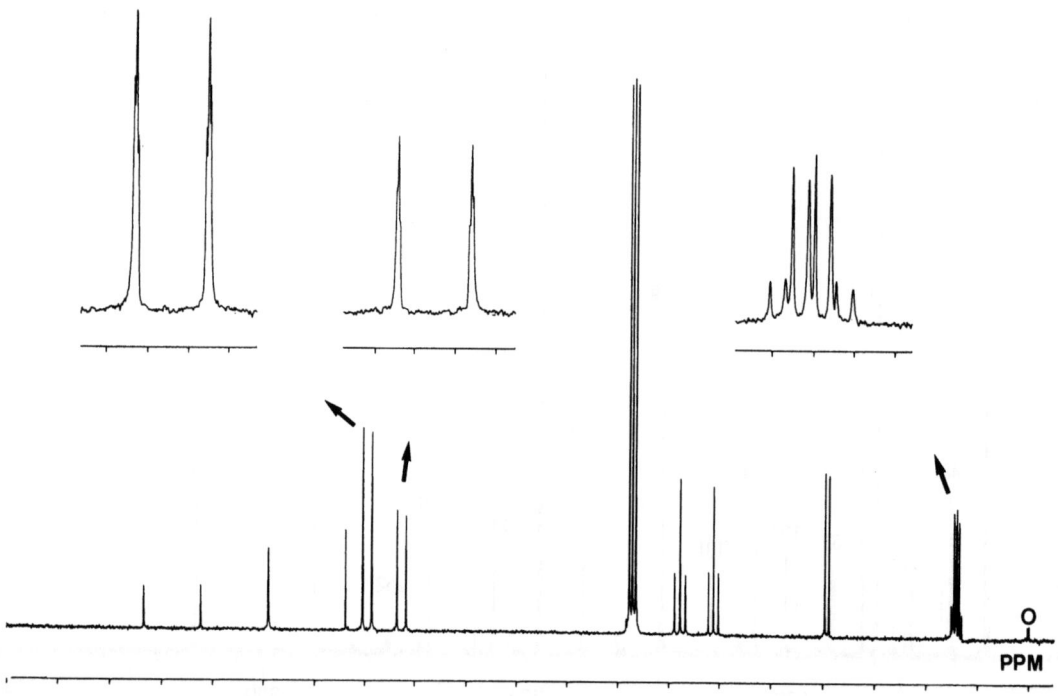

^{13}C-NMR: Bruker Spectrospin WP-200 SY (50 MHz)
oben: breitbandentkoppelt
unten: off-resonance entkoppelt
aufgenommen in CDCl$_3$

R28

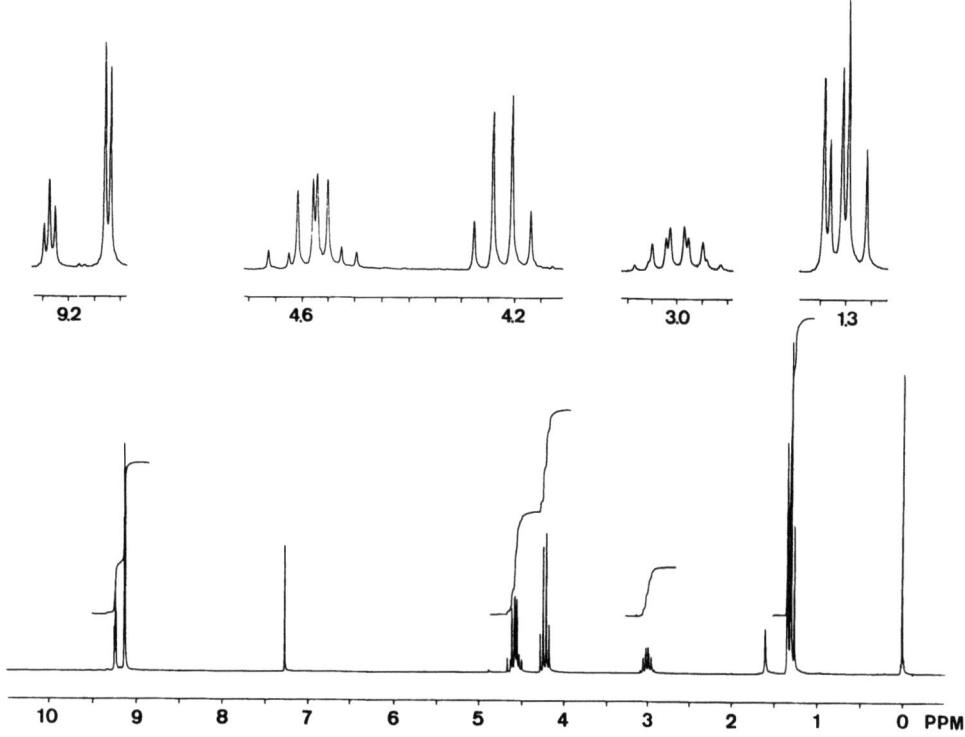

^{1}H-NMR: Bruker Spectrospin WP-200 SY (200 MHz)
          aufgenommen in CDCl$_3$

UV: Kontron Uvikon 810
    aufgenommen in CH$_3$OH

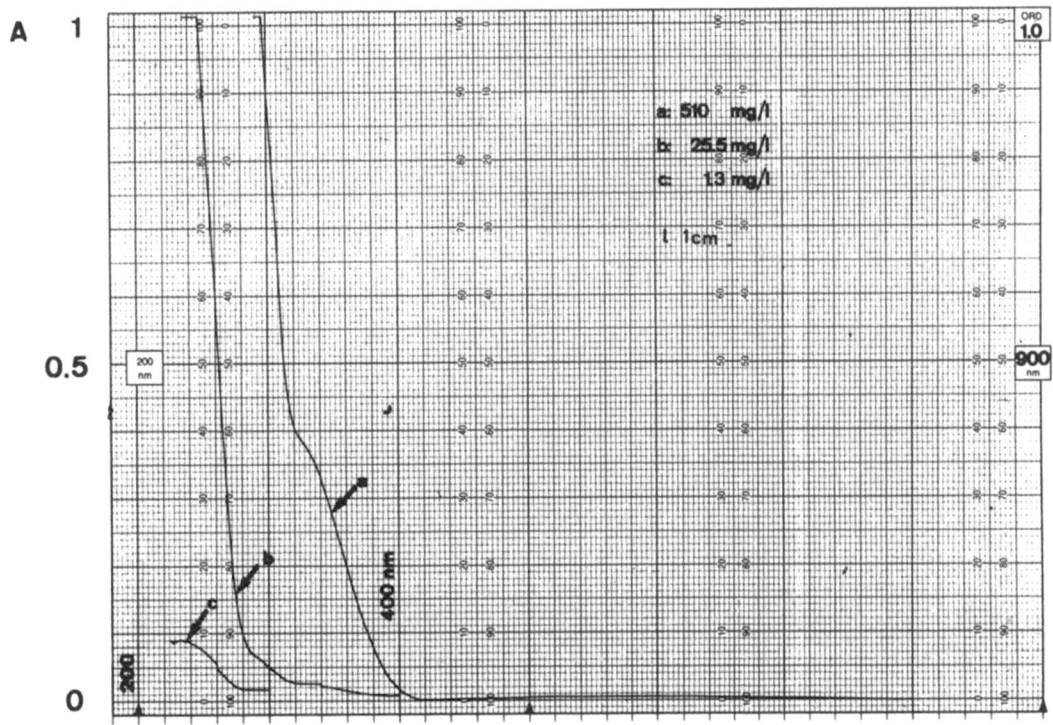

Pretsch/Seibl/Manz/Simon, ETH-Zürich
© Springer-Verlag Berlin Heidelberg 1985

Für Notizen

P63

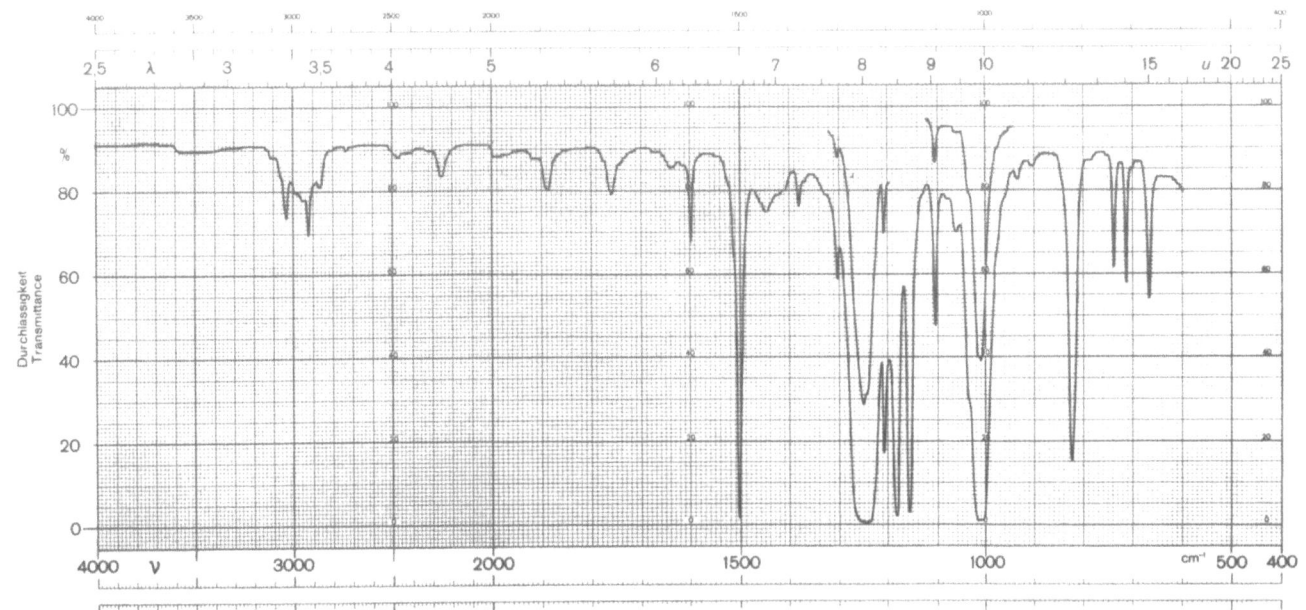

IR: Perkin-Elmer 125
aufgenommen als
Flüssigkeitsfilm

MS: Hitachi Perkin-Elmer
RMU-6M

m^*	m_1^+	→	m_2^+	Δm
122.6	186		151	35
100.2	151		123	28
75.8	151		107	44
75.0	79		77	2
46.4	91		65	26

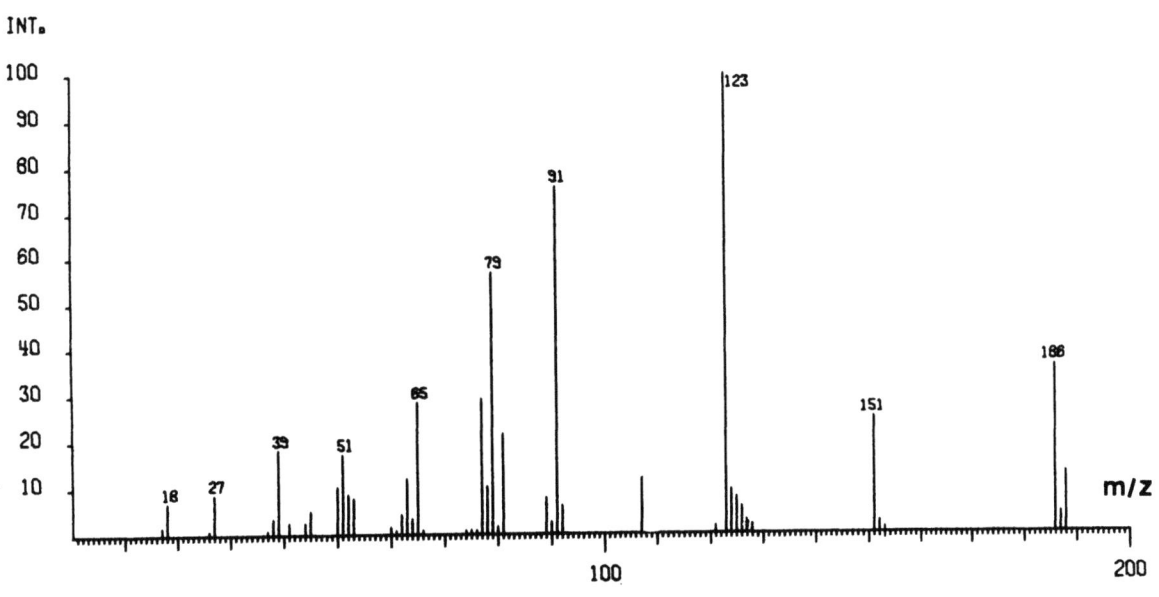

P63

^{13}C-NMR: Bruker Spectrospin
Modell HFX-90 (22.6 MHz)
aufgenommen in CDCl$_3$

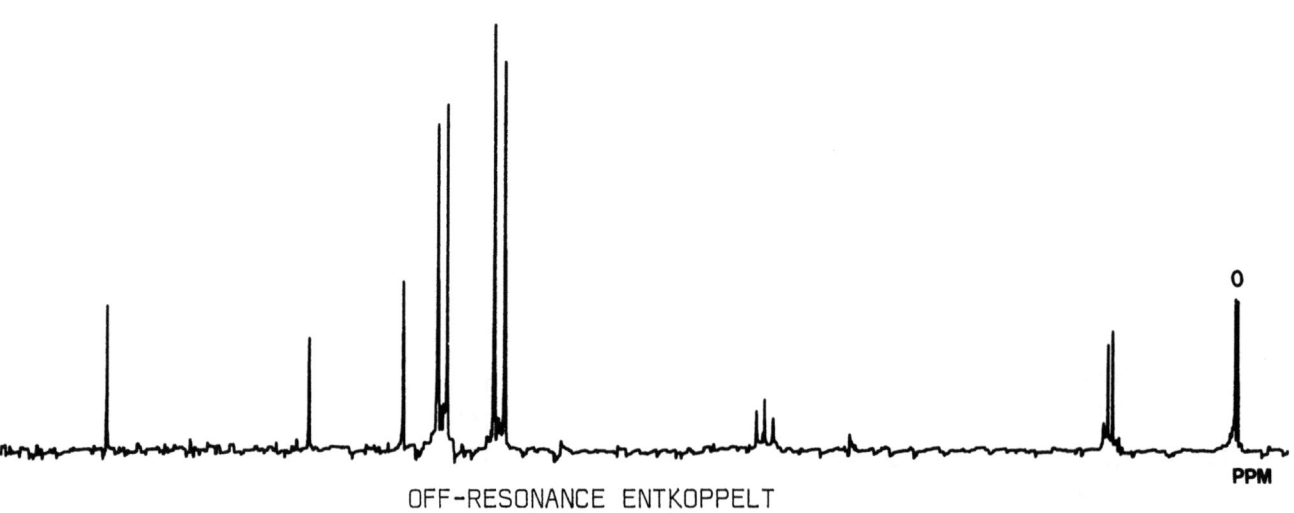

OFF-RESONANCE ENTKOPPELT

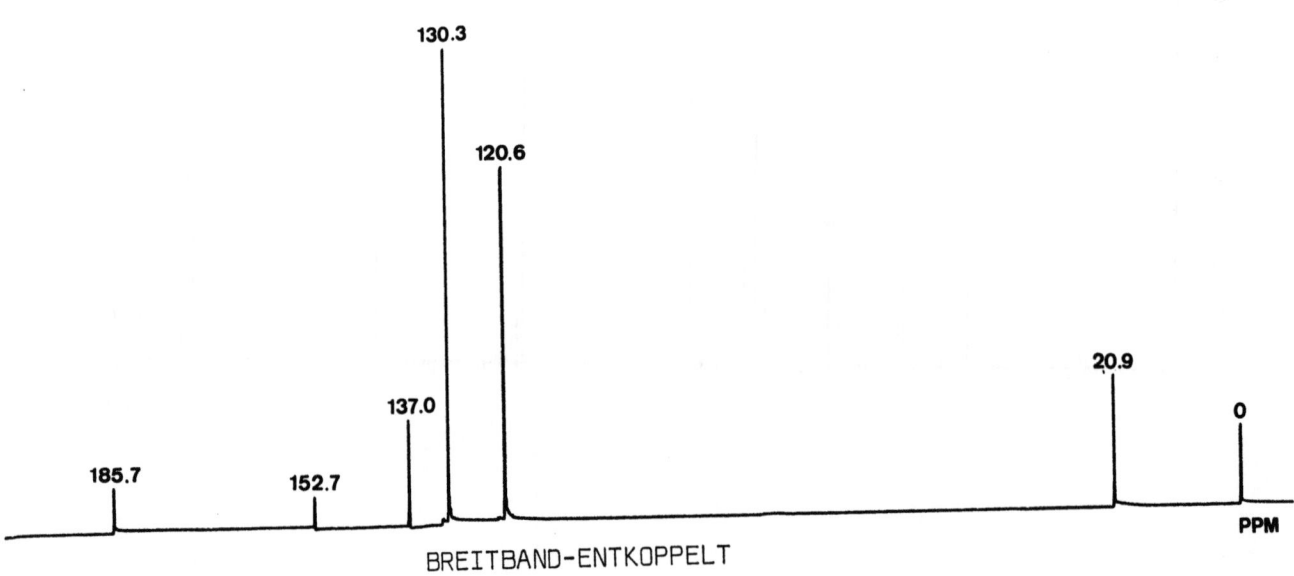

BREITBAND-ENTKOPPELT

Pretsch/Seibl/Manz/Simon, ETH-Zürich
© Springer-Verlag Berlin Heidelberg 1985

P63

^{1}H-NMR: Varian Modell HA-100 (100 MHz)
Sweep Width: 1000 Hz
aufgenommen in $CDCl_3$

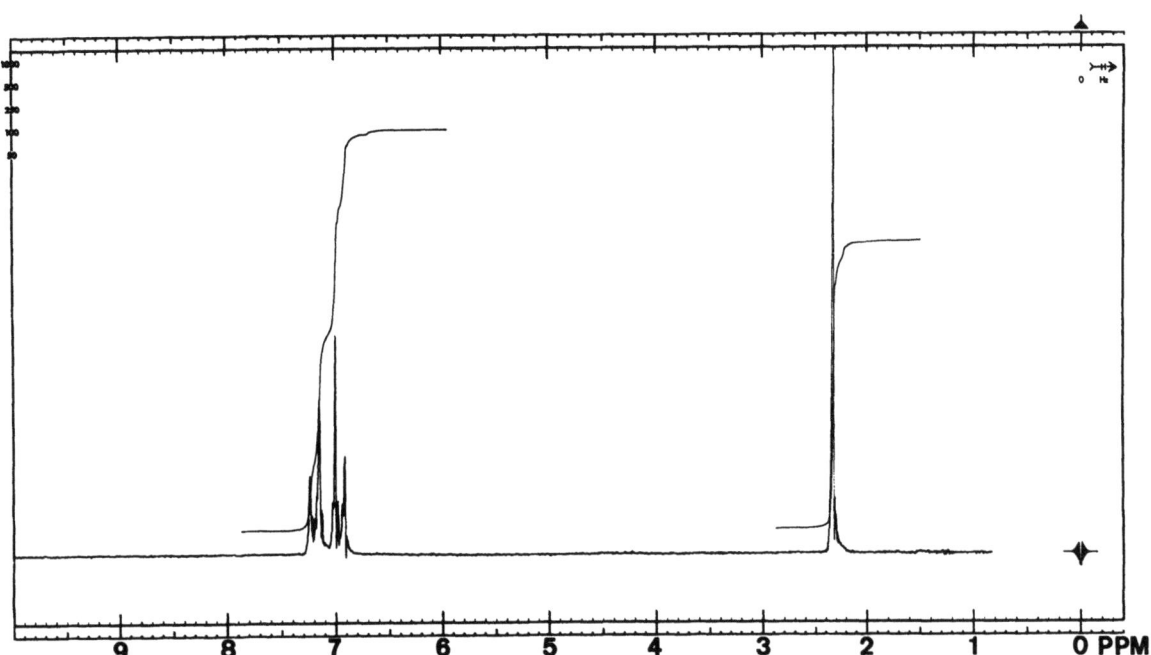

Für Notizen

R21

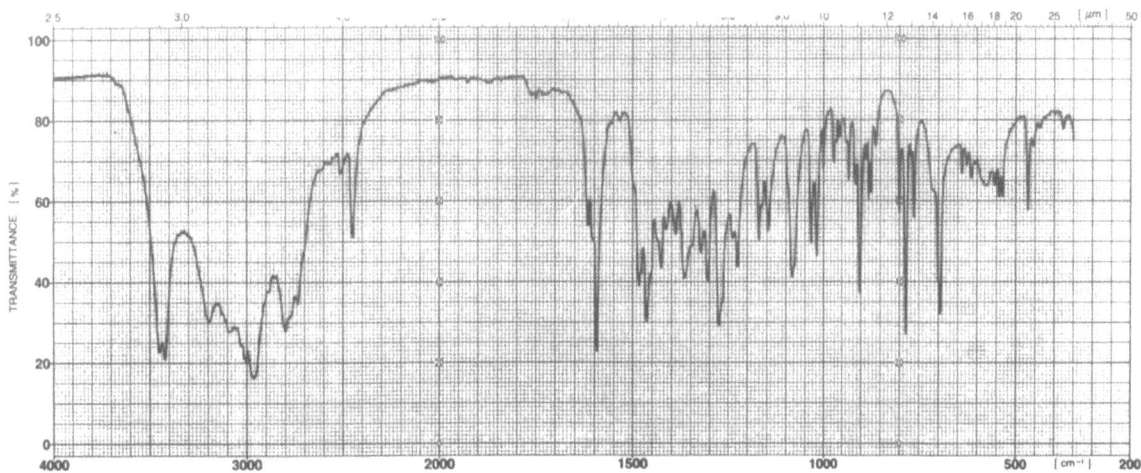

IR: Perkin-Elmer 283
aufgenommen in KBr

MS: Hitachi Perkin-Elmer
RMU-6M
keine metastabile Uebergänge
* probendruckabhängige
Signalintenstät

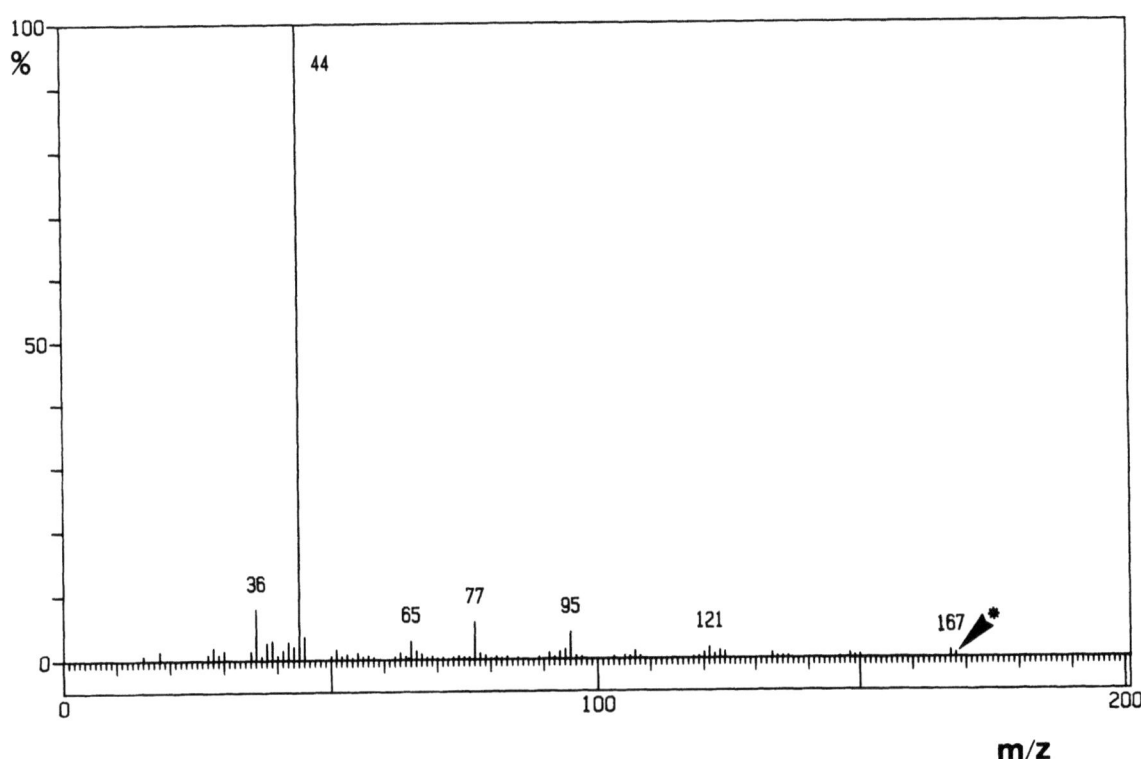

Pretsch/Seibl/Manz/Simon, ETH-Zürich
© Springer-Verlag Berlin Heidelberg 1985

R21

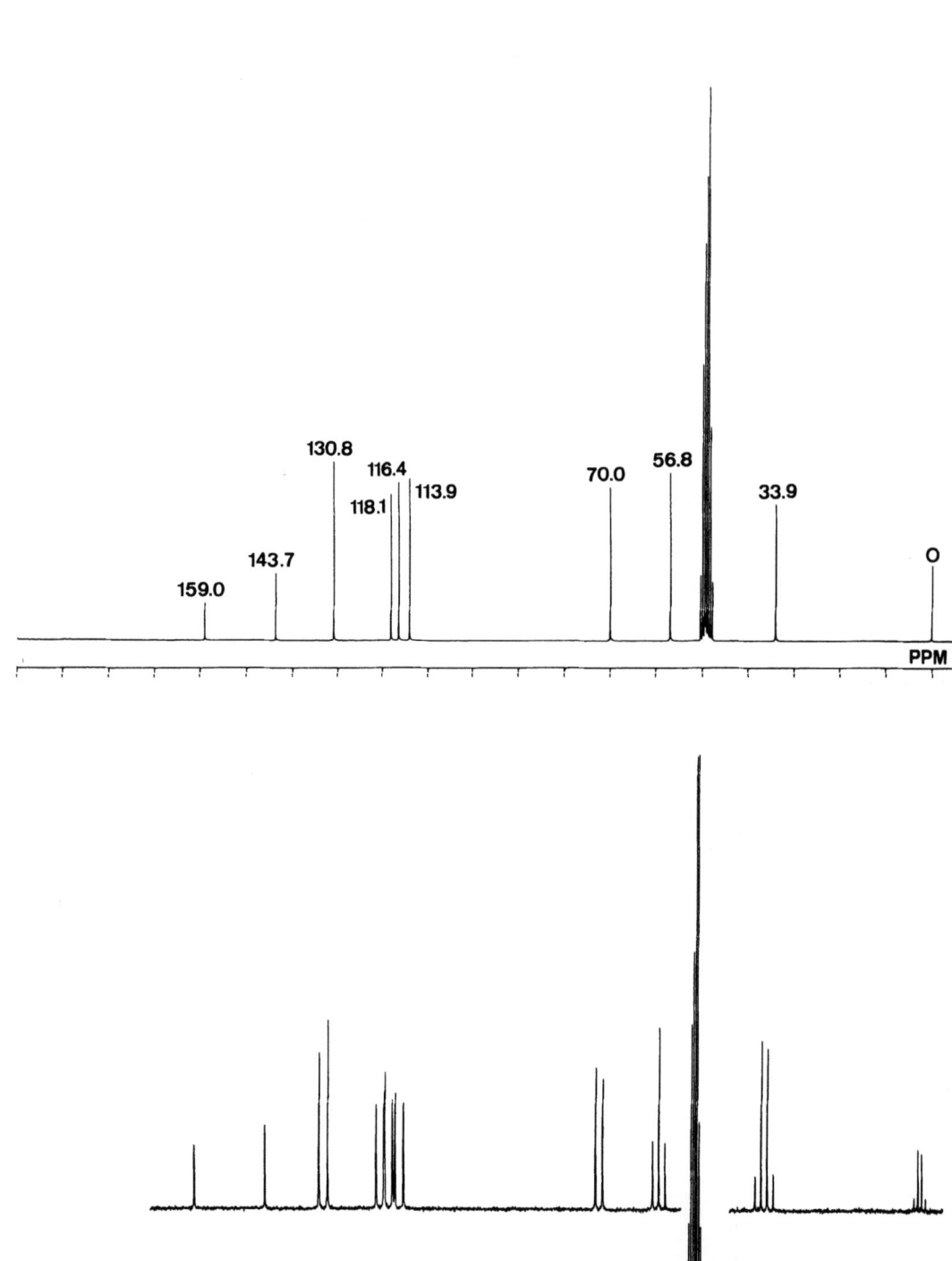

^{13}C-NMR: Bruker Spectrospin WP-200 SY (50 MHz)
oben: breitbandentkoppelt
unten: off-resonance entkoppelt
aufgenommen in CD$_3$OD

R21

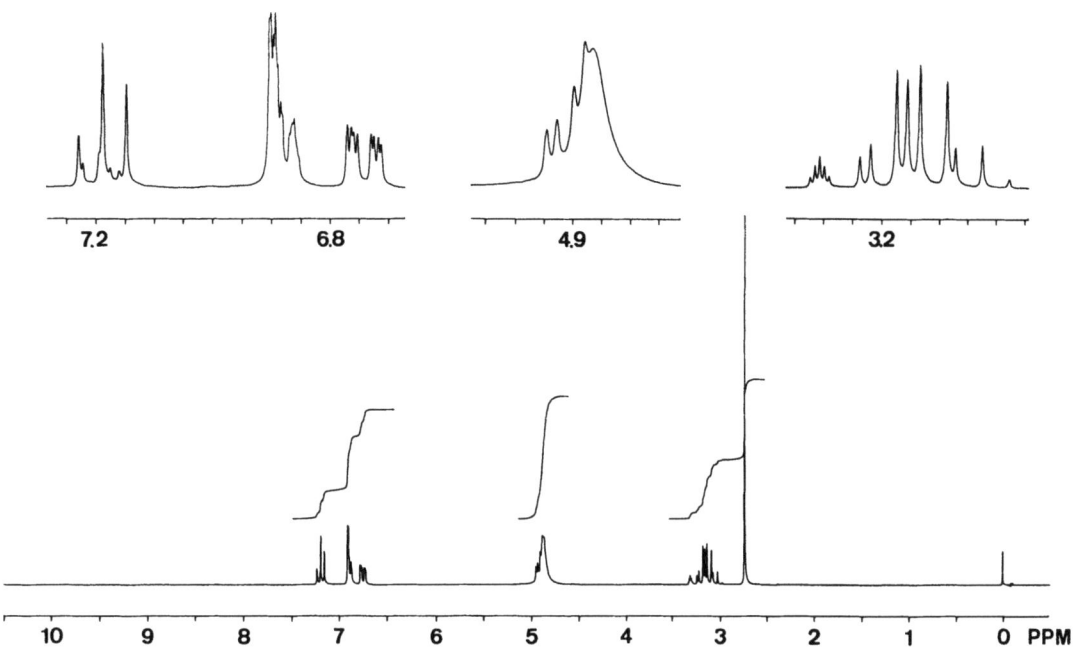

^{1}H-NMR: Bruker Spectrospin WP-200 SY (200 MHz) aufgenommen in CD_3OD

Für Notizen

P102

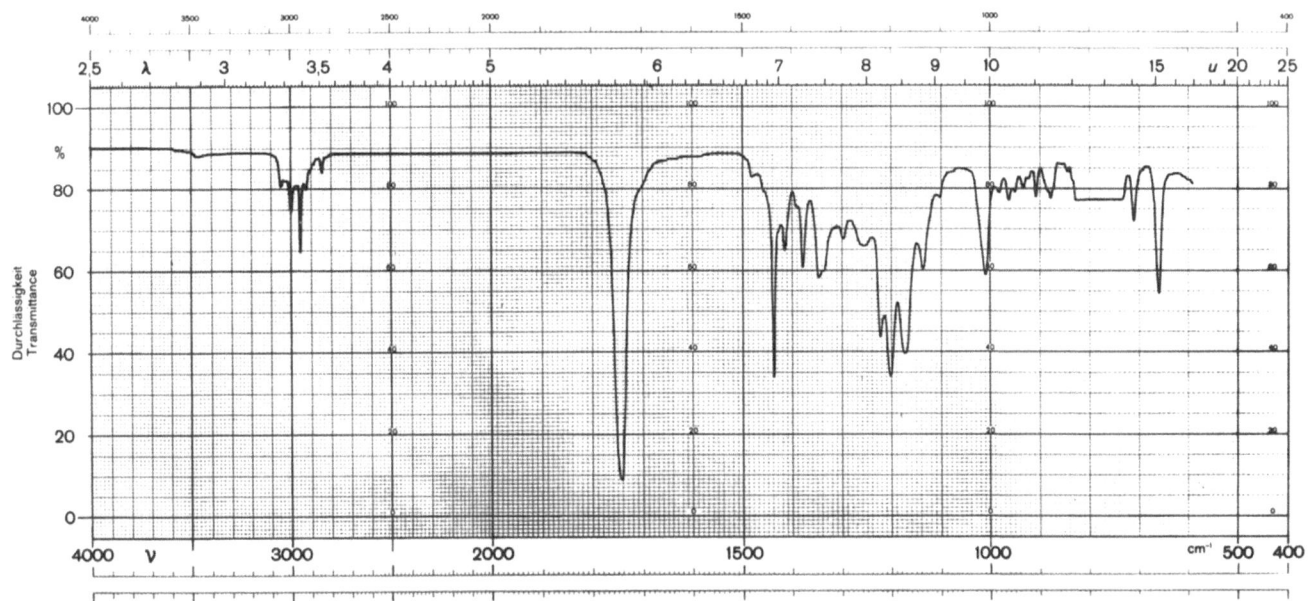

IR: Perkin-Elmer 125
aufgenommen in CCl_4

MS: Hitachi Perkin-Elmer
RMU-6M

m^*	m_1^+	→	m_2^+	$\triangle m$
127.0	129		128	1
125.4	177		149	28
95.5	129		111	18
58.6	129		87	42

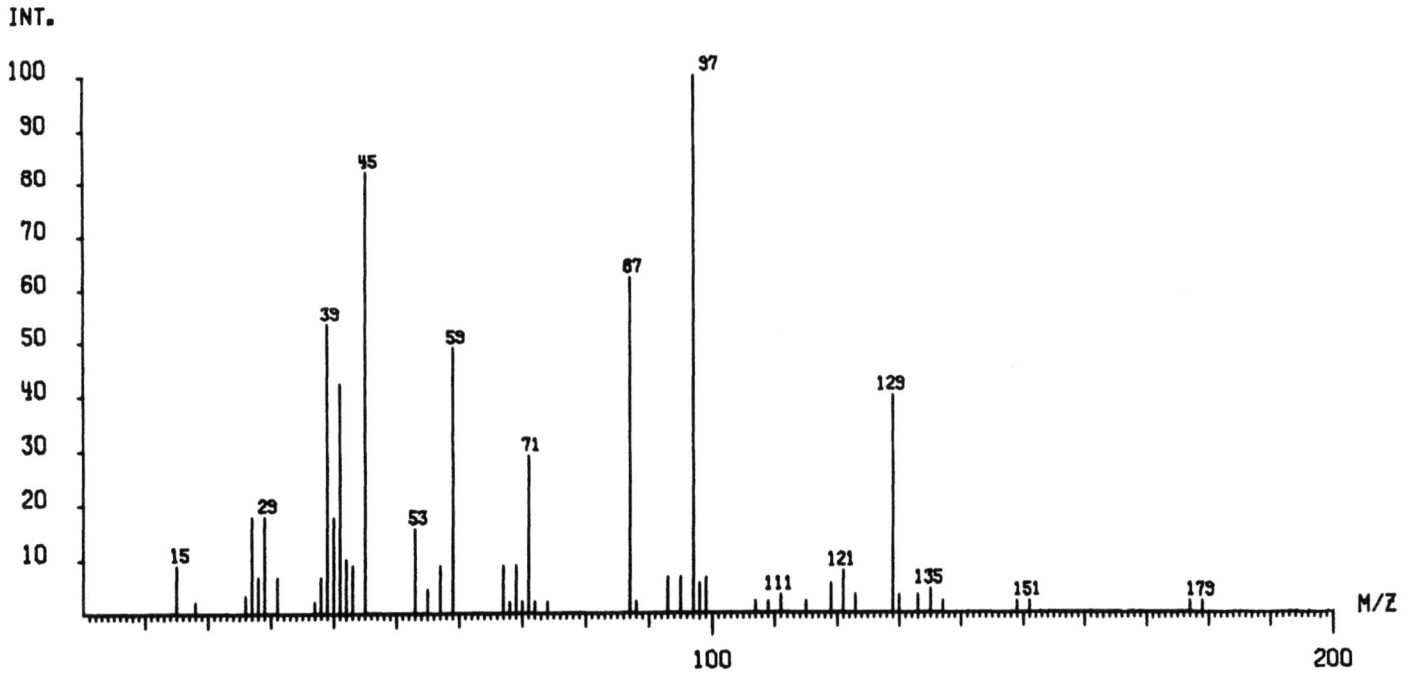

Pretsch/Seibl/Manz/Simon, ETH-Zürich
© Springer-Verlag Berlin Heidelberg 1985

P102

^{1}H-NMR: Varian Modell HA-100 (100 MHz)
Sweep Width: 10000Hz
aufgenommen in CCl_4

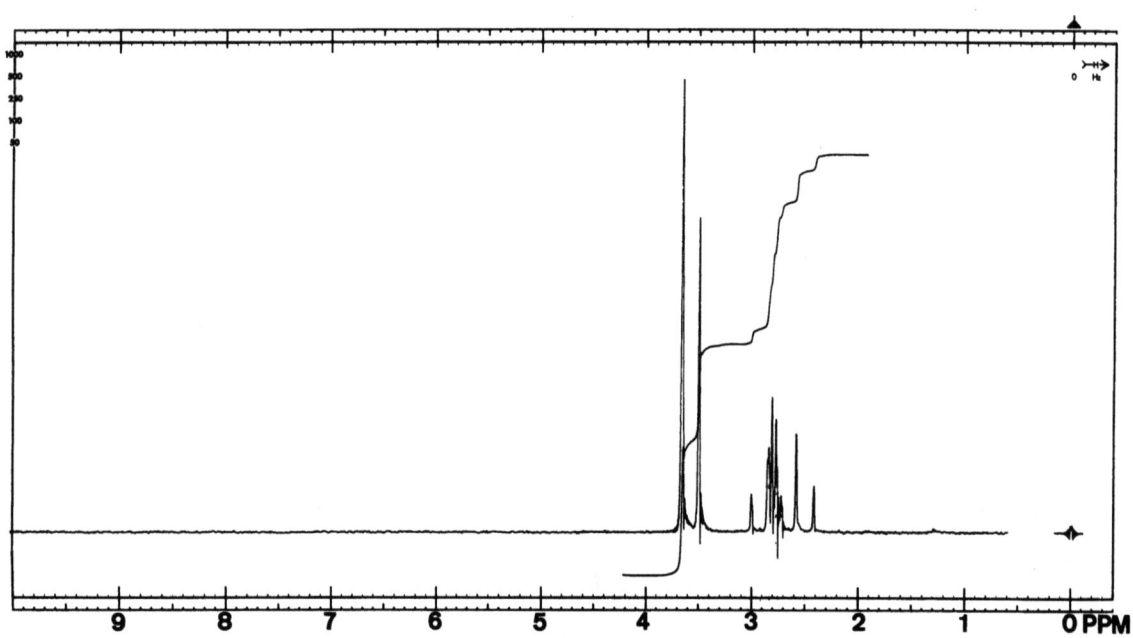

^{13}C-NMR: Varian Modell XL-100 (25.2 MHz)
aufgenommen in CCl_4/C_6D_6 : 3/1

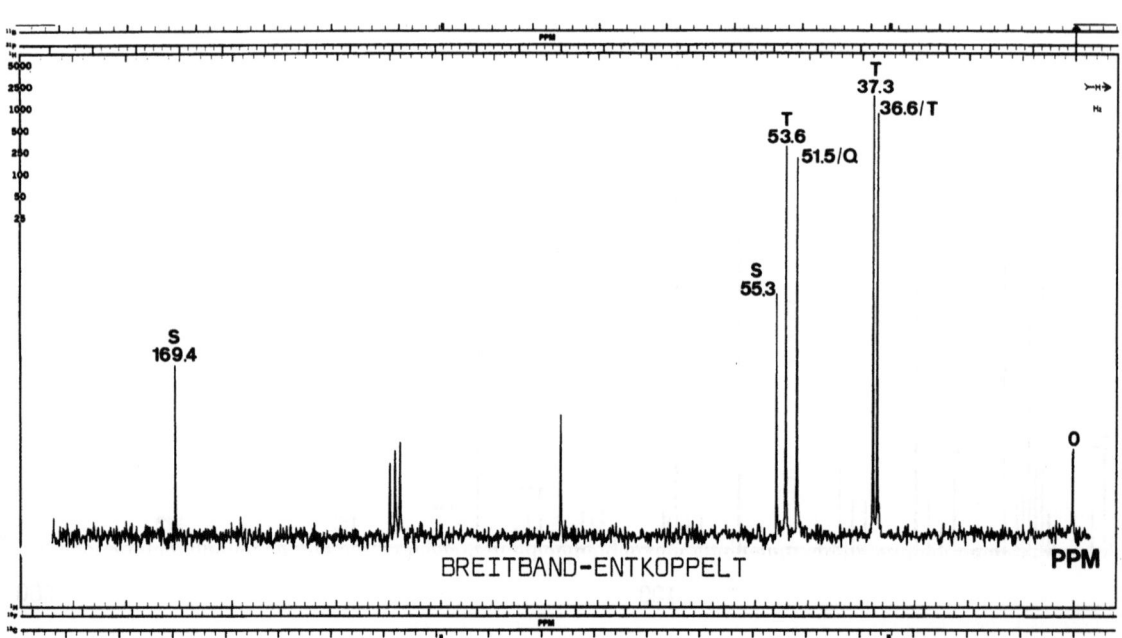

BREITBAND-ENTKOPPELT

P102

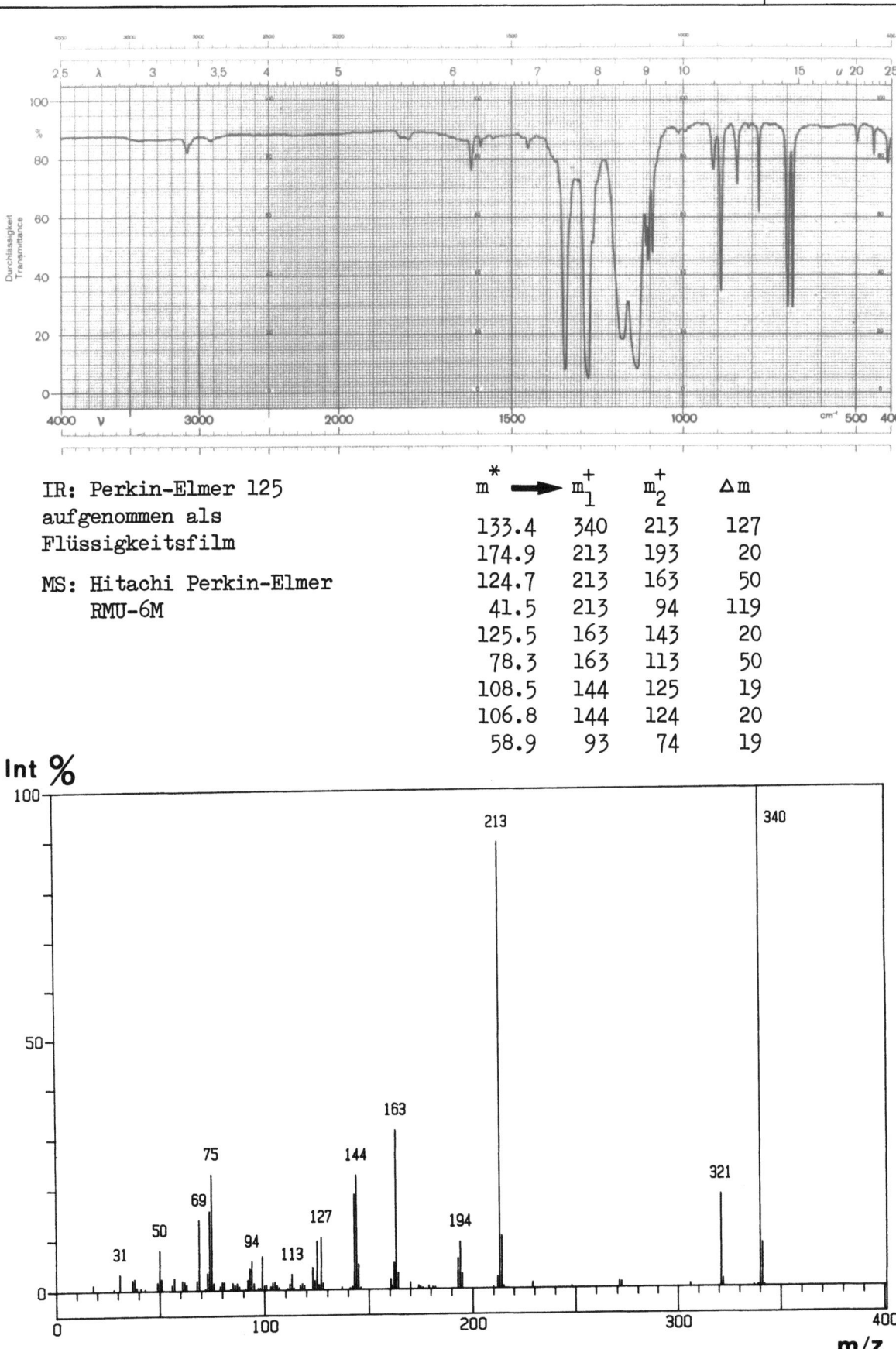

IR: Perkin-Elmer 125
aufgenommen als
Flüssigkeitsfilm

MS: Hitachi Perkin-Elmer
RMU-6M

m^*	$\rightarrow$ m_1^+	m_2^+	Δm
133.4	340	213	127
174.9	213	193	20
124.7	213	163	50
41.5	213	94	119
125.5	163	143	20
78.3	163	113	50
108.5	144	125	19
106.8	144	124	20
58.9	93	74	19

R12

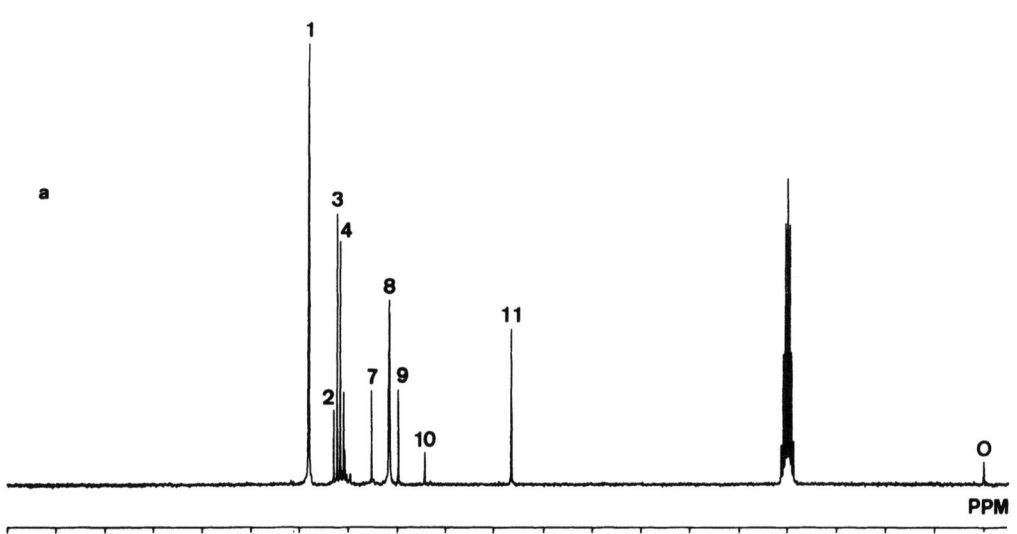

^{13}C-NMR: Bruker Spectrospin WP-200 SY (50 MHz)
a: breitbandentkoppelt
b: off-resonance entkoppelt
aufgenommen in DMSO

Signal	δ (PPM)
1	138.0
2	132.9
3	132.2
4	131.5
5	130.9
6	130.6
7	125.2
8	121.6
9	119.8
10	114.3
11	96.4

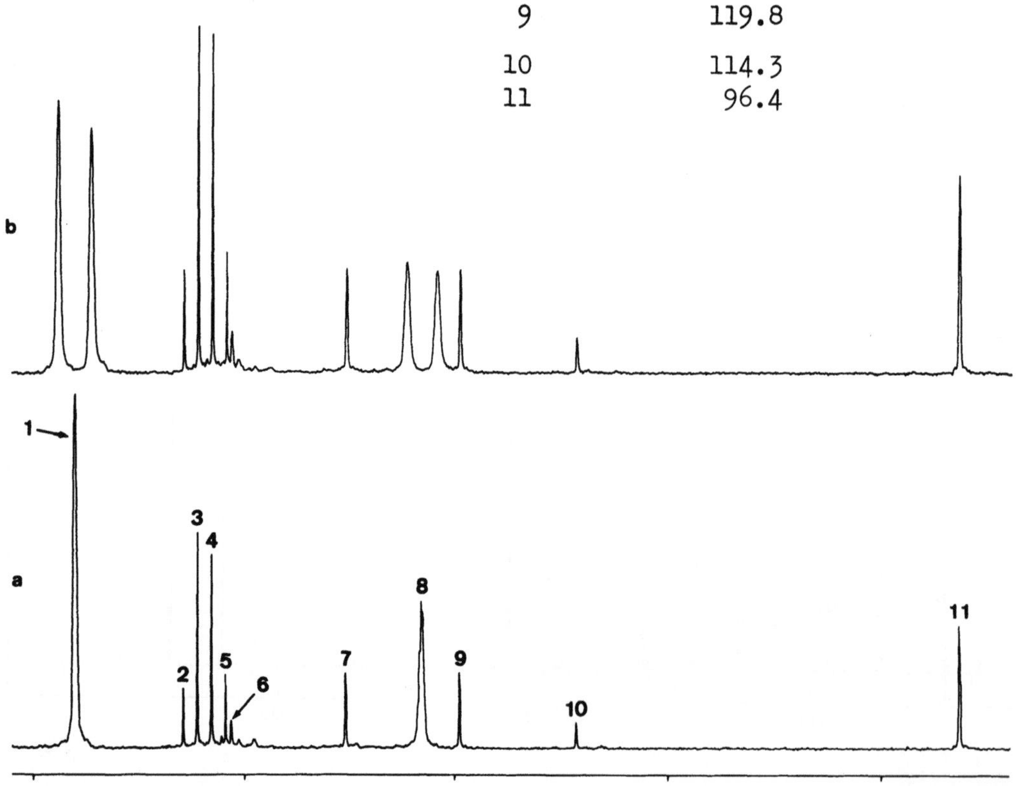

Pretsch/Seibl/Manz/Simon, ETH-Zürich
© Springer-Verlag Berlin Heidelberg 1985

R12

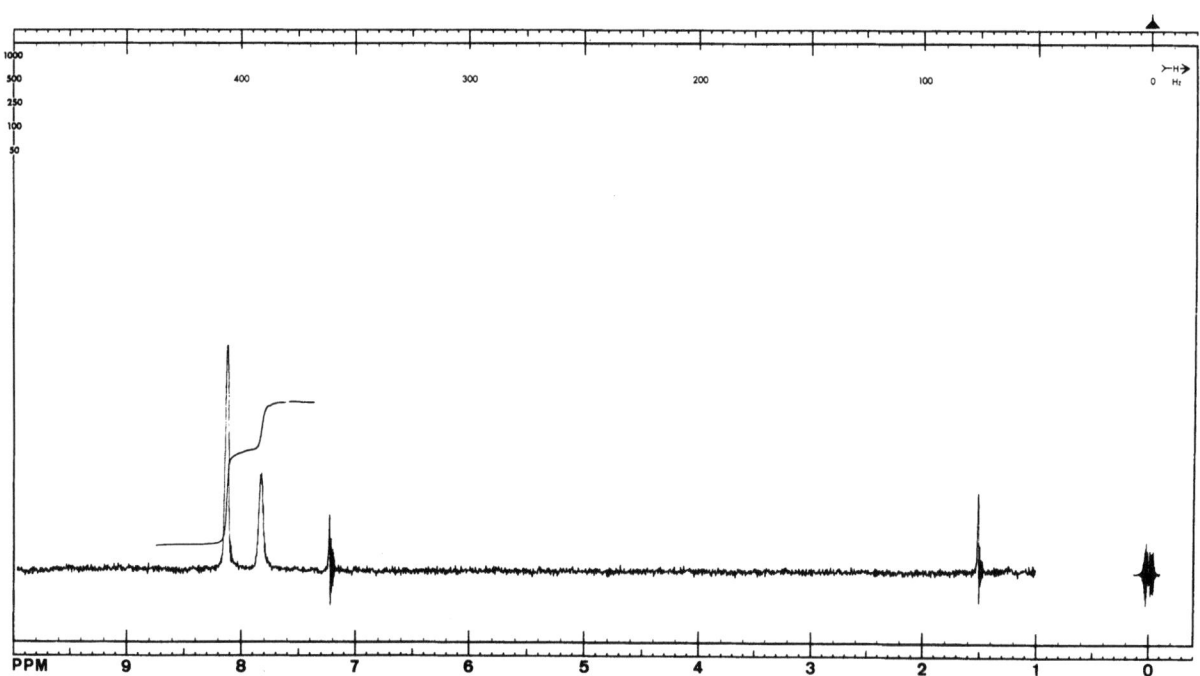

¹H-NMR: Varian HA-100 (100 MHz)
   aufgenommen in CDCl$_3$

UV: Kontron Uvikon 810
   aufgenommen in Methanol

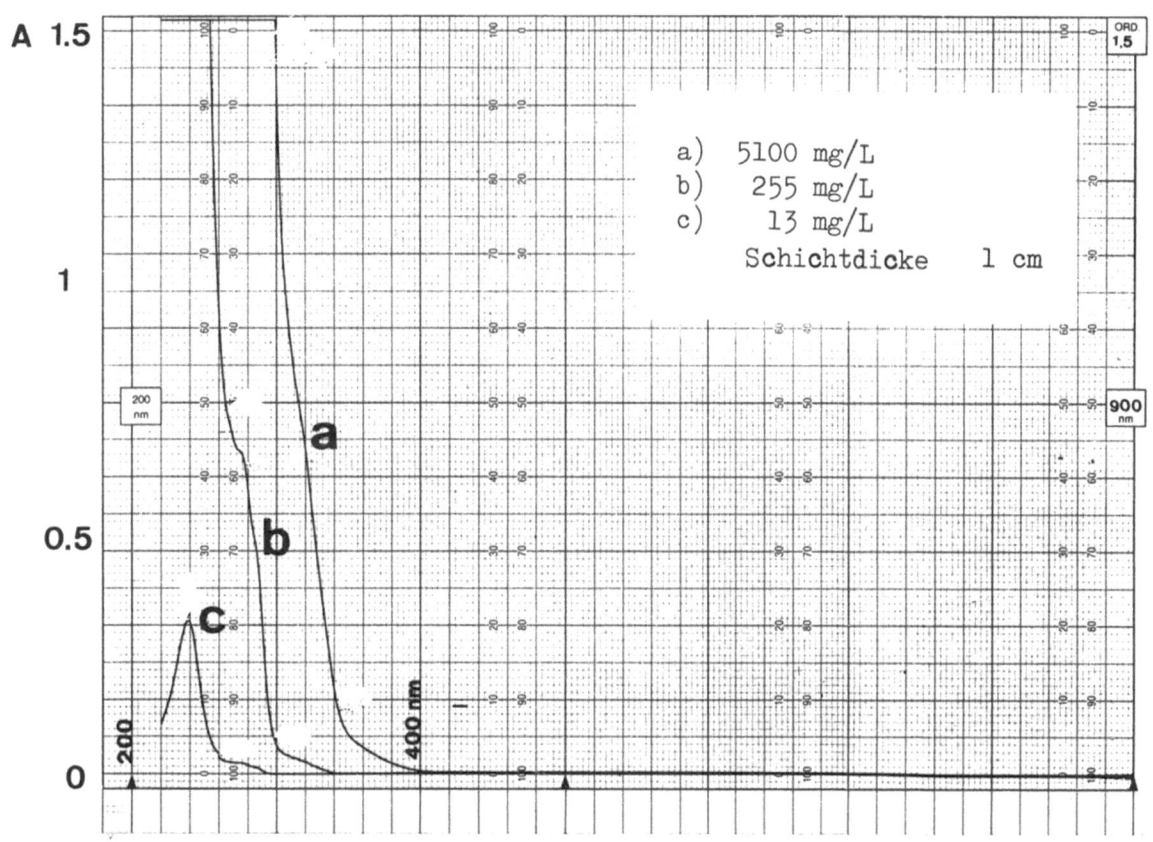

a) 5100 mg/L
b) 255 mg/L
c) 13 mg/L
   Schichtdicke   1 cm

Für Notizen

P 88

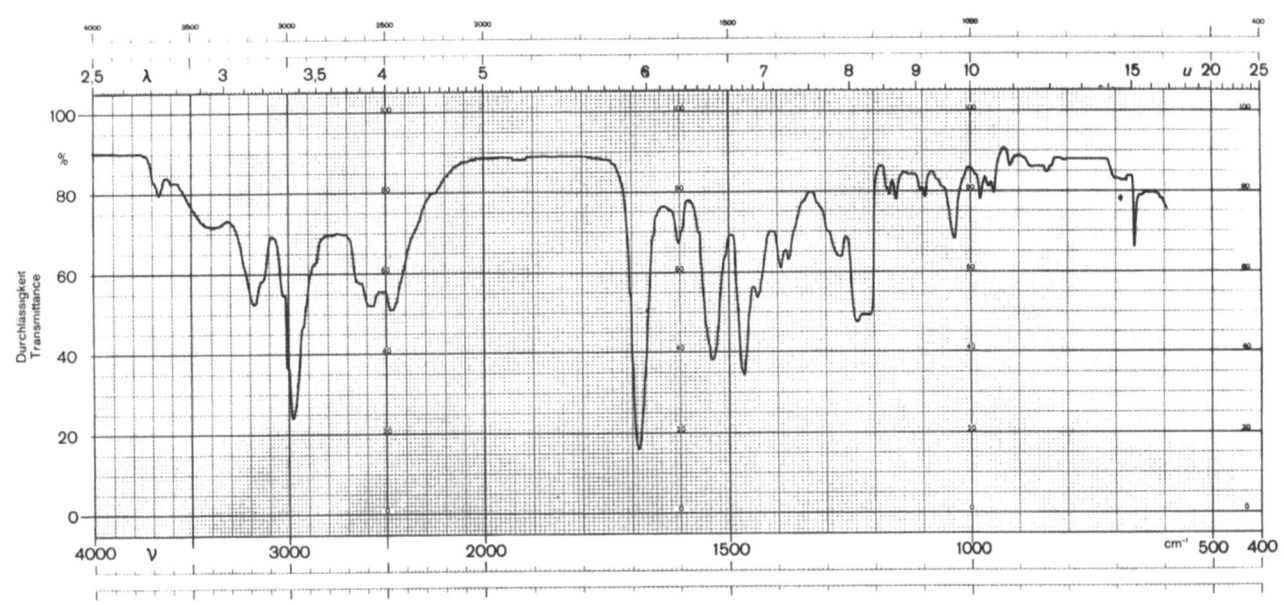

IR: Perkin-Elmer 125
   aufgenommen in CHCl₃

MS: Hitachi Perkin-Elmer
    RMU-6M

m^*	m_1^+	→	m_2^+	Δm
39.1	86		58	28
31.9	58		43	15
22.2	234		72	162

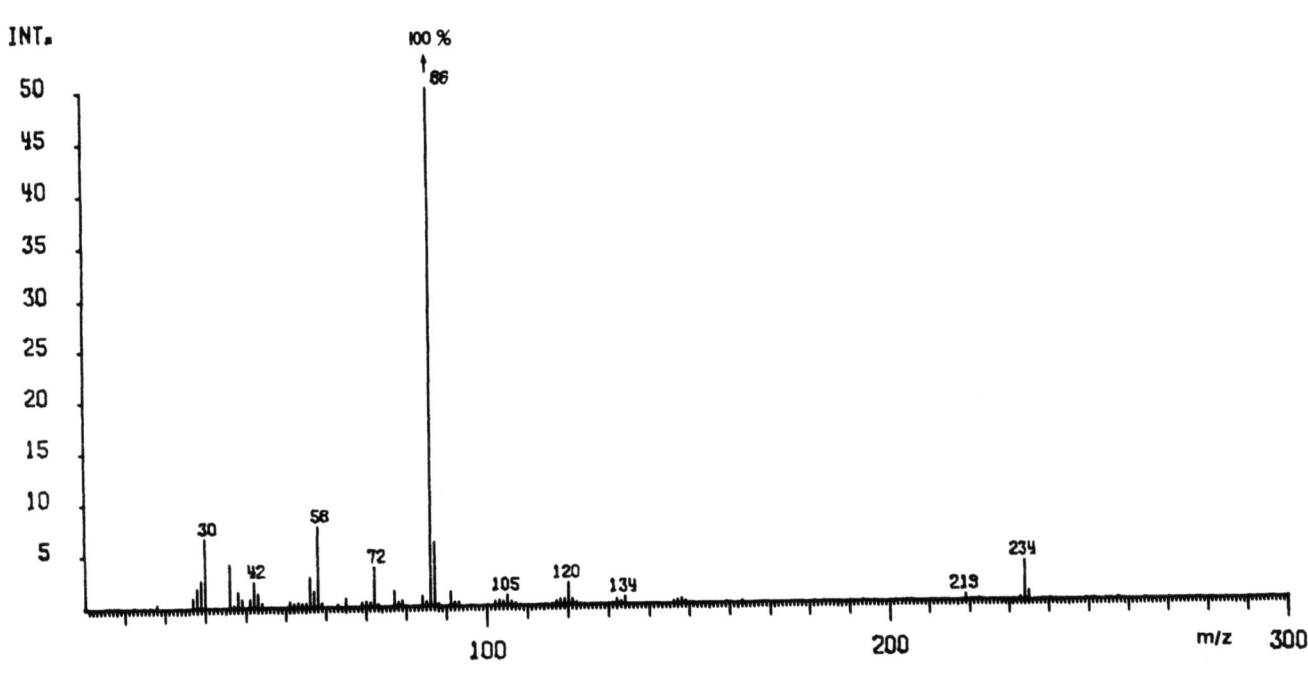

P88

^{13}C-NMR: Varian Modell XL-100 (25.2 MHz)
aufgenommen in $CDCl_3$

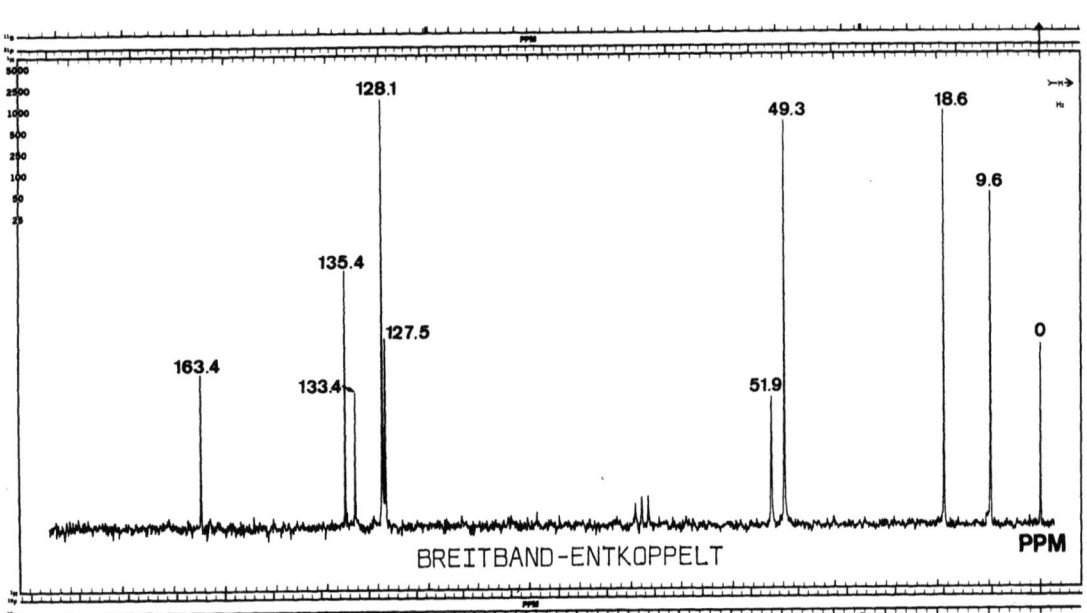

BREITBAND-ENTKOPPELT

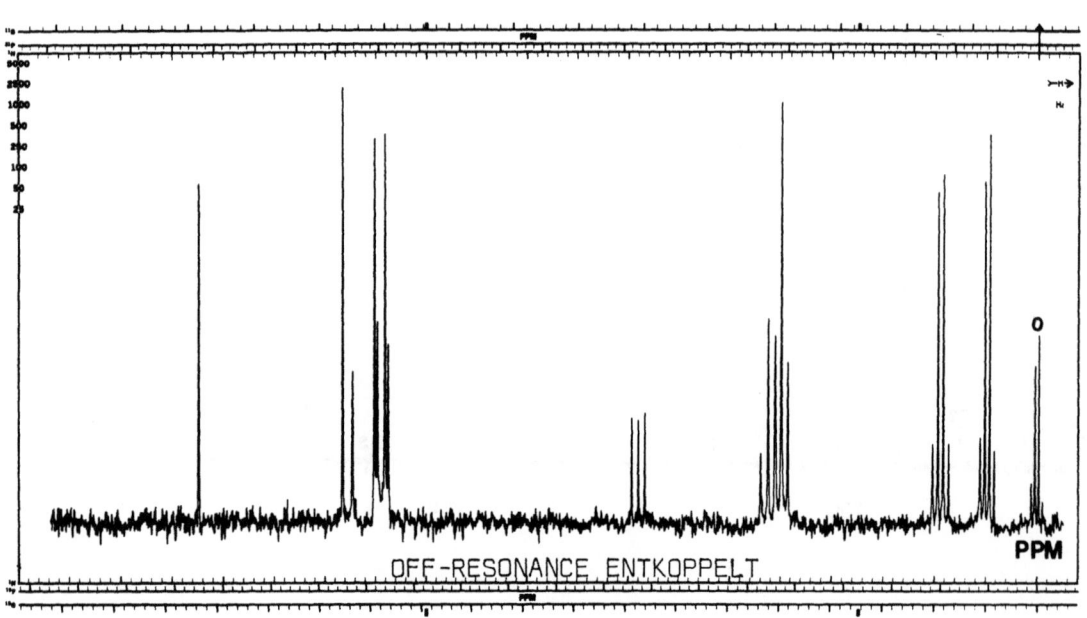

OFF-RESONANCE ENTKOPPELT

P 88

^{1}H-NMR: Varian Modell HA-100 (100 MHz)
Sweep Width: 1000 Hz
Sweep Offset: 200 Hz
aufgenommen in CDCl$_3$

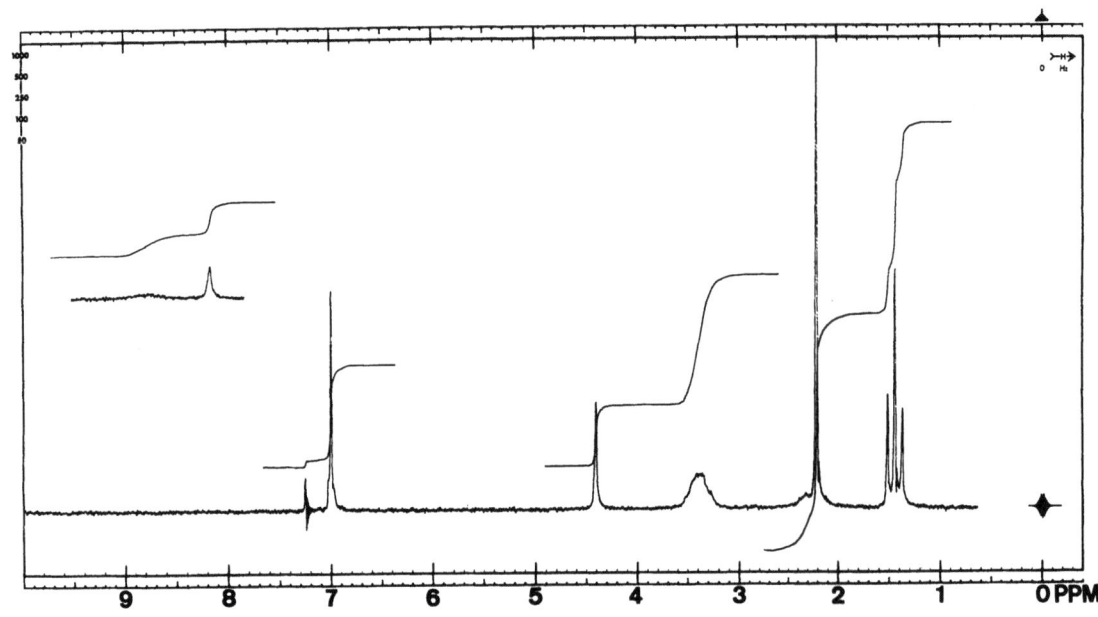

UV: Perkin-Elmer Modell 555
aufgenommen in EtOH

λ_{max} (nm)	ε
262	370
270	280

Für Notizen

P91

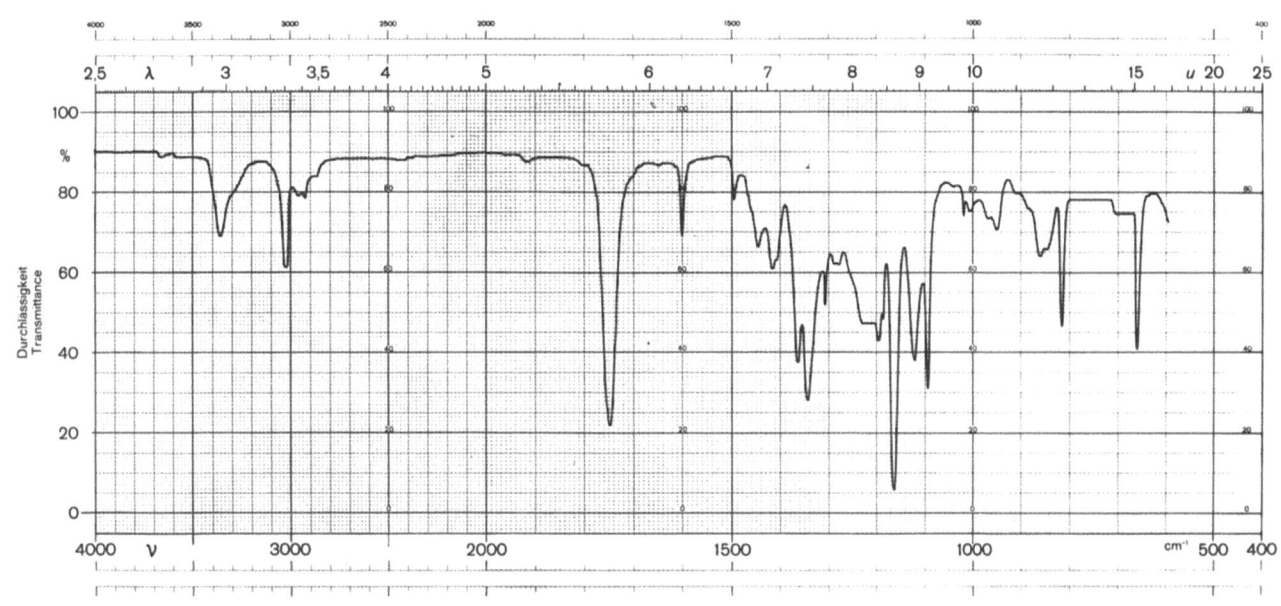

IR: Perkin-Elmer 125
aufgenommen in $CHCl_3$

MS: Hitachi Perkin-Elmer
RMU-6M

m^*	m_1^+ →	m_2^+	Δm
130.6	184	155	29
53.4	155	91	64
46.4	91	65	26

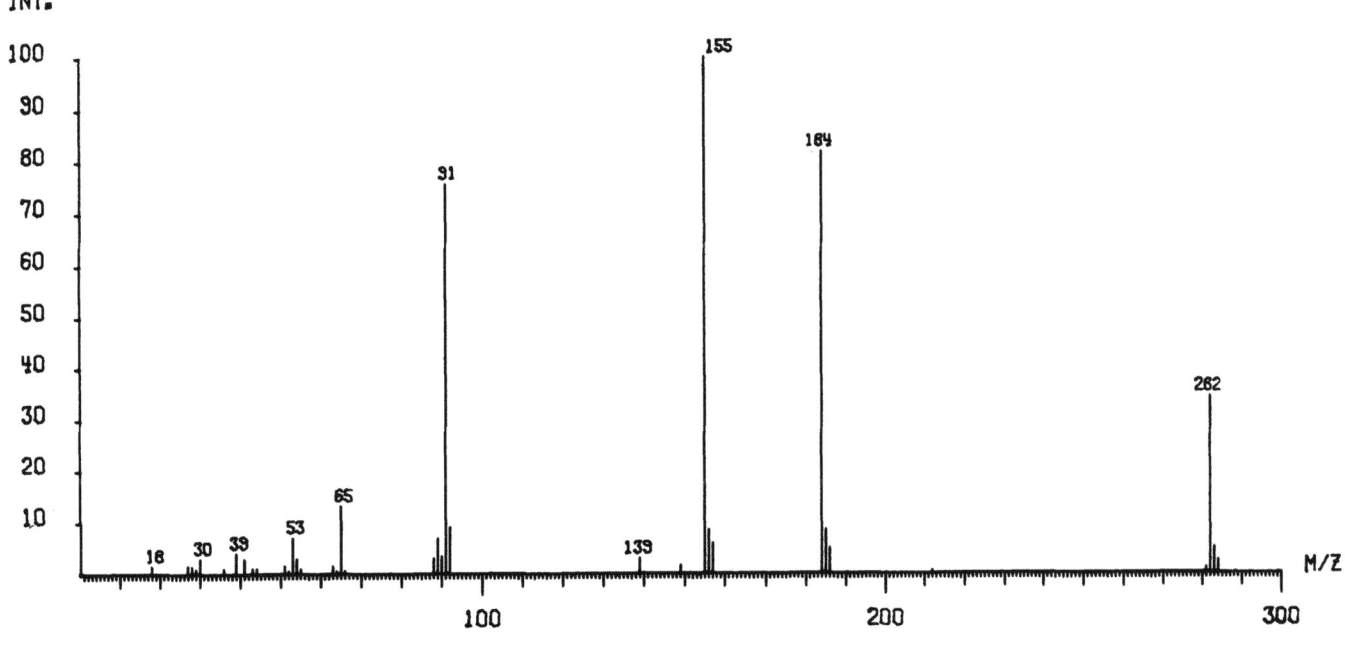

UV: Perkin-Elmer 555
aufgenommen in Ethanol

λ_{max} (nm)	ϵ
226	11700
254	460
262	500
268	400
272	310

Pretsch/Seibl/Manz/Simon, ETH-Zürich
© Springer-Verlag Berlin Heidelberg 1985

P91

^{13}C-NMR: Varian Modell XL-100 (25.2 MHz)
aufgenommen in CDCl$_3$

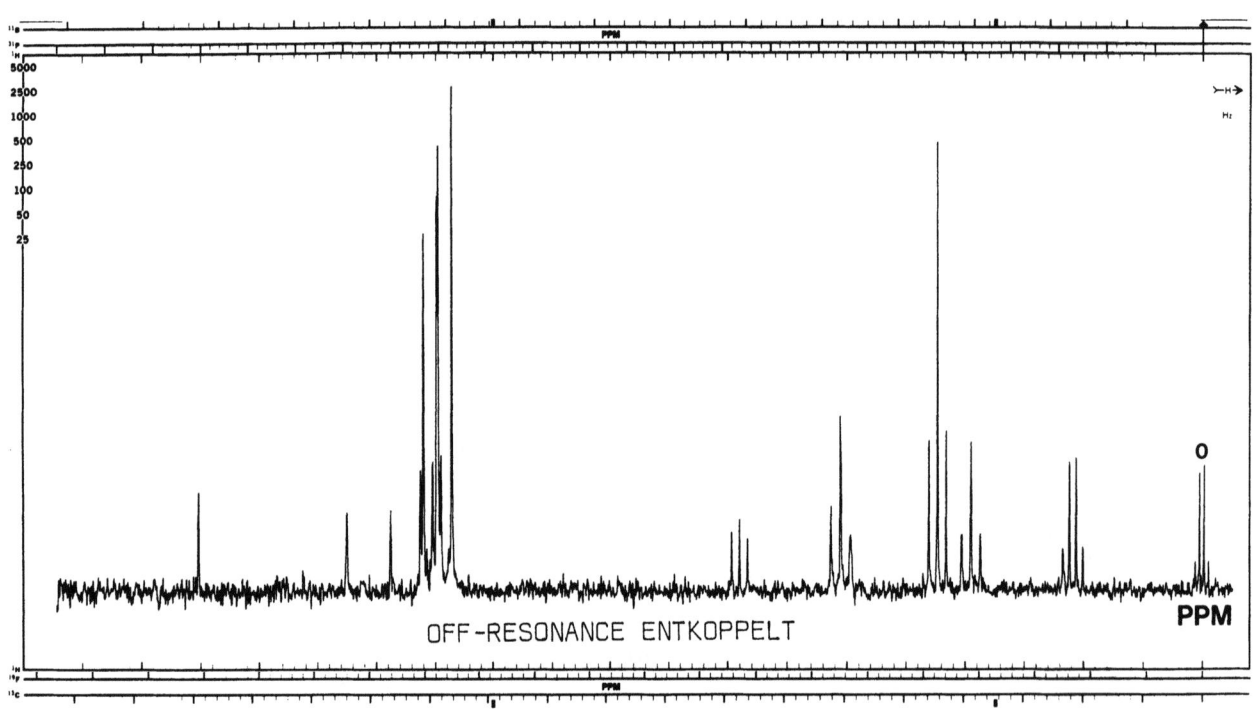

OFF-RESONANCE ENTKOPPELT

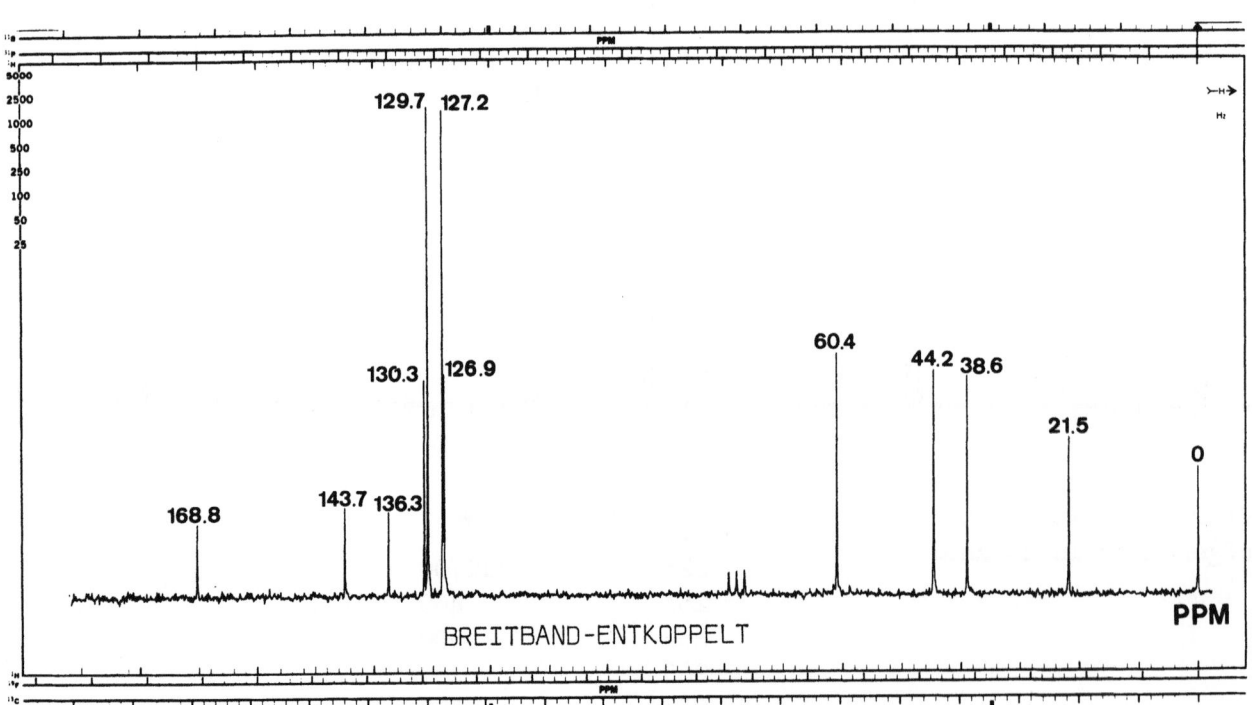

BREITBAND-ENTKOPPELT

P91

^{1}H-NMR: Varian Modell HA-100 (100 MHz)
Sweep Width: 1000 Hz

Spektrum A: aufgenommen in $CDCl_3$

Spektrum B: aufgenommen in $CDCl_3$ + D_2O

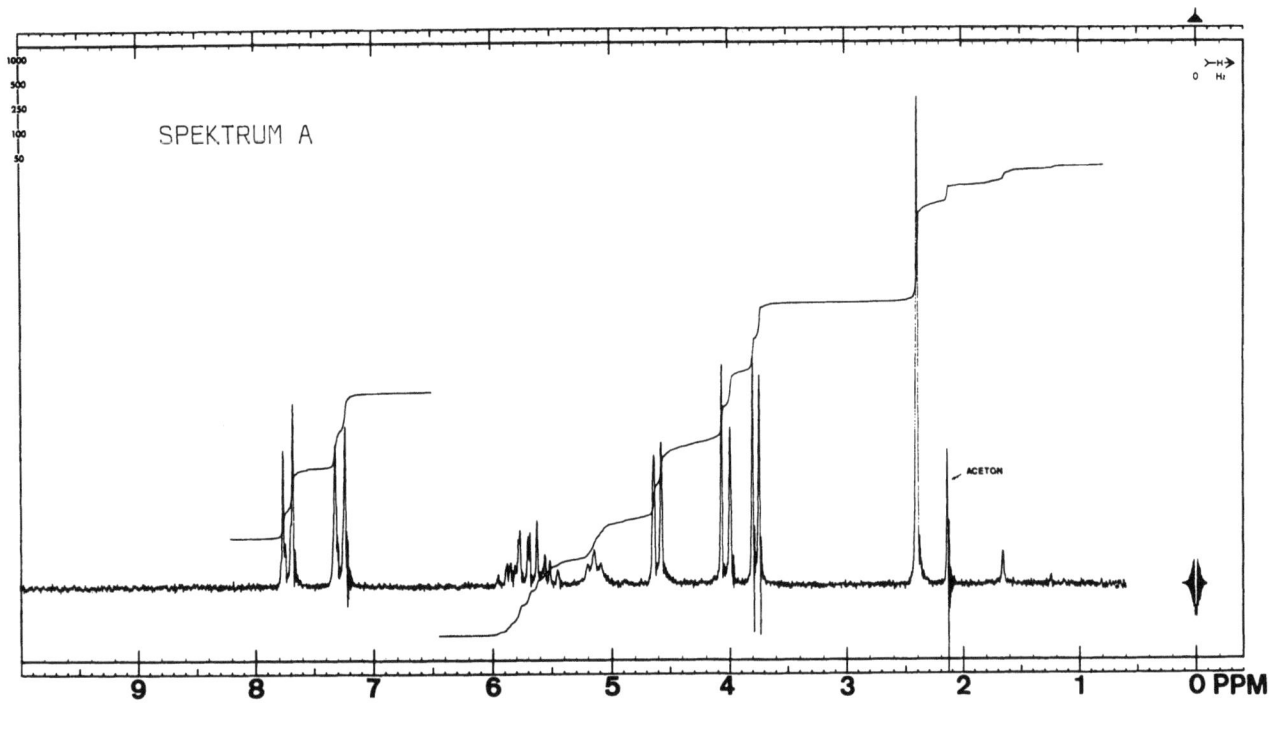

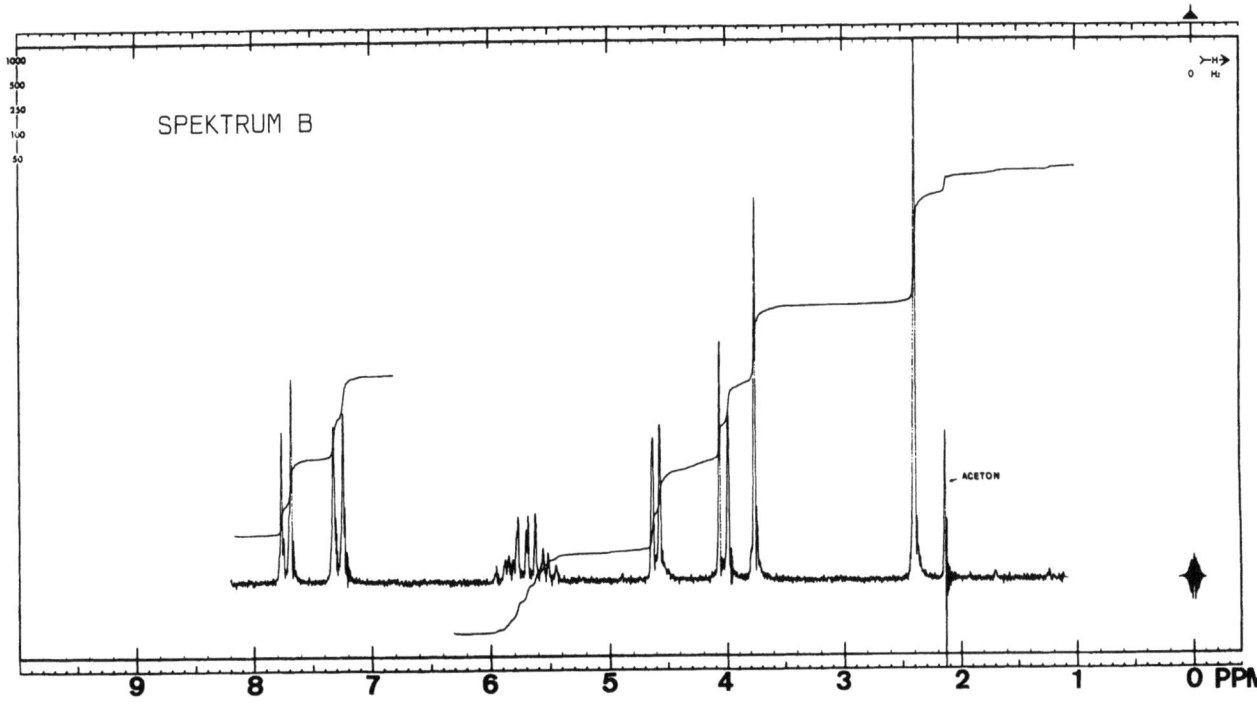

Für Notizen

R11

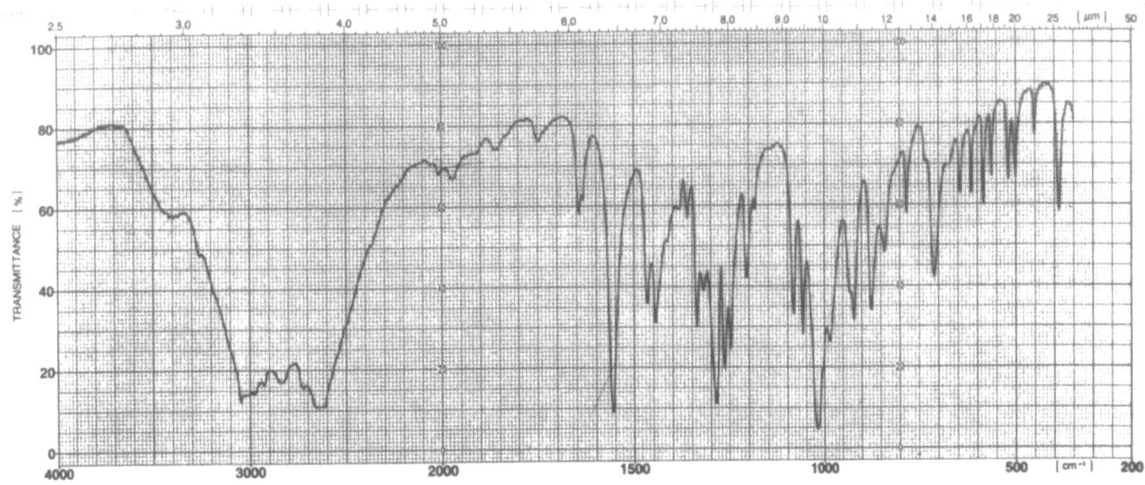

IR: Perkin-Elmer 283 aufgenommen in KBr

MS: Hitachi Perkin-Elmer RMU-6M

m^*	m_1^+	m_2^+	Δm
132.9	167	149	18
98.3	149	121	28
119.0	121	120	1
73.0	121	94	27
71.5	121	93	28
52.9	121	80	41
72.1	120	93	27
46.8	93	66	27

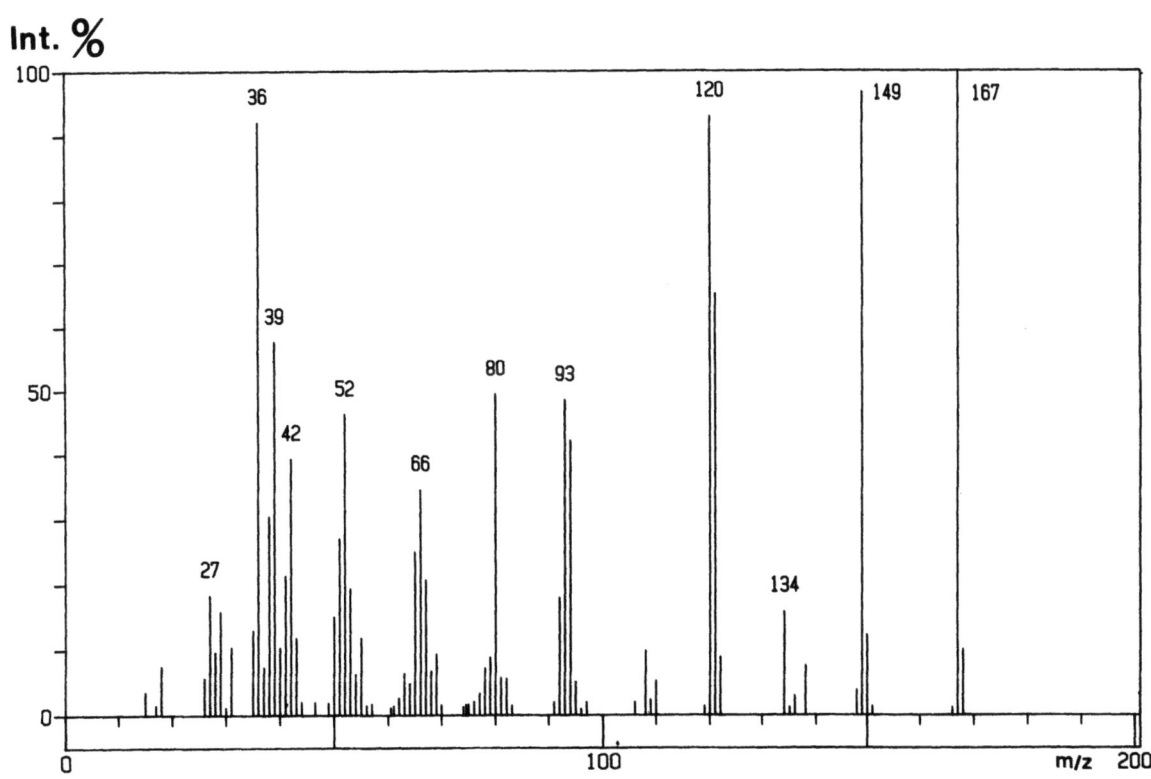

Pretsch/Seibl/Manz/Simon, ETH-Zürich
© Springer-Verlag Berlin Heidelberg 1985

R11

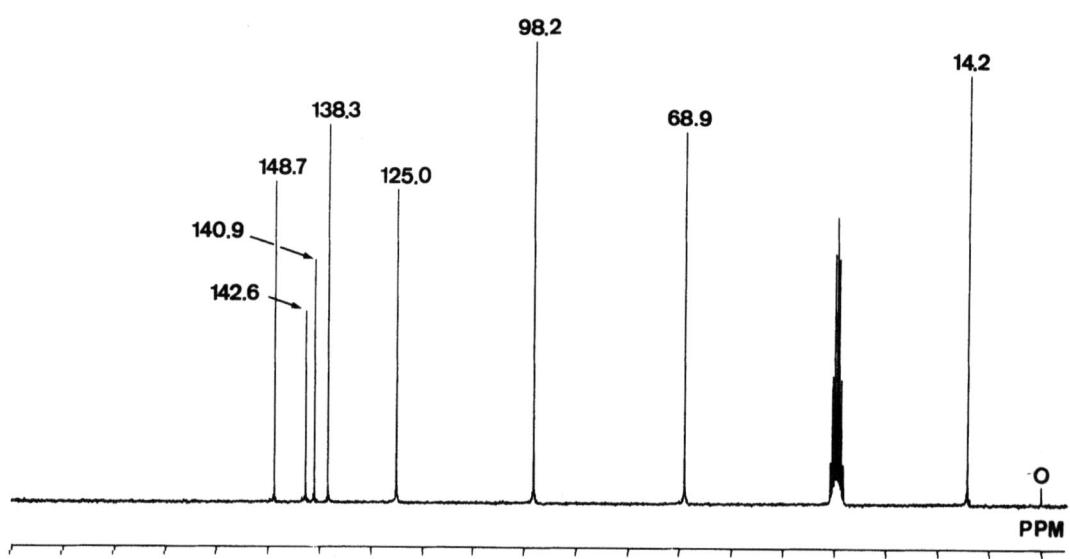

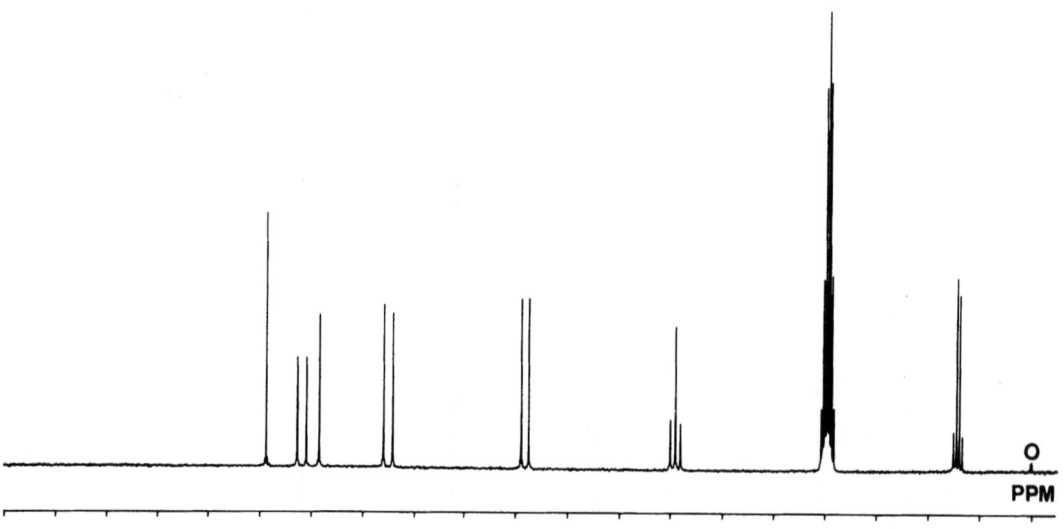

^{13}C-NMR: Bruker Spectrospin WP-200 SY (50 MHz)

oben: breitbandentkoppelt
unten: off-resonance entkoppelt

aufgenommen in DMSO

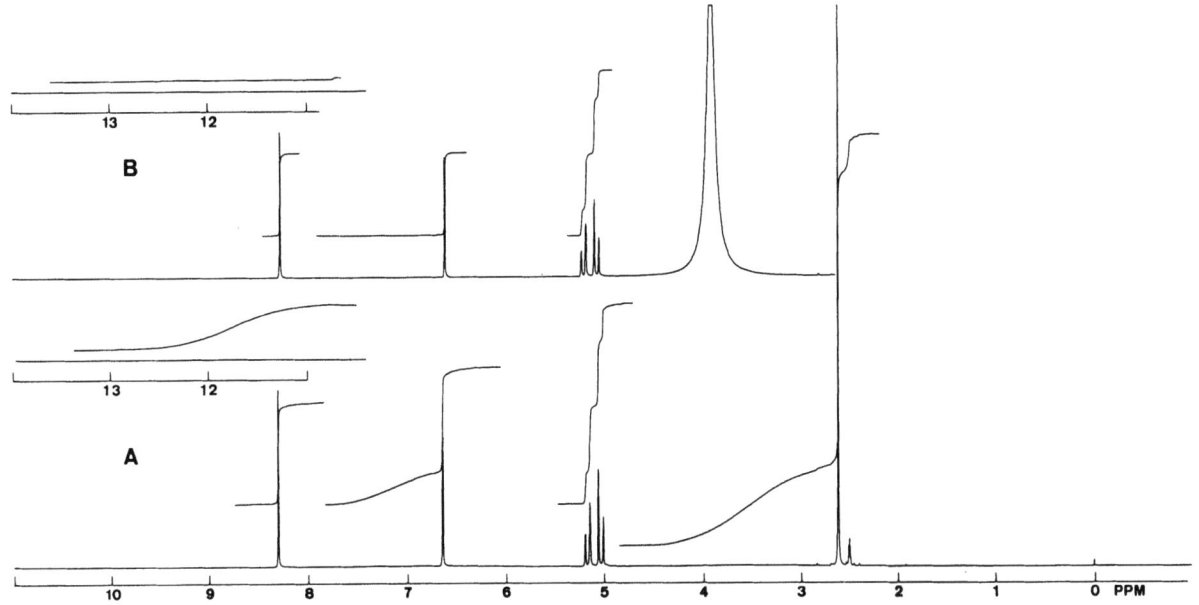

^{1}H-NMR: Bruker Spectrospin WM-300 (300 MHz)
aufgenommen in DMSO (A), DMSO + D_2O (B)

UV: Kontron Uvikon 810
aufgenommen in Methanol

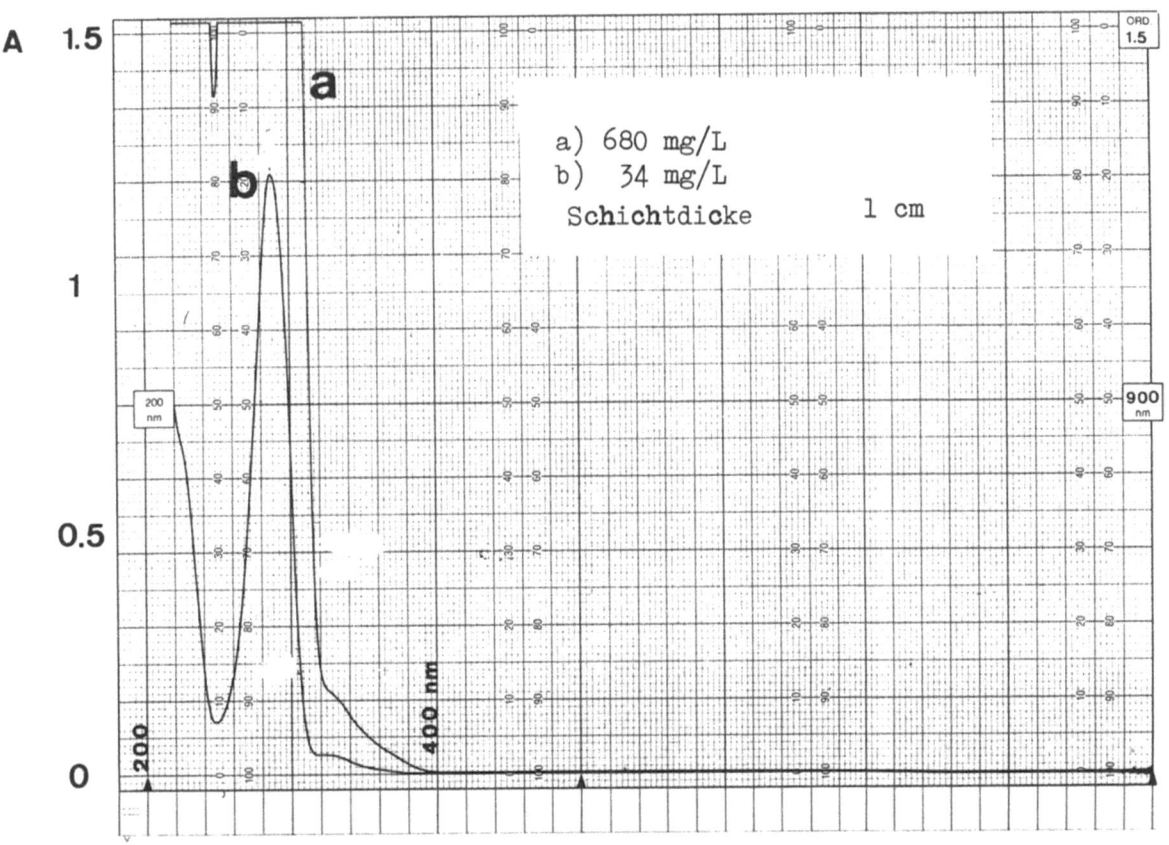

a) 680 mg/L
b) 34 mg/L
Schichtdicke   1 cm

Für Notizen

R1

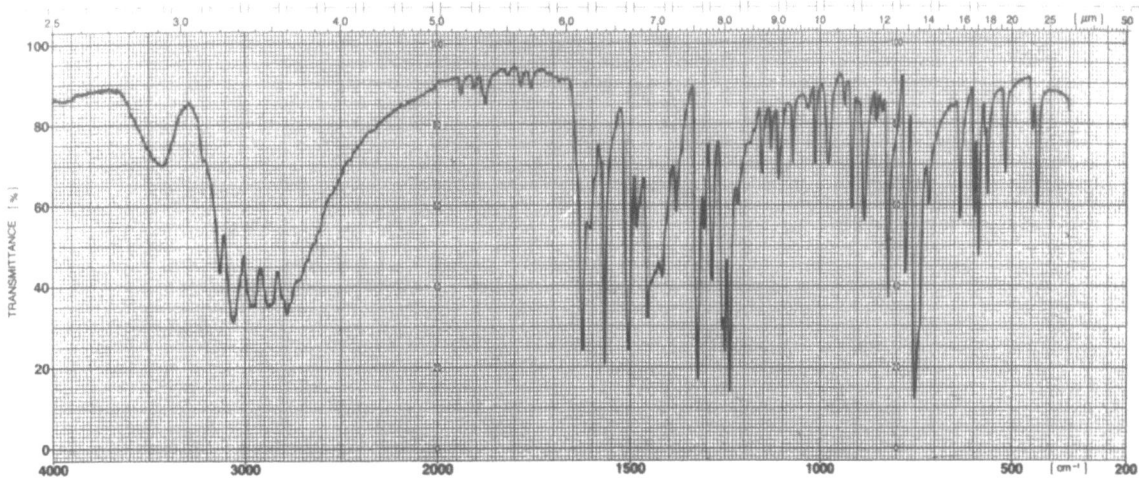

IR: Perkin-Elmer 283
aufgenommen in KBr

MS: Hitachi Perkin-Elmer
RMU-6M

m^*	m_1^+	→	m_2^+	Δm
180.0	182		181	1
132.0	182		155	27
131.0	181		154	27
153.0	155		154	1
106.4	154		128	26
104.7	154		127	27

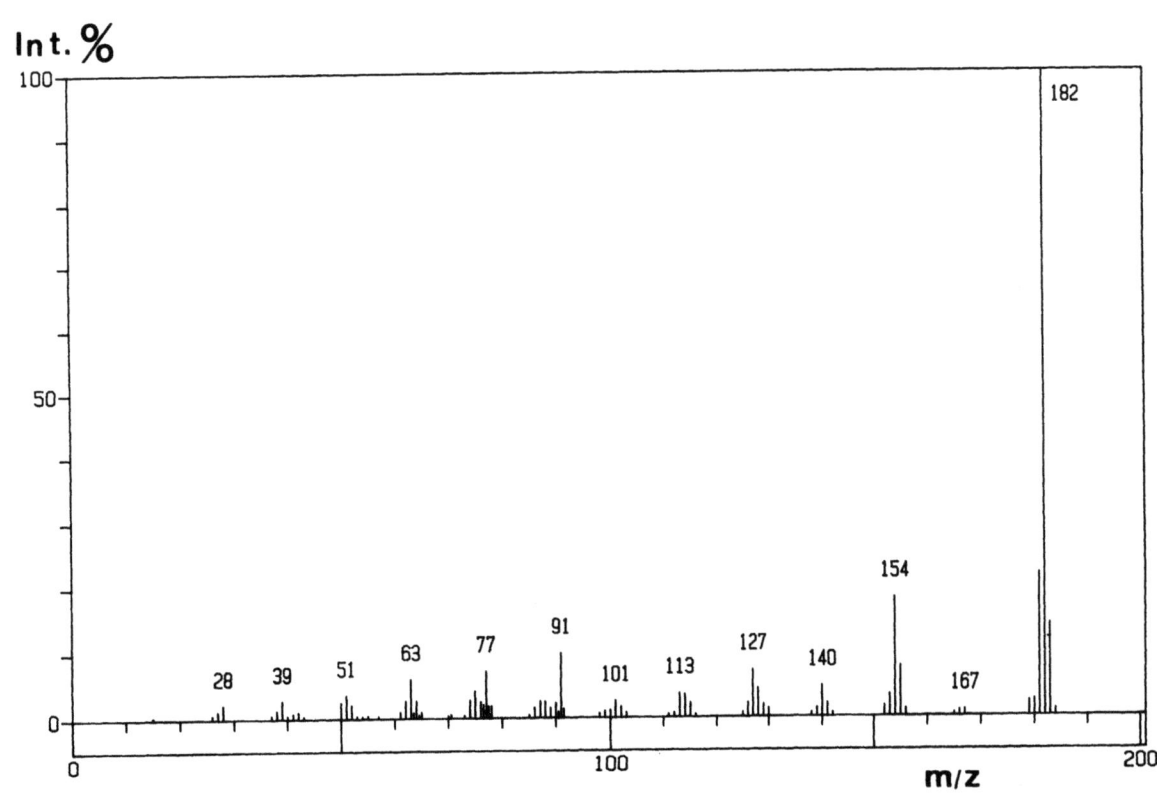

Pretsch/Seibl/Manz/Simon, ETH-Zürich
© Springer-Verlag Berlin Heidelberg 1985

R1

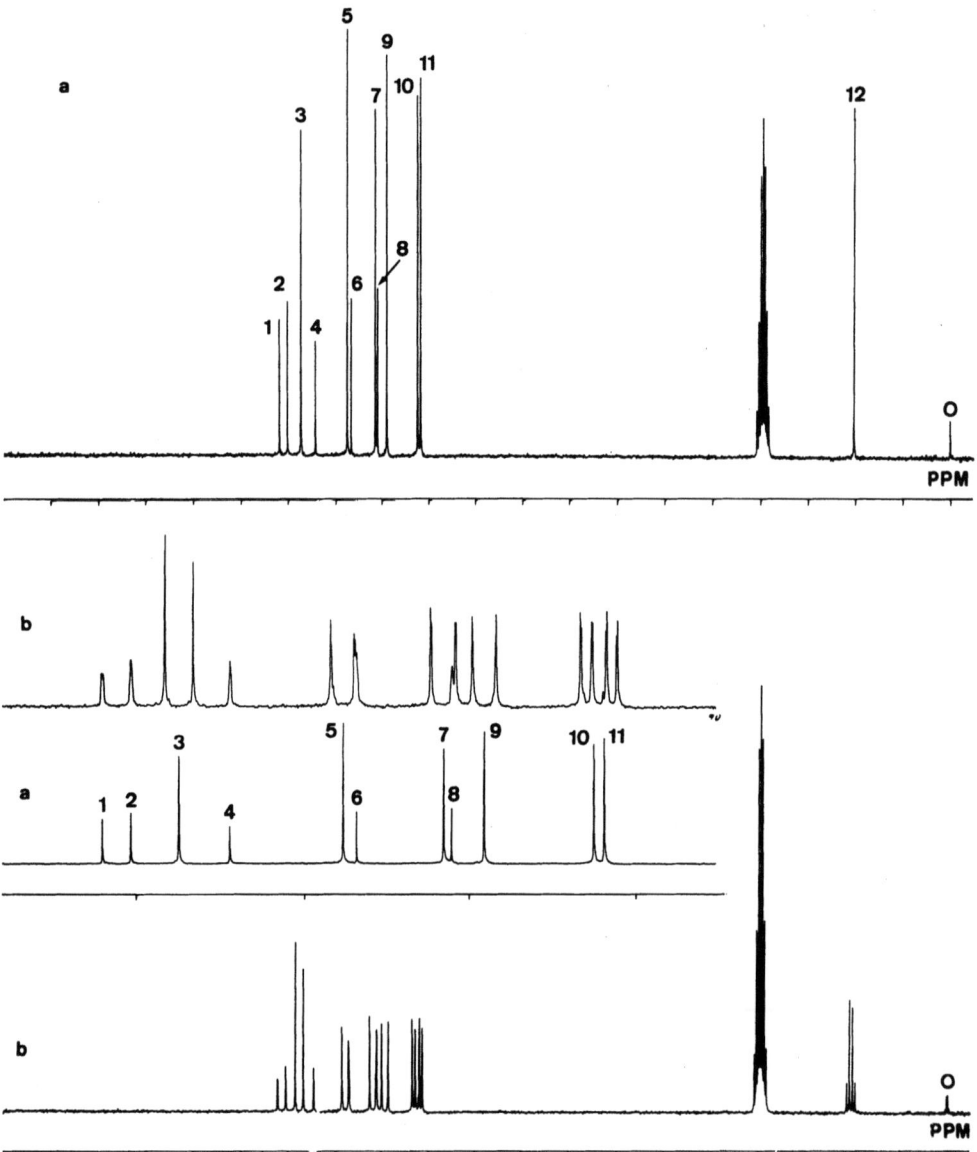

	Signal	chem. Verschiebung δ (PPM)	Relaxationszeit T_1 (s)
^{13}C-NMR: Bruker Spectrospin WP-200 SY (50 MHz)	1	142.1	3.43
	2	140.4	3.55
a: breitbandentkoppelt	3	137.5	0.48
b: off-resonance entkoppelt	4	134.5	4.27
	5	127.7	0.47
aufgenommen in DMSO	6	126.8	4.97
	7	121.6	0.49
	8	121.1	4.97
	9	119.1	0.47
	10	112.5	0.47
	11	111.9	0.47
	12	20.4	1.50

Pretsch/Seibl/Manz/Simon, ETH-Zürich
© Springer-Verlag Berlin Heidelberg 1985

R1

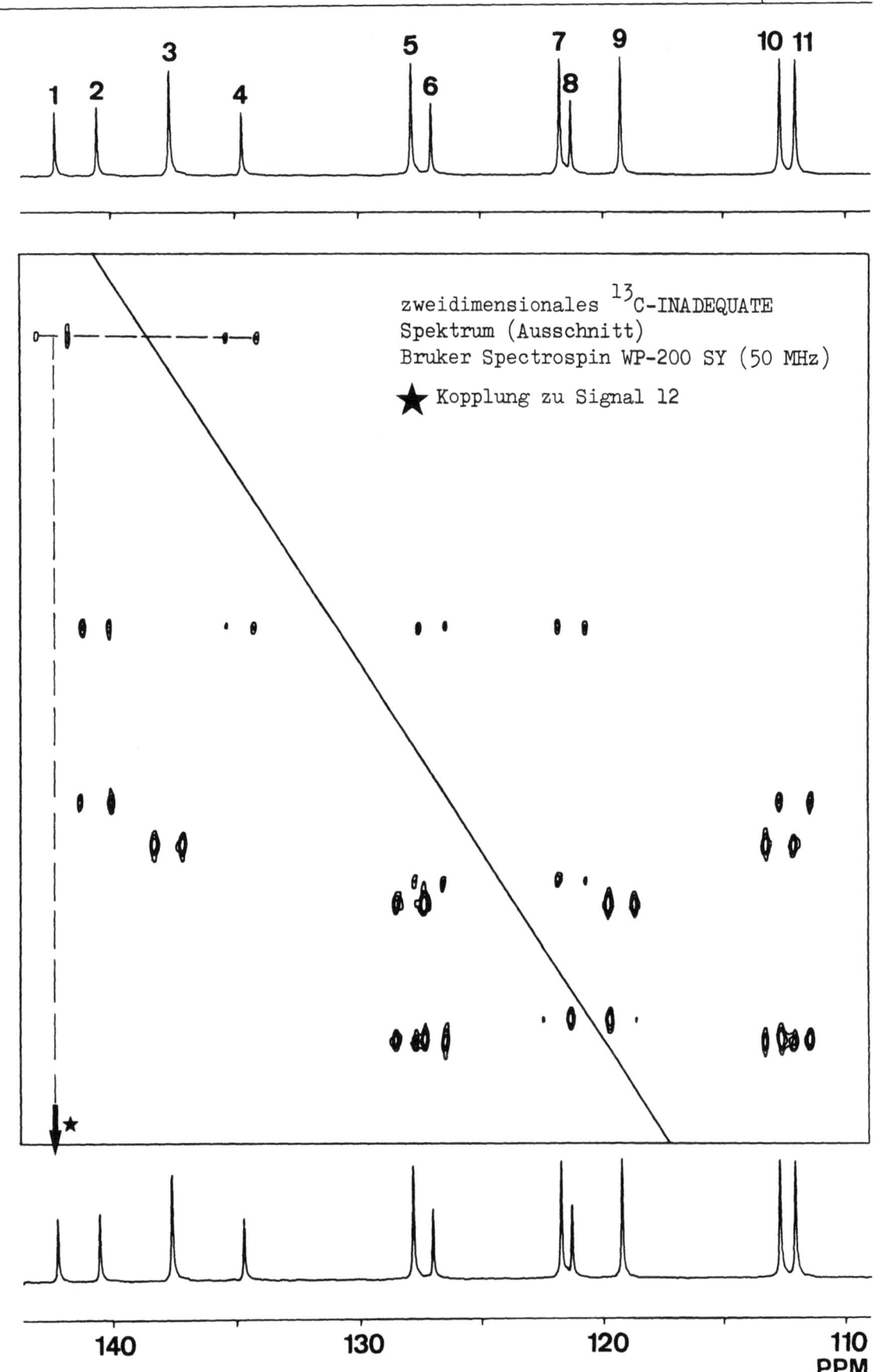

zweidimensionales ^{13}C-INADEQUATE
Spektrum (Ausschnitt)
Bruker Spectrospin WP-200 SY (50 MHz)

★ Kopplung zu Signal 12

R1

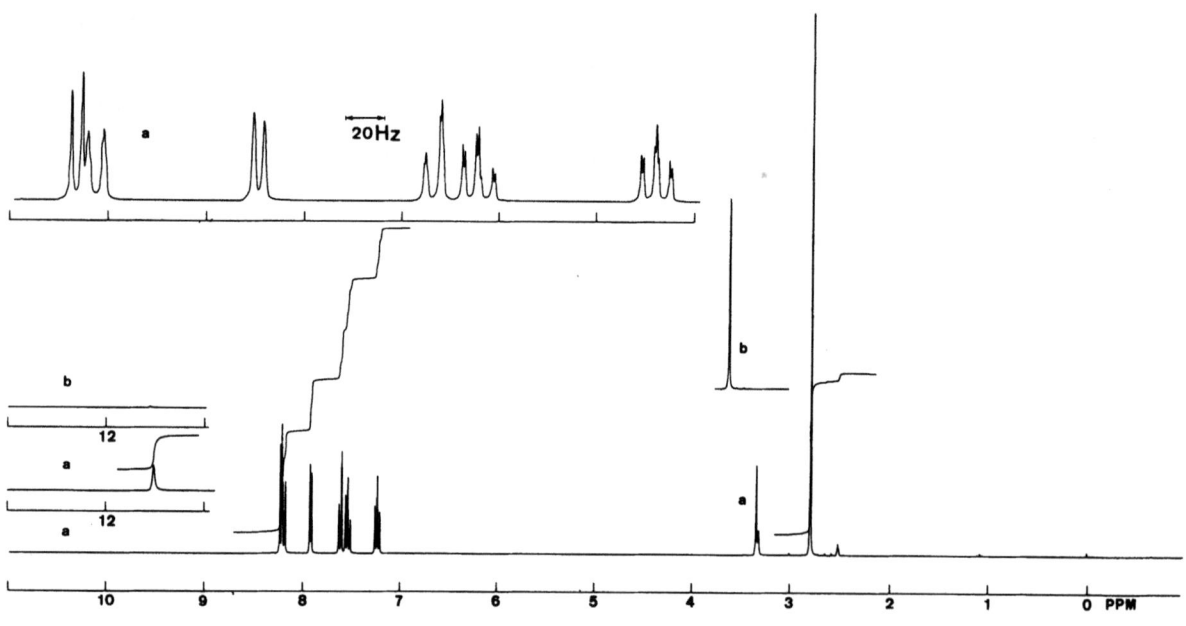

^{1}H-NMR: Bruker Spectrospin WM-300 (300 MHz)
aufgenommen in DMSO (a), DMSO + D$_2$O (b)

UV: Kontron Uvikon 810
aufgenommen in Methanol

λ_{max}	$\log \epsilon$
348	3.7
334	3.7
287	4.2
234	4.6

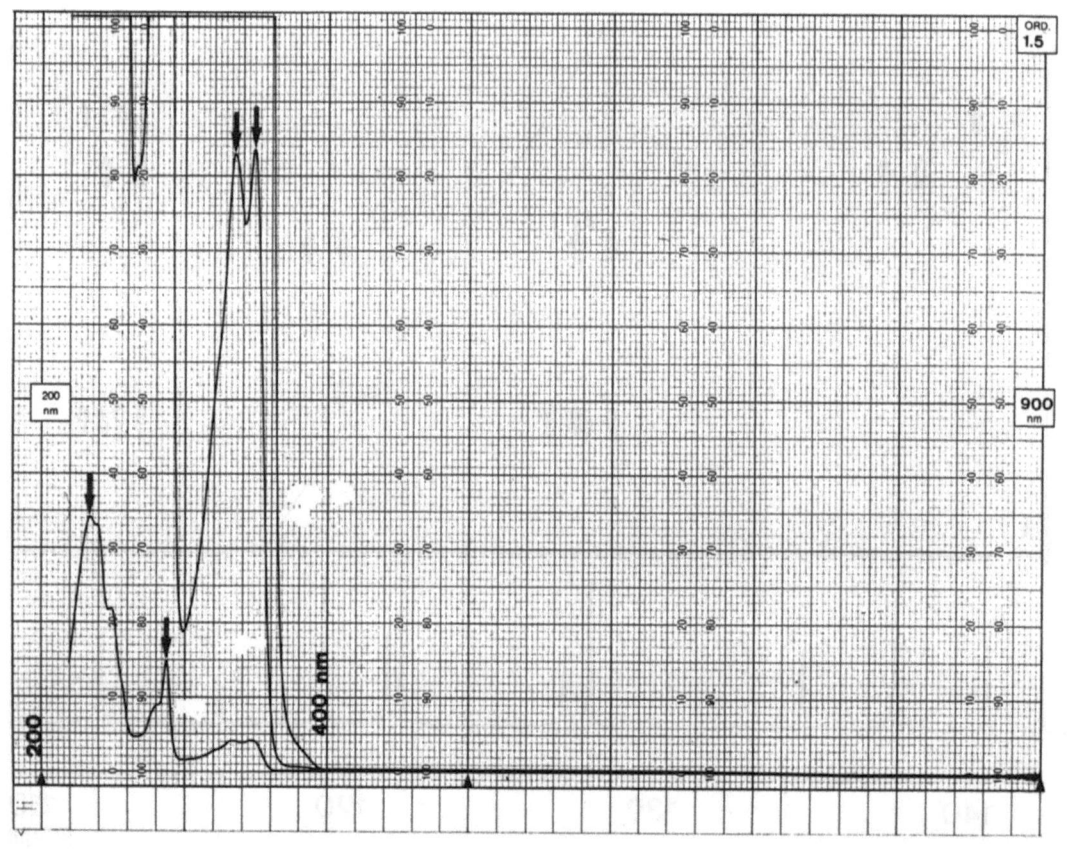

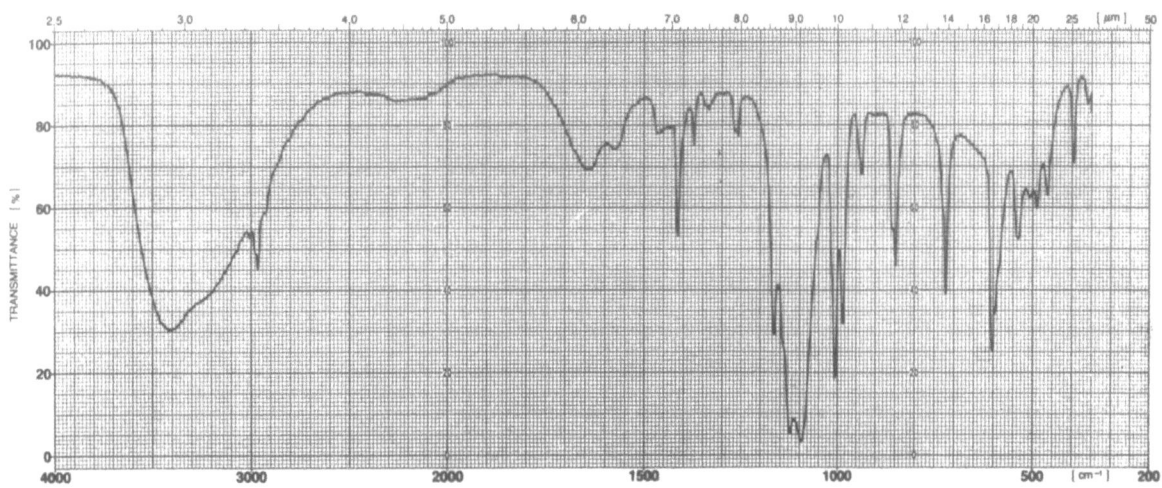

IR: Perkin-Elmer 283
    aufgenommen in KBr

^{1}H-NMR: Bruker Spectrospin WP-200 SY (200 MHz)
    aufgenommen in D$_2$O / CD$_3$OD 1:1

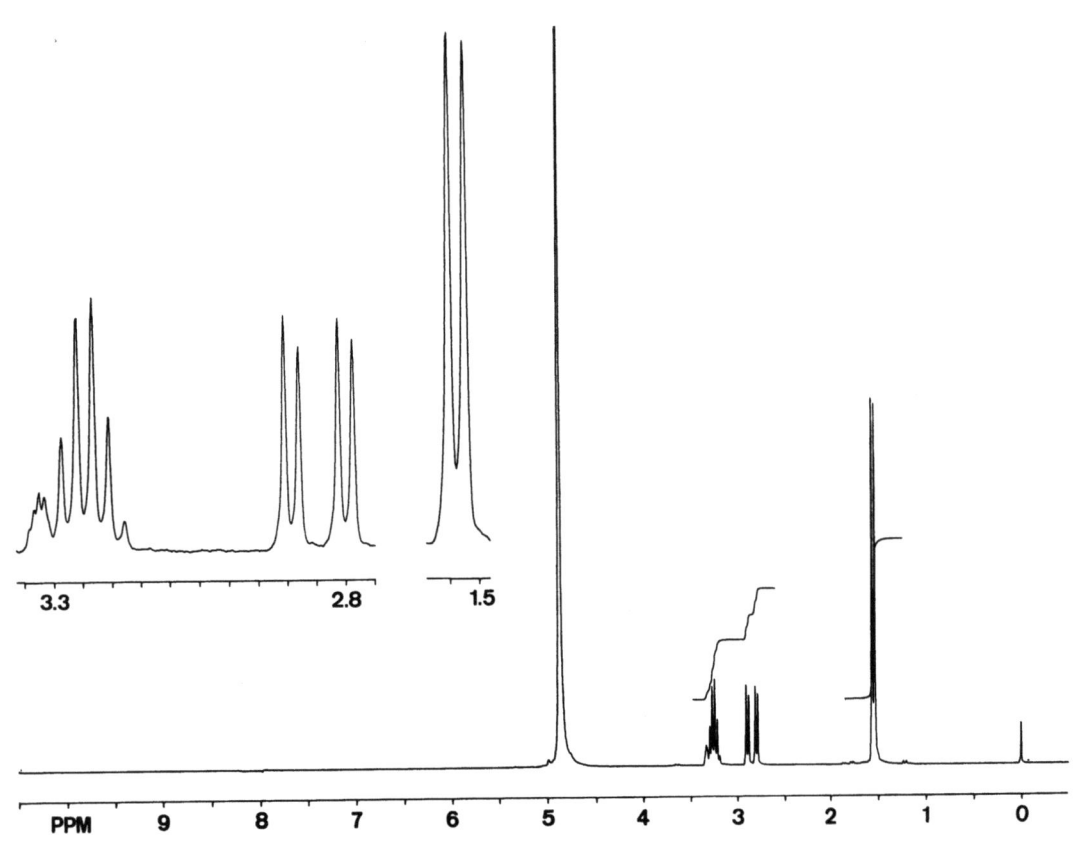

R92

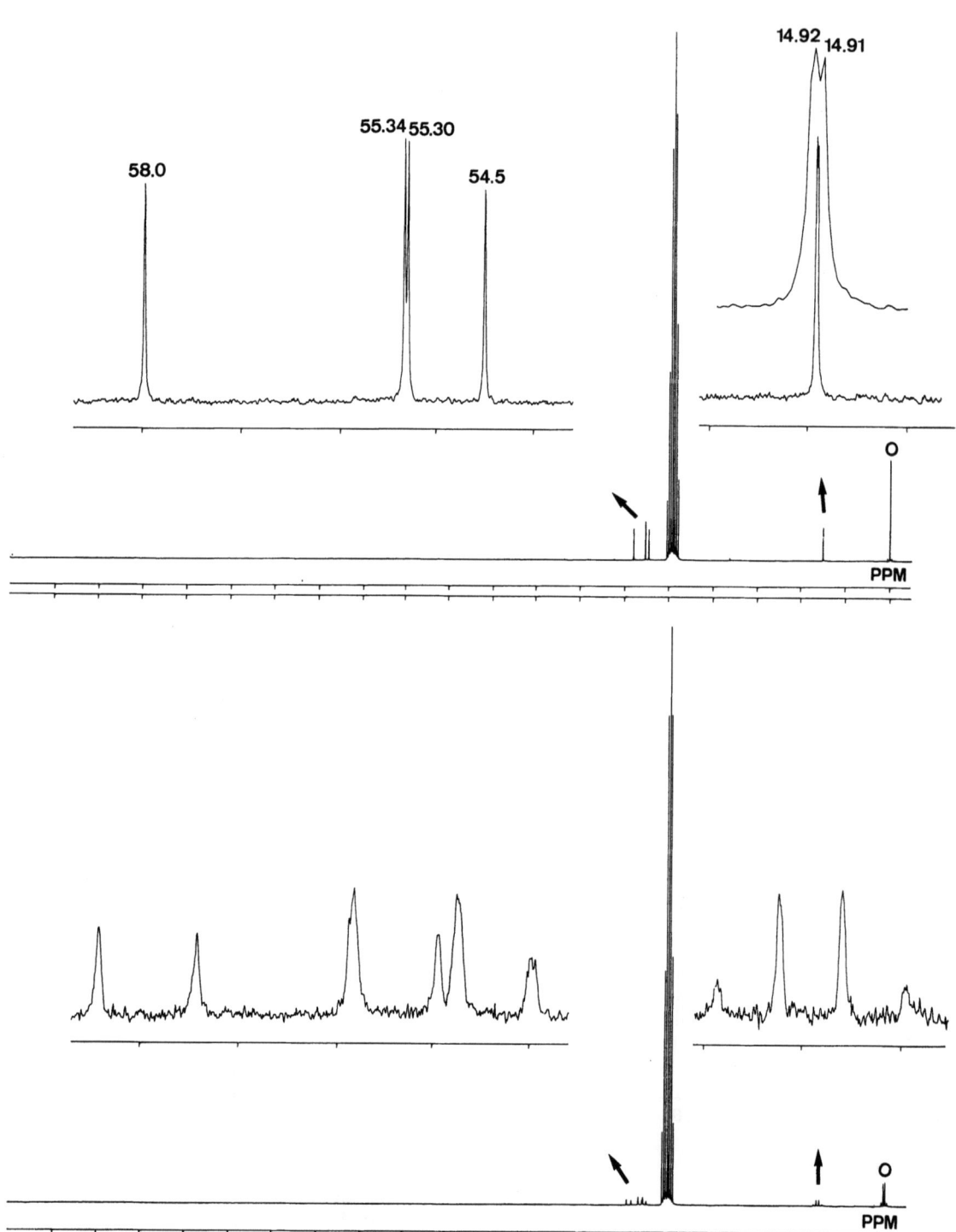

^{13}C-NMR: Bruker Spectrospin WP-200 SY (50 MHz)
oben: breitbandentkoppelt
unten: off-resonance entkoppelt
aufgenommen in
  CD$_3$OD

R 92

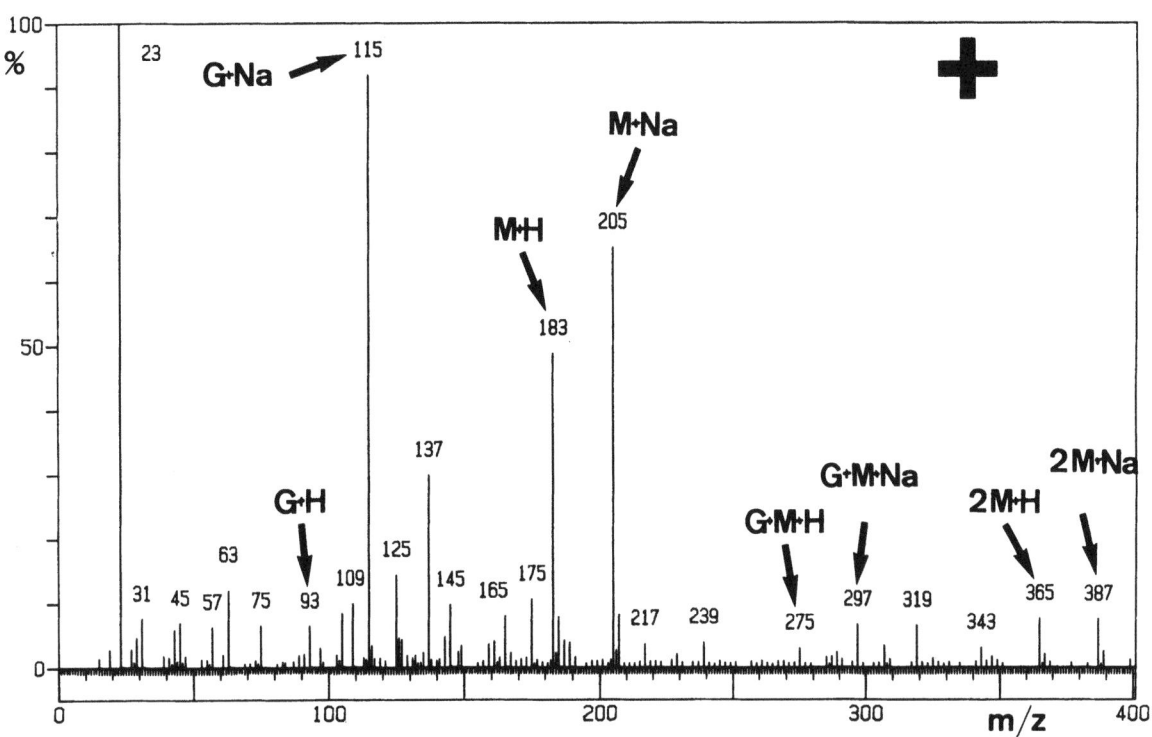

MS: FAB Xenon (8.5 keV)
Kratos MS 50
aufgenommen in Glycerinmatrix
die Spektren enden nicht bei
|m/z| = 400 !

oben: Kationen
unten: Anionen
(G: Glycerin, M: Molekülion)

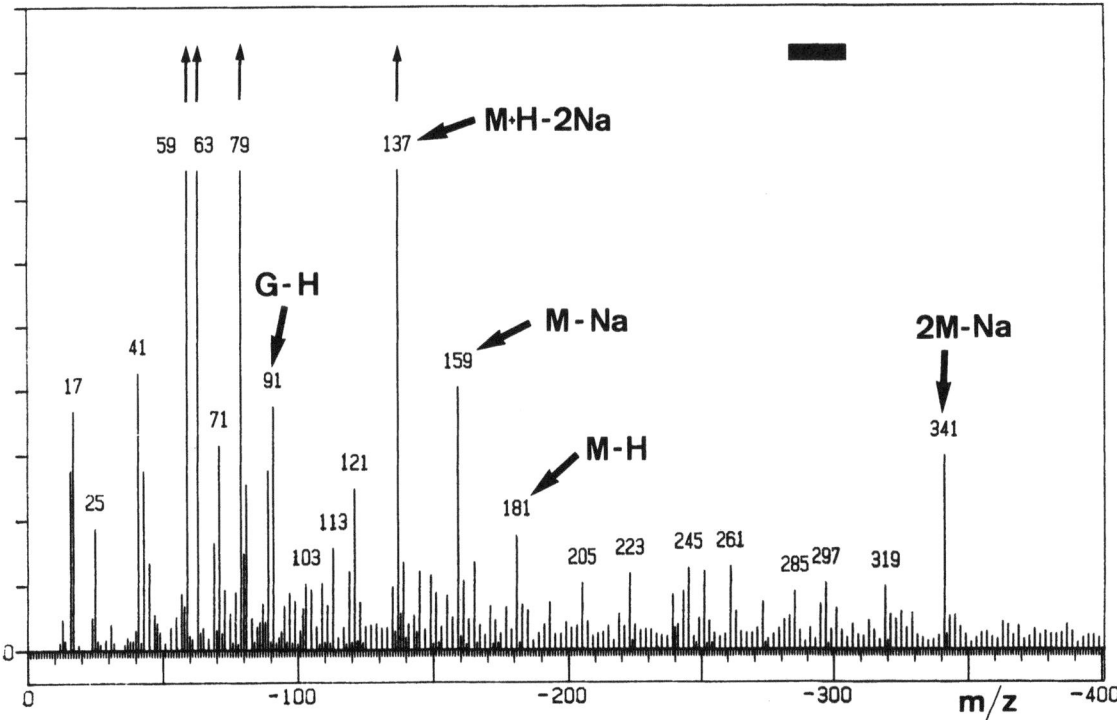

MIX
Papier aus verantwortungsvollen Quellen
Paper from responsible sources
FSC® C105338

If you have any concerns about our products,
you can contact us on
ProductSafety@springernature.com

In case Publisher is established outside the EU,
the EU authorized representative is:
Springer Nature Customer Service Center GmbH
Europaplatz 3, 69115 Heidelberg, Germany

Printed by Libri Plureos GmbH
in Hamburg, Germany